[美] 乔治·维兰特 著
(George E.Vaillant)

刘晓同 牛津 李囡 译

那些比拼命努力更重要的事

TRIUMPHS OF EXPERIENCE

江苏凤凰文艺出版社
JIANGSU PHOENIX LITERATURE AND
ART PUBLISHING

图书在版编目（ＣＩＰ）数据

那些比拼命努力更重要的事 / (美) 乔治·维兰特
(George E. Vaillant) 著；刘晓同，牛津，李囡译. --南京：
江苏凤凰文艺出版社，2018.1（2022.7重印）
书名原文: Triumphs of Experience
ISBN 978-7-5594-1496-0

Ⅰ. ①那… Ⅱ. ①乔… ②刘… ③牛… ④李… Ⅲ.
①男性 - 心理健康 - 研究 Ⅳ. ①B844.6

中国版本图书馆CIP数据核字（2017）第301897号

书　　　名	那些比拼命努力更重要的事	
作　　　者	乔治·维兰特（George E. Vaillant）	
译　　　者	刘晓同　牛　津　李　囡	
责 任 编 辑	邹晓燕　黄孝阳	
出 版 发 行	江苏凤凰文艺出版社	
出版社地址	南京市中央路 165 号，邮编：210009	
出版社网址	http://www.jswenyi.com	
发　　　行	北京时代华语国际传媒股份有限公司　010-83670231	
印　　　刷	北京温林源印刷有限公司	
开　　　本	690×980 毫米　1/16	
印　　　张	20	
字　　　数	300 千字	
版　　　次	2018 年 1 月第 1 版　2022 年 7 月第 4 次印刷	
标 准 书 号	ISBN 978-7-5594-1496-0	
定　　　价	56.00 元	

目录

02　实践揭示真理——用什么来衡量人生

03　哈佛大学格兰特研究那些事儿

06   如果你有一个爱你的人

07   活到 90 岁

08　应该如何应对这个世界

09　酗酒要比你知道的还严重

10   人生的意外发现

11   持续的总结总能带来惊喜

附　录

献给罗宾·韦斯顿（Robin Western），
20年间他一直是这项研究的核心人物

01 时过境迁，记忆改变

人不能两次踏入同一条河流，因为无论是这条河还是这个人都已经不同了。

——赫拉克利特

　　这本书主要讲一群人与他们各自的生活之间互相磨合的故事。具体来说，本书围绕着现已持续 75 年之久的格兰特研究写成。正是因为格兰特研究，才有了书里的故事。

　　在这本书中，我会谈一些对我们来说都很重要的问题：我会讲一讲成人发展，谈一谈参与到这项研究中的人以及研究本身，还有重要的一点是要与大家分享一下长期科研项目中的酸甜苦辣。

　　格兰特研究最初叫作哈佛纵向研究，一年后更名为哈佛格兰特社会适应研究。1947 年，它有了现在的官方名称——哈佛成人发展研究。但项目成员一直都把它叫作格兰特研究，早些时候的书里面也都用这个名字。

　　格兰特研究开始于 1938 年。当时医学研究主要关注于病理，而格兰特研究则尝试着反其道而行之，了解人的最佳健康状态和最佳潜能以及增长这种状态和潜能的条件。第一批受研究对象是从哈佛大学 1939、1940 和 1941 届本科生（当时三届学生全是男生）中精挑细选出来的 64 名大二学生，他们接受了密集的测试和访问。之后，我们又挑选了后面三届的一些大二学生，最终形成了一个 268 人的实验组。

　　起初，我们是想对这些身体健康、条件优越的男性进行 15~20 年的跟踪研究，在这个过程中不断收集新信息。这样一来，就可以掌握大量关于这些人以及他们生命历程的信息，可供我们在进行任何角度的分析时能随时利用。

　　这项计划实现了，而且我们的收获超出了预期。经过了大约 75 年后，格兰特研究仍在持续，这非常难能可贵。与第一批研究者相比，现在我们提出的问题有所不同，而且调查方式也变了。参与实验者已经不再是大二学生了，他们已经垂垂老矣。随着时间的流逝，当初的许多观点，甚至是之后的一些观点都受到了质疑。我们也不知道现在的结论是否就是盖棺定论。

　　但不管怎样，提出问题并努力去回答这些问题总归是一个收获良多的过程。

实际上，前辈们在 1938 年的时候想要知道的某些问题现在已经有了答案：哪些人能活到 90 岁并且还依然身体健康、思维活跃？哪些人能拥有幸福长久的婚姻？哪些人能够取得传统意义上的（或非传统意义上的）事业成功？最重要的是，在研究这些结果产生的原因时，我们有 75 年的数据供我们随时参考。

我们还可以用这些数据来研究其他的问题。一方面，格兰特研究初期提出的某些问题现在还没有得到回答，比如先天条件和后天培养哪个更重要、怎样预测心理疾病及生理疾病、性格和健康状况有什么关系等。另一方面，现在我们还提出了一些研究初期绝对不会想到的新问题，比如亲密的情感在大脑中的反映是什么样的。另外，在提出问题的过程中，我们的研究意图也越来越具体明晰，在这个过程中，过去的许多问题演化成了新问题。最后这一点对于一项出色的科研项目来说尤为关键。

所以这本书讲述了格兰特研究是如何形成、如何发展的，以及参与到研究当中的我们又经历了怎样的变化和成长。我不仅会介绍我们已有的发现，也会反思我们目前尚未完成的目标并谈谈对未来的期待。这是一个关于时间的故事——我们不仅将时间的流逝作为研究对象，也在时间的流逝中渐渐成长。

经过时间修正的结论

格兰特研究是一项前瞻性纵向研究。首先我来简单介绍一下，在纵向研究中，我们对一批受研究对象（一批同时代的同龄人）进行长期观察，每隔一个固定的时间段从受研究对象身上收集某些相关信息（实验中的变量）的数据。与纵向研究相对的是横向研究，横向研究只会进行一次性观察。

纵向研究又可以分为前瞻性研究和回顾性研究。回顾性研究追溯过去，是要确定过去的哪些变量促成了现在已知的结果。前瞻性研究是对一批受研究对象进行实时追踪，在受研究对象的生命进程中不断监测每个人身上的目标变量，并如实记录变化的结果。格兰特研究就属于前瞻性研究这一类。

我们连续多年收集了检测对象的各类相关信息（有可能相关但也不一定相关），想要弄清楚这些信息会对受研究对象的身体状况和人生成就产生怎样的影响。我们还定期将这些信息与受研究对象的身体状况及其取得的成就关联起来进行分析。在后面的内容中你会看到很多这样的例子。

　　说得直观一点，纵向研究可以让我们将受研究对象 80 岁时候的状态与他们 25 岁或者 60 岁时候的状态进行比较。通过长者的传记、自传或者他们给后辈讲的故事，我们也可以做这种比较。但那些都是回顾性叙述，难免会有遗漏、修饰或者偏见的成分——时间可是会骗人的。

　　前瞻性研究就像是宠爱宝宝的父母给宝宝制作的成长记录册，也像是延时摄影。前瞻性研究在改变发生之时进行记录，让我们可以将时间流逝带来的改变呈现出来，但又避免了记忆的失真。蝴蝶在回顾年轻时代的时候往往会记得自己曾经是一只年轻的蝴蝶，但前瞻性研究会发现这样一个事实（难以置信且常被忽略）：蝴蝶其实曾经是毛毛虫！

　　宝宝的成长记录册并不新鲜，时间跨度长达数年的延时摄影也比比皆是，但贯穿整个生命进程的前瞻性研究却寥寥无几。在 1995 年之前，这类研究几乎不存在。之后我会细说这一点。事实上，成人发展方面的观察数据也一直都很少。盖尔·希伊和丹尼尔·莱文森在 20 世纪 70 年代最早发表了关于成人发展的著作，但当时他们主要采用横向研究方法，并没有掌握丰富的观察数据，因此得出了荒谬的结论（比如他们得出的一项结论是中年危机是不可避免的）。

　　进行前瞻性研究的另一个重要原因是，这种研究有助于我们更好地了解既有的事实。世界上最有经验的相马师也不能确定每年五月丘吉尔园马场上那些品种优良的骏马中哪一匹会在比赛中一举夺胜。只有比赛结束之后，才会有确定的结果。即使比赛结束后，我们也只知道哪匹马夺冠了，但它如何夺冠、为何能夺冠，我们仍然不得而知。

　　要评价一个女人的相貌，我们可以简单地根据有多少人认为她漂亮、她是否符合既有的审美标准以及她保养得如何来判定。但那样的评价并没有考虑到，一个女人在高中毕业舞会上的美和在她在曾孙女婚礼上的美是不一样的，也没有考虑女人 18 岁时上天赋予的美以及 80 岁时候经历过优雅一生才能沉淀下来的美是不一样的。而格兰特研究恰恰就是想通过探索成功和"最佳"健康状态，了解那些微妙的东西。

　　我写这本书的其中一个目的是要解释为什么这些细节很重要，以及为什么我们需要纵向研究来更好地了解人的生命历程。我会把重点放在格兰特研究及其受研究对象，我把这批受研究对象叫作大学生实验组。但我偶尔也会提到其他两个著名的实验组。其中一个是格鲁克青少年犯罪研究中的贫民区（inner city, 译注：内城区、贫民区，多为穷人居住，相对于中产阶级居住区与郊区而言）实验组。

格鲁克研究是第二项由哈佛大学发起的以人的生命周期为研究对象的前瞻性纵向研究，它独立于格兰特研究，于 1940 年开始。格鲁克研究的受研究对象是来自波士顿贫民区的一群青少年。从 1970 年开始，我们将格鲁克研究中的一个实验组和最初的格兰特研究一起统一管理，将该实验组也作为哈佛成人发展研究的一部分。（我会用哈佛成人发展研究来指代这两项研究，但单指格兰特研究的时候我还是会用它本来的名字。）

我还会提到特曼女性实验组，这是斯坦福大学特曼研究（1920—2011）中挑选的一批天资聪颖的小孩，但对于这个实验组我只能获得部分数据。直到 1995 年特曼研究中的所有受研究对象（包括男性和女性）成年时，关于他们的研究数据才首次公开。

有了贫民区实验组和特曼女性实验组的数据，我们就可以把格兰特研究中出身优越、智力过人的男性大学生实验组与社会经济背景和聪慧程度完全不同的另一个男性实验组，以及更加聪慧但出身未必优越的女性实验组进行对比。如果通过对比我们能获得一些发现，我也会在本书中指出。我在附录二中分别介绍了格鲁克研究和特曼研究以及他们之间的关联，我之前的书《快乐活到老》（Aging Well）以及《酗酒的自然史》（The Natural History of Alcoholism Revisited）也包括了对这两项研究的探讨。

当然我也承认，格兰特研究并不是唯一一项出色的前瞻性纵向生命历程研究。这类研究还有一些，其中有比较有名的还有三项，每项研究都有各自的优缺点。

加州大学伯克利分校开展的伯克利和奥克兰成长研究（Berkeley and Oakland Growth Studies，1930—2009）中，受研究对象不仅有男性也有女性，而且与格兰特研究相比，受研究对象加入实验时的年纪也要更小。这项研究在儿童心理方面获得的信息更加翔实，但却缺乏医学方面的数据。该研究对受研究对象进行了非常详尽的研究，但与格兰特研究相比，该研究的对象少，且退出研究的比例要高。弗雷明汉研究（Framingham Study，1946 年至今）以及哈佛公共卫生学院的护士研究（Nurses Study，1976 年至今）掌握了更加全面的生理健康数据，但缺乏受研究对象心理方面的数据。

　　这三项都是世界级的研究，都有各自的优势，而且各类文献中对这三项研究的引用也更加频繁。但格兰特研究也毫不逊色，也有自己的独特之处。格兰特研究持续了70多年；格兰特研究与受研究对象的接触最频繁，受研究对象的流失率最低；研究者采访了受研究对象的三代亲属；对研究成人发展来说最关键的一点是，格兰特研究掌握了受研究对象在几十年间心理、生理两方面的客观信息。最后一点，格兰特研究已经在受研究对象许可的条件下将他们的人生经历以及各种统计数据公开出版了，这是世界上其他知名的生命历程研究都没有做到的。

　　现在，英国、德国、美国有一些类似的研究比上文提到的研究规模更大、更具有代表性，且跟踪调查的时间长度在一二十年后也能与它们相提并论。未来的一二十年里，这些新兴研究会作为这些早期研究的补充和延续。比如，威斯康星生命历程研究（Wisconsin Longitudinal Study）开始于1957年，受研究对象由威斯康星州那一年大约三分之一的高中毕业生构成，现在已经持续50多年了。如今还健在的受研究对象当中，88%仍然积极参与研究，他们现在已经65岁高龄了。（在格兰特研究中，受研究对象达到90岁高龄时仍有96%的人积极参与研究！）

　　与其他研究相比，威斯康星研究选取的受研究对象更具有代表性，掌握的经济、社会数据更丰富，对这些数据的分析也做得更好。但这个研究也有不足之处。该研究并没有对受研究对象进行面对面的医疗检查和访谈。随着这些晚一点的研究渐渐成熟，可以预计未来我们会得到大量关于人生历程的信息。这些新的研究会使得生命历程研究这一领域更加丰富多彩，但却不能取代格兰特研究及同时代的其他研究所取得的成绩。

　　当我1966年加入格兰特研究时，还是一个32岁的年轻人，还尚未理解赫拉克利特的实用相对主义。我一直在研究精神分裂症患者和海洛因成瘾患者的康复状况——我的认知是康复还是没有康复，非此即彼。加入格兰特研究的前10年，我做的工作主要是从1942—1944届学生里随机挑选出来的100个中年男性中找出30个成功的例子和30个失败的例子。1977年我将这项工作的研究成果以一本书的形式出版了，这本书叫作《适应生活》（*Adaptations to Life*）。这本书出版后反响巨大。但其实那时候我很年轻，我能知道多少？

　　现在我78岁了，格兰特研究的受研究对象们已经90多岁了。与当初加入实验时相比，他们改变了很多，我也改变了很多。我现在明白，生命中没有多少非黑即白的事，我们生命的河流无时无刻不在发生变化。我们生活的世界变了，科学也有了新的变化，甚至是记录变化的技术现在也不一样了。如今格兰特研究已经成为世界上历时最长的成人发展研究之一，但在这个过程中，不仅仅是哈佛6个班级的学生受到了审视。所有的工作人员甚至是研究本身，都不仅仅在观察别人，也同样在接受着时间的审视。

成年人的成长

　　成人发展规律远不如太阳系的运行规律或者儿童成长规律那么知名，成人发展规律直到上世纪才被研究者发现。过去，在让·皮亚杰（Jean Piaget，1896—1980，近代最有名的儿童心理学家）和本杰明·斯伯克（Benjamin Spock，1903—1998，美国著名儿科医生）尚未发现儿童发展的阶段性规律之前，人们还不相信儿童成长是具有规律性的、可以预测的，人们的这种看法发生改变其实也还没有多久。然而现在我们看着孩子慢慢成长，就像我们的祖先看待月亮的阴晴圆缺一样——看着孩子的点滴变化，我们会时而欢喜、时而担忧，但是我们不会再感到特别意外，因为我们已经了解孩子的成长规律。关于人类在21岁之前成长规律的研究，图书馆里有很多相关的著作。

　　但21岁之后人类会经历怎样的发展变化，现在还不得而知。甚至很多人都不太相信成年人还会继续成长，而不是在18岁时就达到某种稳定状态。有些显而易见的原因造成了成人发展研究的缺失，比如，对人的整个一生进行跟踪研究比对儿童时期进行研究要难得多。在物理学中，一旦加入时间维度，传统的牛顿理论就讲不通了。成人发展过程中一定存在着很多模型和规律，如果我们能避开时间对于我们认知的干扰，就可以辨别这些模型和规律。

　　但即使是最精心设计的纵向研究也不能完全摆脱时间带来的干扰因素。生命历程研究需要持续很多很多年，在这个过程中，一切都会发生变化，包括我们提出的问题、使用的技术、受研究对象甚至是我们研究者自己。

　　从30岁起我就一直在研究成人发展，而我现在才明白，我以前的某些猜想在当时看来是准确无误的，而现在看来却具有偶然性，或者说是完全错误的。但无论如何，格兰特研究让我们可以从宏观的角度去看待人从18岁到90岁的发展变化，世界上很少有研究具备这样的价值。但并不是说格兰特研究会让我们完全了解成人发展的规律，现在对很多问题我们依然会感到意外、沮丧或者困惑。然而，格兰特研究至少向我们证明，对人的生命历程做持续观察是有可能的。就像是 20 世纪 60 年代迪士尼推出的花开延时摄影一样，这可是很了不起的成就。

1938 年研究开始的时候，我们对于人类一生发展过程的认识主要是基于直觉思维而非理性研究。1599 年莎士比亚在《皆大欢喜》（*As You Like It*）中将人的一生划分为七个阶段，350 年后埃里克·埃里克森（Erik Erikson）在《儿童和社会》（*Childhood and Society*）中划分为八个阶段。但莎士比亚和埃里克森都没有具体的数据可以对此做进一步分析，希伊（Sheehy）和列文森（Levinson）也没有。在写《适应生活》这本书时，我也没有数据。所有人都没有关于人的整个一生的研究数据。我希望这本书能够弥补这一空白。

关于人生可能性的艺术

大家都知道，格兰特研究的受研究对象只包括在哈佛读书的白人男性。为此，常有人批判我们的研究创始人阿伦.V.博克（Arlen V. Bock）态度倨傲并且有严重的男权主义倾向。但很少有人意识到，格兰特研究并不像弗雷明汉研究一样关注于健康状况的平均水平，而是探索人类可以达到的最佳健康状况。

因此，我们必须记住两件事实。第一，生命历程研究就像政治一样，是一种可能性的艺术。塞缪尔·约翰逊（Samuel Johnson）对于小狗用后腿走路这一现象有一句著名的评价："并不是说它们用后腿走路走得很好，真正让人惊讶的是它们竟然也可以这样走。"第二，在开展这种大型研究时，我们必须尽可能提高实验成功的概率。哥伦比亚大学神经系统科学家埃里克·坎德尔（Erik Kandel）曾因为他的记忆生物学研究而获得诺贝尔奖。在这项研究中，他并没有从人类中随机选择受研究对象，他选择的是一种不太常见的螺类动物，叫海兔。这是为什么呢？因为海兔的神经元格外大。同样地，正是因为格兰特研究中受研究对象全是男性而且先天条件优越，所以他们才适合作为人类适应和发展研究的研究对象。

男性不会像女性一样在婚后随夫姓、之后就很难取得联系；生活富裕的人不太容易像穷人那样，因为营养不良、传染病、意外事故、医疗条件差而早早死去。这些人长寿的可能性很大，而长寿对于生命历程研究来说是必要的。（格兰特研究的受研究对象中，高达 30% 的人活到了 90 岁，而 1920 年出生的美国全体白人男性中，这个比率大约只有 3%~5%。）

这些人不会受到玻璃天花板或者种族偏见的限制，所以可以充分发挥潜能，追求他们想要的事业或者生活。哈佛文凭当然也是一项优势。即使这些人遇到挫折，他们也能更容易地克服挫折。最重要的一点，他们都具有极强的表达能力，也能很清楚地回忆起自己过往的经历。这些优势都是格兰特研究所需要的。总不可能去拉布拉多或者撒哈拉研究飞燕草（译者注：适宜生长在温带湿润凉爽的气候环境中）。格兰特研究的受研究对象和海兔一样可能不具有很强的代表性，但却让我们站得更高、看得更远。

另外，为什么要选择一群同质性很高的受研究对象呢？如果想了解人类以什么为食，就必须对各种不同的人群进行调查。但如果要研究胃肠生理学，就必须使文化习惯和偏好等变量保持一致，因为社会环境各不相同，但人的生理机能基本上是保持不变的。我们选择同质性受研究对象，是因为格兰特研究不是要了解人们吃什么，而是研究肠胃的消化吸收。但在有条件的情况下，我们也把格兰特研究得出的一些发现与针对其他人群的同质性研究进行过比较，尤其是与贫民区实验组中条件较差的男性以及特曼研究组中受过高等教育的女性相比较。

瞬间不能捕捉历史全貌，所以我们需要长期研究

肯定有人会问我为什么要写这本书。70 年来，哈佛成人发展研究已经出版了 9 本书、150 篇文章，其中很多都是我的作品。为什么还要再写一本呢？因为想要把某个时间点的结论与未来或者过去联系起来并不是件容易的事情。我们怎样看待一篇发表在 75 年前某份日报上的文章呢？简单一点的回答是，这取决于 75 年来发生了什么。不管 1940 年夏天全世界的战事评论怎么写，最后的事实是英格兰并没有败给纳粹德国空军。当时的人们只能根据他们所了解的有限的信息来发表观点，但瞬时性观察永远不能捕捉历史的全貌，很多事情在之后看会完全不同。这也是纵向研究的价值所在。

而且，为了充分实现纵向研究的价值，我们必须对纵向研究本身进行纵向研究。当我回顾自己在格兰特研究中 45 年的经历时，我发现过去我写过的很多作品现在看来就像 1948 年鼓吹杜威战胜杜鲁门的新闻标题一样没有意义，因为现在我知道这件事后来的结果是怎样的。人类的哲学家尤吉·贝拉（Yogi Berra）很早之前就说过"事情在真正结束以前，都不算结束"。

所以在我看来，写这本书有五个原因。

第一，哈佛成人发展研究是一项具有独特价值、前所未有的、极其重要的成人发展研究。仅仅从这一点考虑，这项研究的经过也应该被记录下来。

第二，至今已经有四代科学家先后主管格兰特研究，这些科学家们各自的方法不同，需要整合一下。第一任研究带头人主要关注生理学，第二任关注社会心理学，第三任（也就是我）关注流行病学和适应性，现任带头人研究的重点是感情关系和脑影像学。许多方法学家都看出来，格兰特研究没有总体规划。1938 年时，在成人发展学方面还没有足够的历时性研究数据，因此我们甚至都提不出一些比较合理的假设。就像刘易斯与克拉克远征以及达尔文的小猎犬号航行一样，格兰特研究事先并没有清晰的规划，而是一段发现之旅、探索之旅（也有些人说得不太客气，说我们只是在碰运气）。这本书中写到的很多格兰特研究的研究成果都是我们偶然发现的。

这是 45 年来，我第一次从心理上承认这一点，更不用说白纸黑字地把它写在书里面了。我每次向美国国立卫生研究院申请经费时，总是强调这项研究的前景——时间跨度大、受研究对象流失率低，因此一定会有出色的研究成果——而不是强调我打算验证的任何具体假设。

每当我有一个不错的想法时，总会先分析数据；就像一个收藏癖一样，我会搜索大量的已有数据，看看能否有所发现。我常常在想，格兰特研究四位带头人中任何一位的研究计划应该都达不到博士研究开题报告的要求。但是，正因为这种不确定性，我们才取得了许多意想不到的收获。

越往后读你会发现，不可预测性是大型前瞻性研究的必然特点，而且有时候很让人气恼，但是这却让我们研究的内容更加丰富多彩，肯定比那些提前就做好了清晰规划的研究要丰富得多。所以以事先没有规划也并不能算是格兰特研究的一项缺陷。或许我从没上过心理学或社会学的课程也是一件好事，至少我没有被一些先入为主的观点蒙蔽。

第三，这本书收集了 70 多年来各种专业杂志上的材料，在这些材料中，每过 10 年新的出版物会对之前的研究发现做出修正。当某些数据在之后的年代里被挖掘出新的意义时，我们也会对相关的研究成果做出修正。比如，截至目前，还没有哪个关于人的发展的研究曾明确指出酗酒的重要影响。但现在，哈佛成人发展研究积累的大量证据表明，酗酒的确对人的发展有重要影响。如此一来，早先某些研究领域所得到的结果就不得不让步于哈佛成人研究中不断累积的证据所得到的结论，如酗酒对人的发展造成的影响。经证明，一方面，酗酒是导致短寿的最重要的原因；另一方面，在格兰特研究中，酗酒也是导致离婚的一个重要因素。科学也是一条不断变化的河流。

第四，格兰特研究的过程中，科学理论和技术在不断进步，我们也不断将新的理论和技术运用到研究当中，尤其是在不断进步的精神生物学领域。格兰特研究开始的时候，血型还是按照 I、II、III 和 IV 这四种类型来划分；那时候研究人员的猜想是，一个人的长期发展状况可以根据种族、身材以及更具有猜测性的罗夏墨迹测验来预测；那时候研究人员还需要手动将数据记录在大表格里，就连用碎冰锥来打孔的穿孔卡片在当时也是很先进的技术；那时候计算时常用的工具还是计算尺。然而现在，我们有了 DNA 分析技术、功能性磁共振成像技术、依恋理论等先进的理论和技术，我的手提电脑里可以存储 2000 组可变因数，我在从剑桥到洛杉矶的航班上就可以用电脑进行数据处理，而且数据处理可以在瞬间完成。当然数据记录和集成也是需要的。

最后一个原因其实说起来算是一个悖论。虽然我写这本书是想将研究过程中发生的一些改变记录下来，但不管是 70 多年前加入研究的参与者还是在 1966 年开始主管格兰特研究的我，我们都还是同一批人。在过去 30 年的成人发展研究中，我深刻体会到"时光飞逝，岁月改变，有些事物依旧如初"这句法国谚语很有道理。人会改变，但终究还是不变的。反过来说也是对的。

每个故事都是真实的人生

这本书中，在论证我的观点时，我不仅会引用数据，而且也会讲一些受研究对象的人生故事。如果故事的主人公还健在，那么这些故事都已经由他们本人阅读过并准许出版了。所有的人物姓名都是假名，但故事都不是捏造的。

这些故事如实记叙了受研究对象的人生经历，但对于那些可能会暴露他们真实身份的细节，我做了精心的修改。举个例子，我可能会把一所大学的名字换成另一所大学，但我不会把一所一流大学改为一个小学院，或者把一个小学院改换成一所一流大学。比如，我会用威廉姆斯学院来替换斯沃斯莫尔，但不会用它来替换耶鲁；我会用波士顿来替换三藩市，用弗林特来替换水牛城，但是不会用弗林特来替换迪比克或斯卡斯代尔。

我也对主人公所患疾病的名称以及他们的事业成就进行了对等替换。通过这种方式，我努力忠实于他们的人生轨迹并保留他们各自的独特之处，但是把各种具体名称换掉了，从而保护他们的隐私。有时候，受研究对象中的某位知名人士会公开谈论他在格兰特研究中的经历，我引用他们的话时，会说明出处。

亚当·纽曼：时间、身份、记忆和变化

在讲述格兰特研究的历史时，我想以一个故事开始。这个故事揭示了很多主题，很多在这些年间让我苦苦思索、时而得到启迪、时而困惑不解的主题。故事主人公是亚当·纽曼（化名），他的人生一直在让我们思考时间、身份、记忆、变化这些问题，而这些问题恰恰是本书的核心。

纽曼在一个中低阶层家庭长大。父亲是一名连高中都没读完的普通的银行职工。祖父和外祖父有一个是外科医生，另一个是酒吧老板。纽曼的家族中几乎没有精神病史。但是，他的童年是相当灰暗的。他的母亲在接受我们研究人员的采访时说，每当亚当胡闹不听话的时候，她就用他父亲的吊裤带把亚当绑在床上。如果还不管用，她就把一桶冷水泼在亚当脸上。她还会打亚当的屁股，有时候还用鞭子打，所以亚当的行为逐渐变得极其克制。他信仰天主教的教义，也严格遵守教规，并且很重视学习成绩。

他的父亲要更加宽厚一点，但与亚当的关系却十分疏远。"他大概每月会有一次能想起来我是他的孩子。"亚当说道。整个家庭中几乎没有温情，我们对亚当的记录有大约 600 页，但亚当连一段快乐的童年记忆都没有向我们提到过。写这本书时，我又把他的记录读了一遍，我发现他几乎没有提及他 17 岁时父亲逝世的事。

高中阶段，亚当成为一名领导者。高中四年里他一直担任班干部，还是一

名鹰童军（美国童子军的最高级别）。他认识很多人，但没有亲近的朋友。他在哈佛读大二时，一些采访过他的研究人员对他的评价是"挺迷人的""很有幽默感"，但其他人对他的评价是冷漠、死板、不招人喜欢、以自我为中心、压抑、自私——这是他人生中矛盾人格的首次显现。

　　纽曼加入研究之后，研究人员立即对他进行了身体状况检查，因为那时候学界的主流观点是体格和种族基本上可以决定人生的方方面面。当时对他体格的检测结果是"北欧种族、体育型体质、男性体征明显"（拥有这些特征的人未来成功的可能性很大），但是健康状况不佳。

　　在全体受研究对象中，他的综合智力排在前10%，学习成绩非常好。跟在高中一样，他认识的人很多但朋友很少；他只参加了一个俱乐部——鸟类爱好者俱乐部，后来还加入了一个最不活跃的大学生联谊会——美国大学优等生联谊会。

　　一个心理学家对亚当的评价是"对法西斯主义保持中立"，格兰特研究中的内科医生以及曾经的研究带头人克拉克·希斯（Clark Heath），说亚当"不喜欢与人亲近"。

　　总之，亚当基本上生活在自己的世界里。他的性格测试结果是"人格健全"，但很多人又觉得他是一个敏感、心思细腻、内向的人。在后面的内容中我会具体谈谈他的这些特点。心理测试中，他在两个方面特别突出：智力超群和"所有受研究对象中最不配合的一个"。他的心理"健全"等级的最终评测结果是C，也就是最差的一个级别。（第3章中有关于评估过程的详细内容）

　　受到当时另一个理论流派的影响，格兰特研究中的精神病学家们更关注纽曼的自慰史，而不是他在大学里的社交。他们对纽曼的评价是性格孤僻型（cerebrotonic），而不是内脏强健型（viscerotonic）或者体力旺盛型（somatotonic）。（这三个术语分别表示依靠逻辑思维、自我感官和体能来活的三类人，但其实这三个词条的定义都还不完全明确。）

　　这里需要说明的是，早期的研究人员对"体格决定命运"这一观点深信不疑，也从来没有去验证。之后我还会提到这一点。对这种观点的验证要等到多年之后，虽然研究开始后不久研究人员就已经可以通过实证研究进行验证。

　　作为一名19岁的大二学生，纽曼在性的问题上态度极其保守。他很反对自慰行为，并且很自豪地向我们的精神病学家表示，如果他有朋友发生了婚前性行为，他会马上与那个朋友断交。然而，那位精神病学家认为，尽管亚当不太认同性行为，他头脑中却经常想到这件事。纽曼还告诉精神病学家他做过的一个梦：两棵树的枝干在顶部交汇，像是有两个并排抽屉的衣柜。这暗示着女性胸部，他经常做这个梦，每次梦到他都会很焦虑地醒过来。

据我所知，受研究对象中没有人比纽曼更能反映心理分析学中的性压抑现象了。另外，尽管研究人员仔细地向纽曼解释过了弗洛伊德的理论（纽曼很不认同这些理论），但却没有人就爱情或友情问题向纽曼发问。这也是当时格兰特研究存在的普遍问题吧。

他对政治的态度和对待性问题同样刻板。学校里自由联盟"偷偷摸摸"发给他的那些"煽动性宣传材料"，他都会撕碎。他坚持经验科学的理念，也热衷于经验科学这项事业，但同时他又是虔诚的天主教徒，每周会参加四次弥撒。曾有一个研究人员在采访时问他，他的宗教信仰和科学理念是否会相互冲突，他回答"宗教是我精神世界里的避难所，如果让任何理性知识闯入这个地方，就会玷污了它"。这就更矛盾了。

10年后，社会心理学代替人类体格学成为最热门的科研领域，社会关系成为一个研究点，这时候格兰特研究的记录才显示纽曼在大学时除了室友之外几乎没有比较亲近的朋友，他也很少跟女孩子出去约会。这可能是因为亚当不仅要自己打工赚学费，还得给家里寄钱，毕竟家里父亲已经不在了。但他也算是比较早地遇到了真爱，那是韦尔斯利学院数学专业的一个女孩，这个女孩之后成了他的妻子以及"永远最好的朋友"。

纽曼后来去了宾夕法尼亚大学医学院。他其实并不想照顾病患，他只是想学习生物统计学并逃掉兵役。在宾大第二年他结婚了，但除了夫妻关系外他仍然很孤立。他对"二战"和对照顾病人都不感兴趣。毕业时，他完成了在埃奇伍德兵工厂的秘密研究，也就此结束了服兵役的义务。埃奇伍德兵工厂是服务于美国生物战事的研究所，"二战"结束之后纽曼还在那里工作了一段时间。

1950年，当时格兰特研究的带头人希斯博士记录说，纽曼上尉没有为任何一位病人看过病，而是直接参与冷战时期美国的核武器探究，格兰特研究中其他45位外科医生赚的都没有纽曼多。纽曼发表的非机密论文中其中一篇是"原子弹的爆炸高度和爆炸威力"。

尽管纽曼身上存在这么多怪异之处，研究记录显示1952年当他32岁时，纽曼还是逐渐成熟了。他凭借自身的领导力才能在美国航空航天局（NASA）组建了一个 50 人的部门并在他的管理下良好运转，也算是在他所钟爱的生物统计学领域建立了自己的人生事业。他也将自己的道德追求融入工作中。20 世纪 60 年代，约翰逊总统下令运用军事产业复合体来解决第三世界的经济问题，纽曼的团队就参与到这个项目当中。

纽曼与他的妻子在受访时都表示，他们对婚姻的忠诚至少能保持 50 年。他们的婚姻关系很奇怪——两人都承认他们相互之间是最好的朋友，而两人除了对方之外其实根本就没有其他的好朋友。然而，许多有着阴暗童年的受研究对象所向往的都是那种可以让他们在年老孤独时得以慰藉但又不会给彼此造成太多负担的婚姻，那么亚当·纽曼的婚姻就属于这种理想婚姻了。也许这就能解释为什么他能这么早、这么容易地就实现了亲密（Intimacy）、事业巩固（Career consolidation）、传承（Generativity）（见第 5 章）等这些人生中的发展任务（adult tasks），这种情况在有着灰暗童年的受研究对象当中可是很少见的。

另外，尽管他之前并不承认自己有过什么过激的情绪，但可能是怕自己被这些负面情绪打垮，所以他渐渐学会了控制这些情绪。在研究的信息采集阶段，当时 19 岁的他对家庭氛围的描述是“和谐美满，爸爸妈妈都很爱我”。在荣格单词联想测试（尽管当时的研究主要针对受研究对象的生理状况，但研究人员还是努力通过一种折中的方式对受研究对象进行完整的评估）中，他对“母亲”这个词的联想是“温柔”“善良”“整洁”“亲近”“教导有方”等。

然而，采访他母亲的那位经验丰富、性格宽厚的社会调查员对他母亲的评价是“容易紧张、缺乏教养、满腹牢骚”。纽曼姐姐的评价是“我们的母亲会让任何人感到难堪”。

直到 1945 年，在纽曼离家 6 年、加入研究 5 年之后，他才坦诚地向我们回忆他的童年经历，“我和我母亲的关系很糟糕。”“我没有任何快乐的回忆。”他接着说。他还记得母亲曾经告诉他，她很抱歉把他带到了这个世界上。

60 岁时，他接受了华盛顿大学简·洛文杰（Jane Loevinger）发明的用来评估自我成熟程度的语句补充测试。题干是：“当他想到母亲的时候……”纽曼填的是“……他感到恶心”。但也不能说随着年龄的增长他更能直面自己的负面情感，尤其是他与母亲之间的关系，因为 72 岁时，他根本不相信自己曾经写过那样的答案。人是很复杂的，记忆、情感、事实都是会变的，而且三者之间会以我们意想不到的方式相互作用、相互联系。正因为如此，历时性研究数据才如此重要。

年轻时候的纽曼非常有事业心。"我有一股冲劲儿——很强烈的冲劲儿，"他谈到大学时候的自己，"我总是有非常实际的目标。"但38岁时他对自己大学时期近乎疯狂的进取心有了新的认识："在过去的人生中，我一直在反抗妈妈对我的控制。"意识到这一点之后，他的人生观念开始发生改变。现在，他说他的目标："不再是在科学方面有所建树，而是享受与别人一起工作的过程，并且当每天问自己'今天开心吗'的时候，能够回答'是的，很开心'。事实上，现在我更爱自己，也更爱其他人了。"但他也并没有放松对自己的要求；当时是1958年，纽曼也是在多年之后才会每天问自己是否快乐，1958年的时候纽曼内心其实仍有雄心壮志。这只是他的复杂性的又一次显现罢了。

45岁的时候，他又无法保持30多岁时那种自由平和的心态了，因为他要想着怎样教育那几个性格叛逆而且性开放的女儿。他这个时候和他母亲当初的想法一样，认为那么聪明的孩子将来一定要很有出息才行。这并不是一个很明智的想法。直到20年后，有一个女儿还没有摆脱父亲施加的压力。这个女儿对父亲的评价是"极端的成就至上完美主义者"，她在我们发的问卷中写道，她与父亲的关系很糟糕，糟到她都不愿回忆。她感觉她父亲"毁掉"了她的自尊，并希望我们不要再向她发问卷了。

我想知道当纽曼晚年性情逐渐柔和时他和女儿的关系如何，但我并不知道。我知道的是，随着时间的流逝，改变会一直发生。后来的日子里，尽管纽曼偶尔还是很顽固，但总体来说还是比之前要灵活很多。20世纪60年代的大变革以及这几个叛逆的孩子使他在性的问题上比以前开放了很多。他不再排斥弗洛伊德的理论。他女儿成年的时候，他（很不情愿地）收回了之前规定的禁止婚前性行为的禁令。

他现在不再害怕那些"鬼鬼祟祟的自由主义者"，并开始认同法律和秩序是"约束性概念"。他现在认为"世界上的穷人都是富人的责任"，并辞掉了在军工复合体的工作，他的科研资料都被他扔在房间里"发霉"了。

60岁时，他运用自己在研究报复性核武器攻击的时候掌握的统计学知识来研究解决苏丹的农业问题。这个在大学时一个礼拜参加四次弥撒的人如今的观点是："上帝已死，而人还是活着的，还拥有美好的未来。"事实上，当他的幸福婚姻开始帮他摆脱童年的痛苦回忆时，他对宗教就不再那么依赖了。最终他变成了一名无神论者。年过半百的时候，他只有在冥想时才能显现出一点神学倾向，这时候他开始在大学教授心理学和社会学课程。

这并不是本性的改变。从某种程度上讲，人总是会保持自己原来的样子。一方面，纽曼写道，从女儿身上他明白了，"生命中不仅仅只有数字、思想和逻辑"。但另一方面，他依然只与一人保持亲密关系——他的妻子。尽管在学术工作方面，他成为一名越来越能干的领导者，悉心指导他的组员，但他仍然是一名技工。即使在教学中，他也并不是通过研究人的感受来教授心理学和社会学，而是从语言学角度探究"'关系'和'爱'等词的词源"。

那么纽曼的一生经历了什么呢？很显然他的性格并没有发生彻底的转变，当然这也不是思维逻辑的转变。纽曼并没有上过什么精彩的心理学课程，或者碰到什么出色的心理医生，一切只是他性格的好转。他越来越能觉察到自己的负面情绪却并不试图控制或者否认这些情绪——人在变老的过程中要做到这一点可并不容易（参见第 5 章）。

慢慢地纽曼不再为自己的性欲而感到焦虑不安，他也不会那么想要去谴责或者干涉他人的性行为。他所经历的变化过程在更年轻一点的人群当中比较常见，类似于小学生向青少年的转变。纽曼渐渐摆脱了父母的影响，这个过程中他的道德观念不再那么保守，他越来越能接受自己。同时，他也越来越能接受别人，也越来越愿为别人负责。19 世纪以及 20 世纪初期那些伟大的心理学家，包括弗洛伊德和威廉·詹姆士，都没有研究过人成年后经历的这种渐渐成熟的过程。但是在这几十年的研究中，我们惊喜地看到亚当·纽曼和其他受研究对象都在不断变化成长。

确实，格兰特研究最突出的成就之一就是对纽曼经历的这种变化进行记录，这样一来，当埃里克·埃里克森这样的心理学家注意到成人的变化成熟过程并想要对这个过程进行系统化、理论化研究时，就有大量的临床资料可供他们参考。

20 世纪 60 年代开放的社会风气促进了纽曼的转变，但也只是多种因素之一。并不是所有的受研究对象在 20 世纪 60 年代都经历了像纽曼一样的变化，有的甚至越来越顽固。关于成人发展，很重要的一点是：每个人都有自己独特的成长方式，但是都必须经历挣扎。显然，格兰特研究中其他受研究对象并没有经历像纽曼一样的在性问题上的态度转变，就像儿童向青少年的转变过程也是因人而异的。但是，不管怎样我们都要正视自身的性欲，我们对待性的态度会深刻影响我们的一生。

纽曼的故事也说明了长期研究中存在的另一个问题——受研究对象的记忆会反复更改。（其实也暴露了研究人员的记忆会反复变化，一会儿我会说到这一点。）我在他50岁那年采访他的时候，他能记起来的唯一一个反复做到的梦是在车库后面偷偷撒尿，他还说他一进入哈佛就不再信教了，并开始怀疑宗教信仰是否真的有用。50岁时，他记不起自己大学时曾一周参加四次弥撒并反复梦到形似女性胸部的两棵树，就像他在19岁时记不起关于母亲的痛苦回忆。

随着时间的推移，纽曼对过往的回忆不断被更改，而记忆的更改其实总是服务于他的心理转变。他逐渐承认并接纳自己的情感，这个过程中他其实是在不断调整内在的自我来适应这个世界。比如，在他55岁时，我写信问他能不能将他记忆发生变化的例子写进公开出版的文章中。他又采取了压抑（译者注：把令人烦恼、痛苦的想法、冲动等压到潜意识，不让其达到意识层面）的心理策略——他从来都不因为自己的想法出错而紧张焦虑，他的回信十分简短："乔治，你肯定是寄错人了。"

67岁时纽曼告诉我，对于那些让人不快的记忆，他的态度就是"忘掉吧，让它过去吧"。但是我们现在可以看出，这并不代表他从控制狂的心理彻底转向了禅一般的超脱。相反，在很多方面他更像是回到了之前的状态。即使他不再像母亲要求的那样逆来顺受，但是他更不像他女儿那样完全不受约束。

事实上，他现在又有点自我约束了。他不再继续教学，中断了这项社交性较强的事业，回到了数字的世界。从55岁到68岁退休，他一直从事城市规划工作，管理着德州那些新兴特大城市中的综合区。尽管表面看来他好像经历了三项完全不相干的事业——弹道导弹工程研究、社会学教学以及最后的城市规划，但他做这三份工作都是以多变量统计学方面的专业知识为基础。尽管说他已经紧跟时代的步伐成为电脑技术人才（他那个部门的技术大牛们大多数都比他年轻二三十岁），但他依然还是不善社交。

"我不知道'朋友'这个词的意义是什么。"他70岁的时候说道。他这时候已经不再冥想。72岁时，当他回忆自己之前担心理性思考会影响他的天主教信仰时，他还说："我读了太多神经心理学的书籍，所以失去了冥想的乐趣。"

然而，72 岁时他最关心的还是核裁军——他年轻时做了很多具有侵略性的军事工作，现在想减轻自己的负罪感。这也显示了监护者的发展阶段（developmental stage of Guardianship），在第 5 章我们会讨论这一点。

纽曼一直都具备的一项特长就是幽默感，这在学统计的人当中可不常见。甚至在年轻的时候，他都不会抱怨自己的性冲动比他老婆的要强烈的多，他有一种比较委婉且诙谐的表达方式：我觉得做爱是一项需要不断实践的艺术。

在最后一次采访时，纽曼仍认为他对友情一无所知，但是他对妻子的爱从少年时期一直持续到他生命最后的日子。他已经计划好了，如果妻子在他之前离世，他就加入塞拉俱乐部，与那些环保主义者一起度过余生；但他还是在从事与数字有关的工作时最快乐。他不会过多地与人接触，但在接受我们采访时，他会抓一把种子然后把手伸出去等着鸟儿来吃他手里的种子。

纽曼在很多年前就放弃了宗教信仰，去教堂则是更加久远的回忆了，但是他会骄傲地向我展示他在电脑上制作的那些看起来很玄乎的不规则图形。他是一个让人捉摸不透的矛盾体，但很多人都是这样。每个人都会在某些方面保持一致，也会在其他方面呈现出矛盾之处，但其实方方面面都是他们本质的体现。改变越多，他们的本质会越来越趋于稳定。纽曼既相信神学，又是一名工程师，从始至终他都保持着这样的双重特点。

纽曼也一直都把压抑当作一种心理防御机制。他 72 岁时我第三次问他，他还能不能记起年轻时有什么反复出现的梦境。他不假思索地回答："你是说我穿着溜冰鞋然后摔进后门口的那个梦吗？" 30 年间，我曾三次问他青少年时期经常梦到什么，每次他的回答都与之前的完全不同。19 岁时他惯常采用压抑的心理策略，72 岁时依然是这样。

但这并不意味着他丝毫没有变。他不再单纯活在自己的世界里；年轻时期他只关注自我，这些年来他对其他人和事也培养起了兴趣，而且更能体会别人的感受。他的情绪更加平和。一名郁郁寡欢的大学生变成了一个很知足的老人。结束采访时，我问他，对于这项参与了 50 多年的研究他还有没有什么问题。他问的是："做这项研究你感到快乐吗？"

当我准备离开时，我礼貌地跟他握手，他——这个大学时既不配合又很以自我为中心，两小时的采访过程中既害羞又理性的人——大声说道："让我给你一个德州式的告别吧！"然后张开双臂给了我一个大大的拥抱。

18年后再看我那次采访后写的总结，我发现我写得很简单，"他的故事简直让我着迷"。我也有点懊恼地发现，我和他一样会出现记忆偏差，而且也有防御倾向。之前我对他的印象一直是他55岁的样子，在我记忆中他随着年龄的增长心态逐渐轻松平和。我完全不记得他后来改做城市规划（也算是工程类，与炸弹设计相比形式更温和一些）。

写这本书的时候，我得出一条教训：研究人员的记忆与受研究对象的一样不可靠。如果没有长期的书面记录，我们很容易就会遗忘一些令人不快的记忆，我跟纽曼都是这样。甚至是重读自己之前写的记录也不能完全避免记忆的偏差，因为我看到了纽曼的死亡证明。20年来，我早都忘了，在72岁接受采访时，他说他马上就会死于癌症，而且会死的很痛苦、很难看。因为我自己很畏惧死亡，所以我总是选择忽略他即将不久于人世这个事实。可是，如果连这一点都没有考虑的话，我又怎么敢说自己了解纽曼晚年的经历呢？

尽管如此，在他逝世不到一年之前，亚当·纽曼为格兰特研究写下了他最后一句话："我很快乐。"他完成了埃里克森所定义的生命的最终阶段——整合（Integrity）（第5章）。这一点我至今还无法做到。我比纽曼本人还要害怕他的离世，可能正因为如此我才选择忘掉他患上癌症这件事。我父亲还没来得及教会我人生的道理就离开人世了，但我与纽曼的这段经历提醒着我，我从格兰特研究以及所有实验参与者身上学到的很多很多。死亡也可以是一件很幸福的事。

对人生我们永远充满好奇

小时候我对显微镜并不感兴趣，但却向往帕罗马山上的望远镜——当时世界上最先进的望远镜。我想将整片森林尽收眼底，而不仅仅是孤零零的一棵棵树。成为精神病学家之后，我想观察生命的整个历程，而不仅仅局限于某个人生阶段。

这本书的主要目的就是要让大家明白，从宏观上对整个生命历程开展的观察和研究具有不可估量的价值。这个过程中我们会得出很多惊人的发现，因为如果研究的时间足够长，那么我们的研究发现会推翻甚至颠覆一些传统观点。比如，传统观点认为足够的社会支持和充分的体育锻炼是保持身体健康的重要因素，但经过长期研究，我们发现健康的身体也是获得社会支持和保持充分锻炼的重要原因。

有的读者可能会反对我们的观点甚至感到愤怒，但伽利略很早就发现，望远镜也会给人们带来更多问题。换句话说，长期研究虽然能给人启发，但有时也会引发新的困惑。

更让人烦恼的是，我们不知道我们的研究结果是否就是最终结论，即使是最新的发现也值得推敲。随着时间的流逝，一切都会变化，纵向研究本身也会随着时间的推移而发生变化。

时间改变了我们生活的世界，而这些改变就发生在我们存在于这个世界上的每时每刻；时间推动着科学思想不断进步，同时也在不断淘汰老旧的科学。这是不可阻挡的趋势，也是长期研究无法避免的问题。

如果望远镜放大倍数足够高，那么很可能我们观察事物时透过的光线已经有几千年的历史了。格兰特研究只有 75 年的历史，但是 75 年已经不短，在人的一生中已经算很长一段时间了。许多早期的研究后来被发现都是错误的、过时的或者狭隘的，我们现在的新发现将来也很有可能被挑出毛病。但是我还是希望我们的某些研究发现能够经得起时间的考验。同时，对于那些对自己的人生充满好奇，或者对自己所爱的人的人生充满好奇的人们来说，所有的研究发现都给了他们思考的空间。

我不禁想起了我进入医学院的第一天。"孩子，"院长告诉我（当时是1955 年），"有一个坏消息要告诉你——我们教给你的那些知识有一半在将来都会被推翻；更糟糕的是，我们现在也不知道是哪些知识以后会被挑出错来。"然而，半个世纪过去了，我们这一届的医生都受到患者的肯定。所以我相信，格兰特研究虽然历时已久，虽然是 20 世纪的研究，但却可以给 21 世纪的读者们提供很多新鲜的思路、带来很多启发。

02　实践揭示真理——用什么来衡量人生

事实验证才能揭示真理，事实验证才是理论的基石。

——P.D. 斯科特

这一章我会细致地讲一讲我们如何开展、如何利用纵向研究，以及纵向研究的重要性体现在哪里。我会用实例证明前瞻性纵向研究获取的信息与社会科学研究中的惯用方法获取的那些信息有什么不同。我会通过数据和故事来解释我们的研究成果，整本书我都会将数据和故事结合起来。

2009 年，《大西洋》月刊的编辑问我格兰特研究迄今为止最重要的一项发现是什么。当时我不假思索就立刻答道："生命中最重要的是我们与他人之间的情感。"我的这个回答并没有任何官方证据的支持。这个回答马上遭到了一家主流商业周刊的质疑，他们尖锐地指出：像关系、情感这类不切实际的概念在人吃人的现实世界有什么价值？

显然，我卷入了人类发展研究中历时已久、引起广泛讨论的一个争论：先天条件和后天培养哪个更重要？换句话说，身体条件和成长环境哪个更重要？对于这个问题，长期以来人们都在发表各自的主观看法，但现在我们终于有机会通过客观证据来回答这个问题。如今我加入格兰特研究已经 40 年了，我是否已经掌握了足够的数据来回答这个意义重大的问题呢？

首先我想通过对比来寻找这个问题的答案。我想从实验对象中选取两个对照组，一组人拥有优越的身体条件，另一组人成长环境良好、拥有幸福的童年。我可以比较 50 年后这两组人的状态。之前从未有人做过这样的对比，事实证明 2009 年的时候我也无法完成这项实验，至少不能严格按照我设想的规则来做。在格兰特研究中，身体条件的资料汗牛充栋，可后天培养方面的资料却寥寥无几。

要知道，我掌握的所有信息都来自于格兰特研究。"先天条件"这方面的信息很容易得到。在 20 世纪 40 年代，格兰特研究的研究人员都坚信，具有典型雄性体格的男性更容易获得成功，而且研究人员收集了大量关于受研究对象身体条件的信息。所以，很容易判断哪些人的先天条件优越，至少身体条件是很好判断的。但是"后天培养"却情况不同。

在下一章我会细讲，最早一批研究人员并没有考虑到他人的关爱会是影响成功的因素。现在的人格研究者往往不考虑人的面相，而20世纪40年代时被研究人员忽视的是人与人之间的亲密关系。环境因素几乎不在他们的考虑范围之内，更不用说家庭氛围这些更加细微的因素。由于这方面的信息有限，所以我很难判断哪些受研究对象的成长环境比较温馨。

这是其中一个问题。另一个问题曾经被《澳大利亚金融评论报》指出过。对于我当时受访时的回答，这家报纸的评价是：关于人生中"最重要"的因素，不同的人会有不同的看法。要让21世纪的华尔街精英相信生命中最重要的是爱，那可不太可能。

但我的兴趣由此被激发了。我现在是真的想看看格兰特研究的数据对关于先天条件和后天培养的辩论能带来多少启发，这就意味着我们要根据现有数据所能说明的情况来重新界定这个问题，要明确"成功"和"爱"这两个概念的意义。

所以我提出了一个新问题：哪个因素最能促成人在晚年的成功，是出色的身体条件、优越的社会背景还是儿时受到的关爱？为了回答这个问题，我得先解决一些其他问题。首先是《澳大利亚金融评论报》提出的问题：什么才算成功？高中学校里的足球明星通常被看作是青少年当中的成功榜样，但是一名优秀的四分卫一定能在晚年时成为人生赢家吗？

后来我想到，尽管人们可能会争论400米赛跑和跳高相比哪个更难一点，但几乎所有人都同意，能在"十项全能"比赛中取得好成绩的一定是非常优秀的运动员。类似地，用单一指标来定义成功肯定又会遭到《澳大利亚金融评论报》的质疑，也会引发争议，所以我就设计了一套"人生赢家十项指标"——涵盖了各个方面的人生晚年十项成就。我还想看看这"十项指标"与先天条件和后天培养之间有没有什么关系，具体来说是与出色的身体条件、优越的社会背景和幸福的童年之间有无关系。

我的这种设计充分地反映了前瞻性纵向研究，尤其是长远研究视角的优越性。我也将格兰特研究一直在探索的许多具体的、孤立的问题放在了一个更大的背景下观察，在接下来的几章我会细讲。我就像是用一架望远镜快速地把一副巨大的画面尽收眼底，将几十年间的理论观点和分歧梳理清楚。这也算以一种理想的方式将大家带入格兰特研究。

人生赢家的"十项指标"

每个人对"人生赢家"都有不同的定义，关于什么才算是一段幸福的、有价值的人生，大家也有各自的看法。我尽量将各类评判指标都包含在了我的"十项指标"当中，这"十项指标"都可以用相对客观的手段来衡量。我没有把美德、快乐、自我实现这些抽象的概念作为指标，我列出的都是具体的行为和成就。

我相信，很多读者肯定会对我选取的某些指标持反对意见。但我选择这些指标都是出于实际的考虑，并不受个人偏好、政治立场甚至是任何原则的影响。我必须要能借助现有的数据对受研究对象的生存能力、工作能力、爱的能力甚至在业余爱好方面的能力打分，这样才能确保我本人并没有偏向这三项预测变量（出色的身体条件、优越的社会背景和幸福的童年）当中的任何一个。

我选取了十项成就作为结果变量，因为这些成就是我们利用现有数据可以判断、衡量的。我事先并不知道这些成就和预测变量之间有什么联系。十项成就有的会相互交集，有些成就的年龄限制也并没有足够充分的理由，但是，考虑到我们在数据收集和评估方面的限制，我们也没有更好的办法。继续往后阅读的话，你会慢慢熟悉我们研究的问题以及我们探索问题的方式。另外，附录一是我们的访谈提问模板，附录四是受研究对象成年后的顺应度评估表。评定童年时期性格和成长环境的指标在附录三。第 3 章介绍了格兰特研究的历史，包括研究开始时的背景情况。

表 2.1 列出了"十项指标"的具体内容，也就是我用来定义"人生赢家"的十项成就。前两条指标代表事业成功：60 岁之前入选《美国名人录》（*Who's Who in America*，美国刊物）、个人收入在所有格兰特研究受研究对象中排名前 20%。

我选择《美国名人录》这个公认的精英判定标准是因为基本上每位受研究对象都在各自的领域享有崇高的声望，而我需要用一种有证可查的方式来区分他们的成功程度。经过计算，只有 21% 的受研究对象被收录进《美国名人录》。很快我发现，《美国名人录》更倾向于收录作家、教育家、政治家和商人，但医生和律师入选的可能性相对较小。之后我还意识到，我设计的"十项指标"并没有充分考虑那些创作型艺术家的成就，不管多成功的艺术家在我的"十项指标"中可能都不会拿到很高的分数。

表 2.1　人生赢家的"十项指标"（60 到 80 岁 *）

1. 入选《美国名人录》
2. 收入在受研究对象中排名前 25%
3. 心理压力较小
4. 自 65 岁起，在工作、情感和业余爱好方面收获成功和幸福感（附录四）
5. 75 岁时保持主观上的健康状态（75 岁时仍然保持身体的活跃状态）
6. 80 岁时在主、客观均保持身体、精神上的健康状态
7. 完成埃里克森理论模型中传承阶段的任务 **
8. 在 60 岁到 75 岁之间能够保持除了妻子和子女之外的社会联系
9. 在 60 岁到 85 岁之间拥有幸福的婚姻
10. 在 60 岁到 75 岁之间与子女保持亲密关系

　　*"十项指标"是用来评估人在 65 岁到 80 岁之间的状态，但对于在 58 岁到 64 岁之间逝世的人来说，"十项指标"中有 9 项都是可以估测出结果的，所以这批人也被纳入评估对象之中。但在 58 岁之前就逝世的受研究对象不在我们的评估范围之内。
　　** 以受研究对象在埃里克森理论模型中完成的最高等级的任务为准（参见第 5 章）。

　　第 3~6 条代表身心健康。如果受研究对象不需要心理治疗来解决他们遇到的各种问题，也不需要精神类药物来缓解痛苦，那么就可以认定他的心理压力较小。第 4 条衡量受研究对象在 65 岁到 80 岁之间在工作、情感和业余爱好各方面的状态（具体的衡量方式可参考附录四）。

　　第 5 条和第 6 条反映了不同年龄阶段各方面的健康状况：在 75 岁时保持身体的活跃状态（主观上）、在 80 岁时保持身体、精神健康（包括主观、客观两方面）。要达到第 6 条的标准，受研究对象必须在 81 岁生日时仍保持主观和客观上的生理健康，在 80 岁时没有酗酒、抑郁、长期焦虑、社交孤立等症状，并且能主观感受到各种各样的快乐。

　　有些读者认为生理健康不应作为"十项指标"之一。的确，长寿本身并不代表人生的成功。尽管大多数人都认为快乐、充实、长寿的人生是成功的，但痛苦却长寿的人生是否好过一段快乐、充实却短暂的生命，这是一个见仁见智的问题。我承认，一些性格很好的受研究对象因为先天性疾病或者偶然事件英年早逝，最终他们的"十项指标"总分很低；而一些性格孤僻的受研究对象得分很高，因为他们运气较好，很长寿。但是，生理健康和心理健康是紧密联系的，而且我的目标是要找出哪些因素可以促成人在晚年时期的成功。

　　第 7 到 10 条代表亲密关系。第 7 条是埃里克森理论中的传承阶段（Generativity）（能够关爱并帮助除了自己孩子之外的青少年和成年人，更多

内容参见本书第 5 章）。剩下 3 条是关于晚年时期幸福的婚姻、晚年时期亲密的父子关系以及 60 岁到 75 岁之间良好的社会关系（朋友、知己、球友、牌友等）。

还有一点需要说明。如果受研究对象从 60 岁到 85 岁之间大部分时间都能保持幸福的婚姻关系，那么，即使中间有 5 年的时间婚姻关系不和谐甚至中间发生过离婚，他也算满足了第 9 条。相反，如果一段婚姻维持了 35 年的时间，但大部分时间关系都不和谐，那么也算是失败的婚姻。（关于这些问题我们会对受研究对象的妻子进行单独访谈。）

把"幸福的婚姻"这种复杂的变量用"是"或者"否"来评定可能太过简单，但这的确是一种务实有效的方法。对于别人的婚姻，比如说兄弟姐妹或者最好的朋友的婚姻，我们很难对他们婚姻关系的幸福程度进行评级。于是我们想出了评价婚姻关系的三个梯度：如果夫妻双方二十多年来一直感到他们的婚姻很幸福，则评为一级；或者双方也说不上来是不是幸福，评为二级；如果婚姻关系磕磕绊绊甚至还离过婚并且之后也没有再婚，评为三级。这样一来，评定标准就还算是合乎情理。

在这本书中，你会看到我们总是这样用相对客观、科学的方法进行价值判断。之所以可以实现客观性、科学性，是因为我们可以一遍又一遍地运用已有的资料进行客观评价，这也是纵向研究最大的优势之一。如果我们做出这些评价时能保证评分者的信度，换句话说，如果彼此之间相互独立的一些评分者打出几乎相同的分数，那么我们做出的价值判断即使在几年、几十年后也能经得起数据检验，绝对不会是调查员的主观臆断。

所以，尽管我的"十项指标"法可能存在疏漏和谬误之处，但我希望读者也能意识到，整体来说在"十项指标"法中得分较高确实可以作为人生赢家的判断依据。

尽管我选用的十个变量看似毫不相关，但事实证明这些变量之间确实是相互联系的。比如说，具有其中某一项成就的人往往同时具备另一项成就，这让我们从直观上感受到它们之间的联系。高收入和良好的社会支持要求一定程度的同理心和情商，维持亲密的家庭关系也离不开同理心和情商。表 2.1 中的 10 个变量可以结成 45 对关联关系（10 个变量的结对方式有 45 种），其中 24 对的联系非常显著，12 对的联系显著，只有 9 对变量的联系不显著。

在这里说明一下，这本书中，联系"显著"只表示统计学意义。非常显著（VS）

指的是这种联系偶然发生的概率小于千分之一，显著（S）指的是这种联系偶然发生的概率小于1%，不显著（NS）指的是这种联系偶然发生的概率小于5%。

判断人生不是一件小事

需要注意的是，尽管"十项指标"是2009年才设计出来的，关于这"十项指标"的数据却是很早之前就收集起来的，而且通常是在事件发生之时就被记录下来。毕竟这是一项前瞻性研究。

用于"十项指标"评估的数据有些是在1938—1942年数据初步收集阶段得到的，有些是在1942年一直到2009年间的跟踪调查中得到的。"十项指标"的评分过程参考了这70多年间的所有记录，所以我们对于受研究对象的判断并不是基于他在某个时间点的表现，而是基于几十年间的收集起来的大量信息。

在每项指标中，如果某位受研究对象排在了全体受研究对象的前25%则记1分，如果他在某项指标评定之前就去世了，则该项指标记0分。所有人的总分都在0到10分之间。评分的结果是，三分之一的人总分是2分或3分，算是平均水平。

如果大家也认为我们的"十项指标"法确实能够在一定程度上评判一个人在晚年时期的基本状态，那么，相比2分以下的那三分之一受研究对象，4分以上的那三分之一受研究对象的人生就更加成功。本书前几页有受研究对象各自的分数。亚当·纽曼2分，处于中等水平，我随后要讲到的戈弗雷·卡米尔总分5分。

当然，要判定人生成功与否并不是件简单的事。我曾表示约翰·肯尼迪的心理健康状况比李·哈维·奥斯瓦尔德（译者注：刺杀肯尼迪的凶手）要好，但我一位学术界的朋友就曾经质疑过我这个观点。只能说仁者见仁智者见智。

成功的先天条件

确定了评判成功的标准并对受研究对象的各方面表现进行评分之后，我们就可以用统计学的方法来检验格兰特研究记录下来的各种变量以及受研究对象的各种品性之中（关于先天条件和后天培养的变量）哪些最能促成人在晚年的成功。

事实上，从一开始格兰特研究的目的就是为了寻找成功的前提条件。另外，刚开始收集数据的那几年刚好是"二战"初期，当时研究者们最关心的是怎样的人适合当军官。最早那批研究者认为，身体素质好才是领导力的前提，而优越的身体条件是指体育型体质并且男性体征明显（臀窄肩宽）。这也是那个时代的主流观点。

为了证实这个观点，研究者在 1945 年对后备军官训练营中的新兵做了一次研究。在该项研究中，男性体征明显的受研究对象中 41% 的人被认定为"当军官的好苗子"，但是男性体征不明显的受研究对象中没有一个得到这样的评价。然而，并没有后续的记录表明这些"好苗子"确实成了出色的军官。

按照本章开头 P.D. 斯科特的那句话来讲，因为缺乏事实证据的支持，那些研究者的理论还有待证实。而我想做的就是对三种观点进行验证：第一，我个人比较感性的观点——相信爱的力量；第二，早期格兰特研究者笃信的身体素质论、先天条件论；第三，现代商业社会的金钱决定论。身体条件、金钱以及关爱，哪一个最能促成"十项指标"所定义的成功呢？事实胜于雄辩，在科研领域尤其如此。现在是时候用事实来解决理论的分歧了。

表 2.2 中，A 部分包括 10 条先天条件方面的因素，用来验证先天条件是否是晚年成功的前提，包括生理因素和非生理因素。前 6 条是第一批格兰特研究者提出的，他们认为这 6 条是取得成功的前提，尤其是成为军官或者商店经理的前提条件。（格兰特研究的资助者威廉·格兰特很关心这一点，他本人是一位连锁商店经理人，格兰特研究的名字就来自于他；更多关于威廉·格兰特以及前 4 条因素的内容请参见本书第 3 章。）

前 6 条是：出身（家庭富裕、家世显赫）、善于社交、男性体征（窄臀宽肩）、体育型体质、耐力和运动技能。我自己又添加了另外 4 条先天因素：童年时期的好性格（参见第 4 章）、家族中有酗酒史、家族中有抑郁症史、父辈和祖辈的寿命长。

　　我还选取了 3 个变量来验证社会经济背景对受研究对象的成功有多大影响。为了确定受研究对象父母亲的社会阶层，研究者进行了家访，并综合考虑了父母亲的收入、职业地位以及街坊邻里的阶层。父母亲的受教育程度也要经过评定。

　　先天条件、社会经济背景这两方面的因素都确定了之后，接下来就必须直面《澳大利亚金融评论报》提出的质疑、证明"爱的力量"了。我也不得不再次面对最初那个让我被迫放弃分组对照实验、转向"十项指标"法的难题——缺乏数据。研究已掌握的信息中，并没有数据能直接表明受研究对象在童年时受到多少关爱。

　　我必须找到一种方式来确切地验证我的观点：与他人之间的爱和情感是实现幸福人生最重要的一个因素。即使在 21 世纪的今天，与他人关系的融洽程度也很难衡量，我们思考这个问题已经很久了。在 1940 年，还没有人提出亲密关系这个概念，格兰特研究最早的那批专家顾问——那些生物计量心理学家以及弗洛伊德派的精神分析学家——当然也没有提出。关于这一点后面再细讲。这里我想说的是，在对受研究对象进行"十项指标"评估之前，我只收集到了关于受研究对象人际关系的 4 个角度的客观评价结果，所以我只能根据这 4 条来评判人际关系与成功人生之间的关系。这 4 条就构成表 2.2 中的第三类变量。

表 2.2　要在 60 岁到 80 岁时在"十项指标"中取得高分，有哪些前提条件？

	与"十项指标"总分之间的联系
A.　先天条件方面的变量	
1. 体育型体质（0 项）*	不显著
2. 男性体征（0 项）	不显著
3. 出身（1 项）	显著
4. 运动技能（2 项）	非常显著
5. 耐力（2 项）	显著
6. 善于社交 / 性格外向（0 项）	不显著
7. 家族平均寿命长（1 项）	不显著
8. 家族酗酒史（2 项）	不显著
9. 家族抑郁症史（0 项）	不显著
10. 童年时期的好性格（2 项）	显著
B.　社会经济方面的变量	
1. 社会阶级（从上层阶级到蓝领）（0 项）	不显著
2. 母亲的教育（6—20 岁时）（0 项）	不显著
3. 父亲的教育（6—20 岁时）（0 项）	不显著
C.　人际关系方面的变量	
1. 温馨的童年（6 项）	非常显著
2. 大学时期的整体状态（8 项）	非常显著
3. 移情的应对（防御）** 方式（20—35 岁）（7 项）	非常显著
4. 30—47 岁的人际关系（10 项）	非常显著

非常显著：偶然发生的概率 $p<0.001$；显著：偶然发生的概率 $p<0.01$。
*N 项表示该预测变量与"十项指标"指标中的 N 项联系显著。
** 参见第 8 章。

　　受研究对象和他们的父母都是在受研究对象大学时期才开始参与格兰特研究，那时受研究对象和他们的父母都接受了我们研究人员的深度访问。这些采访就是格兰特研究现有的关于受研究对象早期家庭生活状况以及他们与父母、兄弟姐妹关系的最早的资料。

　　显然早期家庭的生活状况和受研究对象与父母、兄弟姐妹的关系是亲密关系这方面最重要的因素。然而，那时研究人员还没有对受研究对象的童年成长环境打出确切的分数，打分是我加入格兰特研究以后的事了。（我会在第 4 章里介绍我们如何以之前掌握的事实为基础对受研究对象的童年成长环境进行打分。）

　　第 2 个亲密关系方面的预测变量是全体研究人员对每个受研究对象的"整体状态"集体评定出来的级别（在受研究对象本科毕业时，大概是他们 21 岁的时候）。评级的标准如下：

一级：受研究对象"在应对问题时没有严重的问题"；

二级：受研究对象"在与人交往时表现冷淡"或者太"敏感"；

三级：受研究对象"非常不合群"，或者表现出"明显的情绪波动"。

第 3 个预测变量是受研究对象在 20~35 岁之间无意识应对方式（更常见的说法可能是心理防御机制）的成熟程度。这一条由我在受研究对象 47 岁时根据研究以前掌握的信息进行评定（在前瞻性研究中回顾性地分析以往的数据是可以做到的，但是对于当时没有收集到的数据，现在无法弥补）。关于这一点后面也会细讲（参见第 8 章）。

要记住这一章只是一幅草图，具体的细节会在后面的内容展开。这里我想说的是，我们采取的防御机制影响着我们与他人之间的关系。像幽默应对或者耐心应对这类成熟的应对（有时候叫作防御）方式往往能拉近我们与别人之间的关系；至于无意识动作和臆想症这类不成熟的应对方式，尽管采取这类应对方式的人暂时会感觉良好，但却会给人留下太以自我为中心的印象，会使得人们渐渐疏远这些人。

最后一个预测变量是 30~47 岁之间和谐的人际关系。尽管这个变量是在 1975 年、受研究对象中年时才被评定的，我们还是把它算作人际关系方面的 4 个预测变量之一，因为我们找不出比这更早的能反映受研究对象亲密关系能力的客观变量了。评判这个变量的标准是下面 6 个简单直接但十分客观的问题：

受研究对象是否已经保持了超过 10 年的婚姻关系？

受研究对象跟子女关系亲密吗？

受研究对象有好朋友吗？

受研究对象与自己的原生家庭之间保持着愉快的联系吗？

受研究对象是否加入了某个社会组织？

受研究对象和别人一起玩游戏吗？

哪些变量最能决定人生

我们验证了表 2.2 中列出的 17 个预测变量与成功之间的关系。10 个先天条件方面的变量代表了早期研究人员的观点，3 个社会经济方面的变量代表现代社会心理学家的观点（可能也是《澳大利亚金融评论报》的观点），最后 4 个人际关系方面的变量代表关系理论家和动物行为学家的观点。

我承认最后这 4 条人际关系方面的变量选择得不太精细，但是我们只能做到这一步了，在"十项指标"法之后得到的人际关系方面的变量当然不能作为预测变量。另外，表 2.2 也体现了每个变量和"十项指标"总分之间的联系。

从表 2.2 可以看出，10 个先天条件变量和 3 个社会经济变量与成功关系不大。与早期研究者信奉的"体格决定论"相关的两个变量（体育型体质和男性体征）与成功之间的联系根本一点都不显著，3 个社会经济变量也是一样。家族酗酒史、抑郁病史以及家族平均寿命与 80 岁时的"十项指标"总分不相关。

格兰特研究在挑选受研究对象时非常看重善于社交、外向的性格（参见第 3 章），但结果证明这种性格与成功也没有联系。（然而最后一章会讲到，用复杂的心理学方法评定出来的"外向型"性格的确非常重要。）事实上，13 个先天条件和社会经济变量中，只有 4 个与"十项指标"总分联系显著，而且仅仅与"十项指标"中零散的一两项联系显著。所以说，先天条件和社会经济变量与成功之间的关联比较弱，而且不成体系。

然而，人际关系方面的 4 个变量对成功起着非常重要的促进作用。每个变量都至少可以预测"十项指标"当中的 6 项，4 个变量合起来对整个"十项指标"都有重要意义。另外，4 个人际关系方面的变量中，每一个都与其他 3 个联系相当显著，说明它们之间存在共性。总之，形成亲密关系的能力决定着受研究对象各个方面的成功，正如表 2.3 所示。

表 2.3　能够决定晚年成功的人生早期因素

"十项指标"	温馨的童年成长环境	47 岁社会关系评级	21 岁大学时期整体状态	20~35 岁成熟的防御机制
"十项指标"总分	非常显著	非常显著	非常显著	非常显著
入选《美国名人录》	不显著	显著	不显著	非常显著
所得最高收入	显著	非常显著	显著	不显著
心理压力较小	不显著	非常显著	非常显著	显著

在工作、情感和业余爱好方面收获成功和幸福感（65—80岁）	非常显著	非常显著	不显著	不显著
主观上的健康状态（75岁）	不显著	非常显著	显著	显著
主、客观均保持身体、精神上的健康状态（80岁）	不显著	非常显著	显著	不显著
达到"传承"阶段	非常显著	非常显著	非常显著	非常显著
除了妻子和子女之外的社会支持（60—75岁）	非常显著	非常显著	非常显著	非常显著
婚姻幸福（60—85岁）	显著	非常显著	显著	显著
与子女关系亲密（60—75岁）	显著	非常显著	不显著	显著

非常显著：偶然发生的概率 $p<0.001$；显著：偶然发生的概率 $p<0.01$。

有具体的例子可以让这些抽象的结论更加易于理解。比如，我们发现，就所得最高收入来说，智商110~115的受研究对象与智商150以上的受研究对象没有显著差别，体育型（肌肉型）体质的受研究对象与瘦型体质和胖型体质受研究对象没有显著差别，来自蓝领阶层家庭的受研究对象与来自上层阶级的受研究对象也没有显著差别（参见表2.2）。

另一方面，年少时与兄弟姐妹关系良好（幸福童年的其中一个因素，参见表2.2和附录三）的受研究对象年均工资比那些与兄弟姐妹关系不好或者根本就没有兄弟姐妹的受研究对象高出51000美元（按2009年美元价值来算）。来自温馨家庭的受研究对象年均工资比来自不和睦家庭的受研究对象高出66000美元。受到母亲关爱的受研究对象年均工资比没有受到母亲关爱的受研究对象高出87000美元。

在亲密关系方面得分最高的58名受研究对象入选《美国名人录》的可能性比一般受研究对象要高3倍，这些受研究对象在55岁到60岁之间最高收入的平均值是243000美元/年（按照2009年美元价值计算）。

相比之下，在亲密关系方面得分最低的31名受研究对象最高工资的平均值只有102000美元/年。应对方式最成熟的12名受研究对象的平均最高工

资达到惊人的 369000 美元 / 年，应对方式最不成熟的 16 名受研究对象只有
159000 美元 / 年。这些变量与受研究对象晚年时期的幸福有着同等显著的联系。

　　所以我当年在受访时不假思索提出的观点是成立的。后天培养比先天因素
更重要——至少更能促进"十项指标"所代表的晚年时期的成功。而后天培养
方面最重要的一个因素就是充满关爱的环境（温馨的童年成长环境，参见附录
三）。这也是值得探讨的一点，待会儿我会用一个受研究对象的人生故事来解
释这一点，并解释前面提到的这些结论在现实中是如何体现的。但首先我想做
一点说明并在讲故事之前说一点题外话。

　　说明：在整本书中，我似乎一直在说精神健康的人比精神不健康的人性格
更好。这似乎有一点责备受害者的嫌疑，但其实这个观点并不涉及道德评判。
这个观点只是反映了一个残酷的现实：吃饱肚子（包括字面意义和比喻意义）
的人更能为别人着想，遭受饥饿（包括字面意义和比喻意义）之苦的人更容易
采取自我保护的策略，更容易在受到伤害时发动攻击。

　　题外话：对于体格决定论以及早期研究者的其他观点，我一直都没有盲从。
还记得在 20 世纪三四十年代的时候，体质医学和人类体格学主导着理论界，
持种族优越论的可不只是德国人。然而，我在探索"十项指标"法的时候其实
还是属于整个格兰特研究的一分子，也受到其他研究人员的影响，再加上手头
就有大量的相关资料供我使用，因此我还是决定验证一下体格和军官潜质之间
的关系，验证一下这个在当时被奉为圭臬的观点。

　　"二战"结束时，有的格兰特研究对象被提拔为少校，而有的却还是二等
兵。是什么造成了这种差别？研究结果显示，受研究对象退伍时的军衔与他们
的体格、父母的阶层、自身的耐力甚至智力都没有多大关系。真正与军衔有关
系的是童年时温馨的家庭环境以及他们与母亲、与兄弟姐妹之间的关系。

　　在 27 名童年最温馨的受研究对象当中，有 24 名都至少当上了中尉，有 4
名当上少校。相比之下，在 30 名童年最凄惨的受研究对象当中，有 13 个人连
中尉都没有当上，而且没有一个当上少校。优秀的军官并不是一生下来就是军
官的好苗子，也不是因为在伊顿公学的操场上苦练身体素质所以才成为军官，
优秀的军官是从温馨的家庭中培养起来的。这个研究结果肯定会让人体人类学
家欧内斯特·胡顿（Earnest Hooton）（参见第 3 章）大吃一惊，他是受格兰特
研究邀请为我们的研究写下第一本书的人。

我讲下面这个故事是因为它能给我们很多启示。第一，光有观点是不够的——无论我们多么坚持自己的观点，也需要去验证它。

第二，如果我们不利用信息的话，信息也就不能发挥价值。我通过实验，解决了格兰特研究从一开始就面临的一个问题，然而我所用到的数据已经存在了大约 70 年了。

第三，纵向研究可以让我们避开很多陷阱并摆脱研究方法和视角方面的难题。纵向研究让我们更加灵活，我们可以在新的时代背景下对一些旧问题重新发问，也可以针对过去的数据提出一些新问题。这是这本书中很重要的一点，我会反复强调。

戈弗雷·卡米尔：爱的表现形式

现在我不谈统计数据了，我想用一个真实的例子来向大家证明爱的力量。一个人一生的故事肯定比 1000 个数字都更有说服力。

1938 年，戈弗雷·迈诺特·卡米尔刚刚加入格兰特研究时，大家对他的印象只是一个高个子、红头发、举止得体、立志于学医或者从政的男孩。但研究人员逐渐发现，看似"正常"的戈弗雷其实是一个深度抑郁症患者。在他加入格兰特研究的第 10 年，研究人员对每位受研究对象未来性格的稳定性进行了预估，预估结果分为 A 到 E 五级。戈弗雷的评定结果是 E，最差的一级。

然而，虽然在那时戈弗雷的人生看起来一片灰暗，在晚年时他却书写了人生的灿烂篇章。他在"十项指标"中的总分是 5，排在了所有受研究对象的前25%。为什么会有如此巨大的变化呢？这个可怜的孩子是怎样走向成功的呢？原因很简单——终其一生他都在不停地寻求爱的力量。

卡米尔的父母属于上层阶级，但是两人在社交方面都相当孤立，并且性格多疑、几近病态。阶层的优越性并不能决定孩子的童年幸福与否。"爸爸的缺点妈妈同样也有。"19 岁的卡米尔曾说道。

46 岁时，他很难过地重复了一遍自己之前说过的话："我既不喜欢也不敬重我的父母。"露易丝·格雷戈里在格兰特研究中负责访问受研究对象的家人，他说卡米尔夫人是"我见过的最容易紧张的人……很善于自我欺骗"。

一位儿童精神病医生 30 年后看到卡米尔当时的记录时说，卡米尔是格兰特研究中童年最灰暗的受研究对象之一。（在这类评估中我们一般都会采用不同来源的证据。）

卡米尔既得不到关爱又尚未培养起独立感，还是学生的他采取了一种下意识的生存策略——频繁地去学校医务室看医生。然而大多数情况下卡米尔并没有任何病症，以至于在他大三时，一个一贯很温和的医务室医生都不耐烦地对他恶语相向："这孩子快成一个神经病了。"

卡米尔一味地诉苦是一种不成熟的做法，这并没有拉近他和别人的关系，反而让别人越来越疏远他。别人感受不到他的痛苦，反而很反感他强迫别人听他诉苦。

在"二战"开始那个年代，所有人都觉得卡米尔将来肯定不会有什么出息，至少按照当时格兰特研究者的标准来看是这样。他很瘦，但不符合肩宽臀窄的体征，所以只能说是瘦弱，算不上阳刚健美。他不擅长运动，大学时候的学业表现也并不十分突出。

即使按照我的标准，他也不属于能成为人生赢家的那种类型。他的童年很不快乐，寻求他人帮助时也并没有考虑到他人的感受，而且不善于人际交往。"二战"期间他只是二等兵，这完全在大家意料之中，因为所有人都不看好他。等后来我进入格兰特研究时，我也没看好他。

从医学院毕业之后，刚刚成为医师的卡米尔还试图自杀过。在加入格兰特研究第 10 年时他又接受了一次性格评定，那时研究人员得出的一致结论是：卡米尔"不适合从事医疗工作"；尽管他得不到关爱，但他非常愿意照顾他人、关爱他人。但是在与一位精神病医师谈了几次之后，卡米尔对自己有了全新的看法。他对我们说："我现在已经不受疑病症的困扰了。以前总是怀疑自己患病，应该算是一种自我惩罚，因为情绪太激动而应受的惩罚。"

意识到自己因为情绪冲动而陷入抑郁后，卡米尔不再将频繁就医作为一种心理防御手段，也不再下意识地通过这种方式惩罚自己，而是转向一种更加成熟的情绪处理方式——转移注意力。他努力将注意力从那些让他情绪极度波动的问题转到不带感情色彩的事情上来。

他姐姐去世时，他向我们研究所寄来一份验尸报告，简单地附了一句："这是一份验尸报告复印件，我想这应该算是需要向你们报告一下的事情吧。"他并没有提及自己的感受，甚至没有提到姐姐去世这件事情本身。

他也没有直接告诉我们他母亲去世的消息，而是试图淡化情感、冷静陈述一项客观事实。他轻描淡写地写信告诉我们："母亲留给我一份遗产。"不论这种方式有什么缺陷，总归比之前的一味诉苦要更容易让人接受。很多人以前对他一味求医诉苦感到厌恶，但现在觉得他更好相处了。

尽管青少年时期总是怀疑自己患病，但卡米尔实际上对自己的身体和感受都不甚了解。他确实有一些感受，但这种感受到底是什么呢——一种疾病的症状，焦虑，还是臆想？他无法区分。

压力大时他会产生生理反应，并且他觉得对于这些生理反应不能不管不顾。然而，在32岁自杀未遂后进行反思时，他才开始区分生理反应和情感反应并关注这些反应产生的原因。自那时开始，心理压力还是会使他产生消化不良、腹部疼痛、手凉、胃疼等症状，但卡米尔不会再去跟医生说自己得了什么病，或者通过抱怨自己身体的不适来表达需求、寻求关怀。相反，经过心理治疗后他意识到，这些生理症状只是心理压力的外在体现。

接着，35岁时的一次经历改变了他的一生。因为肺结核，他在一所退伍军人医院度过了14个月。10年后他是这样回忆当时刚刚入院的心情："医院很整洁；我可以在病床上躺一年，做些自己喜欢的事情，然后就能出院了。""我很庆幸自己得了这场病。"他说道。

事实上，在这次真正生病住院的经历中，他感受到了安全感，这是他在童年、在频繁就医以及之后刻意淡化痛苦的阶段都没有感受到的。卡米尔觉得这段住院的经历就像是一次宗教意义上的重生。"有个名字以S开头的护士一直在照顾我，"他写道，"这一年之后，再也没有什么困难能够难倒我了。"

出院后，卡米尔成为一名独立医师，还结了婚。他成为一位负责任的父亲，同时还担任诊所负责人。在出院后的5年里，他很快就接连完成了亲密（intimacy）、事业巩固（career consolidation）和传承（generativity）（参见本书第5章）这几项成人发展任务。他的婚姻持续了10多年但并不十分幸福，所以最终他还是和妻子离婚了。但他的一个女儿在她50岁的时候，曾在受访时告诉我，她和她的兄弟姐妹都认为他们的爸爸是一位模范父亲。

在后来的这几十年间，卡米尔的应对方式也发生了变化。之前他选择转移注意力（下意识地避免情感波动），现在他倾向于一种无意识的、更加为他人着想的方式——帮助他人，其中就包括一种提携他人成长的传承性心愿。他现在成为一名乐于付出的成年人。

虽然 30 岁时，他不喜欢那些特别麻烦的病人，但 40 岁时，他却习惯了照顾别人，实现了自己在青少年时期的梦想。他在波士顿开办了一家专治过敏性失调的大型诊所，这是他第一次负责一个机构。他还发表论文，他的论文让其他医生能更加理解那些童年不幸的哮喘病患者有什么特殊的情感需求，并更好地解决这些病人的需求。

现在他说医生这个职业最让他喜欢的就是"过去我一有问题就去寻求他人的帮助，但成为医生之后我更愿意让别人到我这里来寻求帮助"。这与他刚毕业时的焦虑心情形成鲜明对比。他的女儿曾跟我说道："父亲天生就有付出的能力。在帮助他人时，他像 5 岁小孩玩游戏一样开心。"

在我 55 岁、卡米尔接近 70 岁的时候，我问他从自己孩子身上学到了什么。"我现在依然还在向孩子学习啊，还没学完呢。"他好像觉得自己的回答很巧妙，还意味深长了地补充了一句，"你这个问题很难回答……你不觉得这个问题太宽泛了吗？"

我有点失望，我原本以为像他这样情感细腻的人会给出一个更加言之有物的回答。但两天后，我正准备去卡米尔的同学聚会跟他的同学们谈谈时，我在哈佛广场遇到了他。他眼里含着泪，激动地说："你知道我从我的孩子们身上学到了什么吗？我学到了爱！"许多年后，因为一次偶然的机会我跟他女儿谈了一会儿，之后我就彻底相信了卡米尔说的这句话。我跟很多受研究对象的子女都交谈过，但这位女儿对父亲的爱给我的印象最为深刻。

我开始写戈弗雷·卡米尔的故事时，我其实还不知道是什么使他的人生出现转机。显然生病住院的那一年改变了他，但具体是怎么回事呢？他 55 岁时说，这一切都是因为耶稣在他生病住院时曾看望过他；我在 40 岁认为是他在那 14 个月里受到的无微不至的照顾改变了他。但我们俩的看法其实都不算是合理的解释。

现在我知道，这个问题本身并不重要。我做了很多年跟踪研究，经历了很多年的成长才明白，我们应该重视爱的力量。爱的表现形式——上帝、护士、子女、善意的旁人等等——对每个人来说是不同的，但任何形式的爱都充满力量。

卡米尔 75 岁时，他具体讲述了爱如何改变了他。这次他并没有提到弗洛伊德和耶稣。

　　过去很多家庭不太和谐，我小时候的家就是这样。长大后我的工作倒也非常顺利，但真正让我庆幸的是我逐渐变成了一个平和、快乐、愿意与人交往、对他人有所贡献的人。在我小的时候《绒布小兔子》（The Velveteen Rabbit，译者注：西方家喻户晓的童话故事）这本书还没有普及，所以当时我没看这本儿童经典读物。这个故事讲的就是，每个人都需要与他人之间建立起相互关爱的情感，只有这样我们才能成为完整、健全的人。

　　这个故事告诉我们，只有爱才能让我们成为真实的存在。我童年时没有获得关爱，现在我也明白原因是什么。我花了很多年的时间才在其他地方找到了爱的力量。这个过程中我最深刻的感受是爱无处不在，爱有着化腐朽为神奇的伟大力量。人是很柔软的动物，我们的周围充满着爱和善意……年轻时我从未想过我的晚年可以如此充实如此充满活力。

　　生病住院的这一年改变了卡米尔的一生，但卡米尔的故事并没有到此结束。他获得新生后抓住机会顺势而行，进入了持续30年的快速上升期。意识到爱的力量后，他不仅获得了职业上的启发，而且灵魂得到了重生；他结了婚还有了两个孩子；他接受了两次精神分析；他还重返教堂，重拾年轻时期的习惯——这样一来他为自己营造了一个充满爱的环境，弥补了童年以来的缺憾，并且将关爱播撒给他人。

　　又过了几年，卡米尔77岁了。77岁时卡米尔认为过去的那五年是他一生中最快乐的时光。他再婚了，在工作上那些比他年轻30岁的人都甘拜下风。他把花园打理得整洁漂亮，他还很热衷于参加社区里三一教堂的活动。他坚信耶稣去医院看望过他，我一直以来都对他的这种想法不屑一顾，现在看来也许我不该这样。

　　80岁时，卡米尔为自己办了一场便餐生日聚会（译者注：便餐聚会指参加聚会的人每人自带一份菜），300个教堂里的朋友都前来为他庆贺。卡米尔请来爵士乐队为大家表演。

　　82岁时，在攀登他钟爱的阿尔卑斯山时卡米尔心脏病突发，与世长辞。追悼会在他所在的教堂举行，教堂里挤满了前来悼念他的人。"他是一个真诚的人。"主教在悼词里说道。他的儿子说："父亲的一生很简单，但充满了爱。"要知道，卡米尔在 30 岁之前几乎没有与任何人建立起相互关爱的关系。所以人是会变的。但同时每个人的内心总有些东西是不变的。卡米尔在住院那年之前就从未停止过对爱的追寻，之后很快发现了爱，只不过是因为他给了自己一个机会，成全了自己罢了。

在戈弗雷·迈诺特·卡米尔 80 岁时，他的生活就连亚里士多德都得承认是幸福的。但在他 29 岁时，当研究人员在性格稳定性评价中把他排在全体受研究对象中最差的 3% 时，谁会想到他最终会成为这样一个幸福安详、乐于奉献、倍受关爱的人？

可是，如果我们明白幸福只是马车、爱才是拉动马车的那匹马，如果我们意识到所谓的防御机制、非自愿的应对方式其实是非常重要的（这一点常常被人们忽略），那么卡米尔的转变就不难理解了。

30 岁前，他的处事方式以自我为中心，处理情绪的方式是频繁就医、寻求帮助；50 岁时，他更为别人考虑，培养起一种务实、宠辱不惊的处事方式。历时 75 年的格兰特研究表明，幸福有两个要件。一个是爱，另一个是找到一种不排斥爱的处事方式。戈弗雷的故事就是一个很好的例证。正因为如此，我才把这个故事作为引子，希望读者通过这个故事对本书的观点有大致的了解。

人生的变化从未间断

画面比文字更有说服力，但画面更多的是触动人心而不是以理服人；数据不会说谎，但难免有时会造成假象。因此，画面和数据的结合就可以尽可能保证真实性。正因为如此，我才用数据和故事一起来向大家介绍目前为止在我看来格兰特研究最重要的研究成果。

第一条是，积极的精神状态是一种客观存在，从某种程度上对积极精神状态的判定可以独立于道德、文化因素的影响。但为了实现客观的判定，我们必须通过真实记录而不是空洞的理论来证明"积极精神状态"这一定义的有效性。这一点非常重要。80 多年前，很多人都把希特勒追捧为伟大领袖，却认为丘吉尔不过是一个失败的政客。同样地，可能只有在 80 年后，我们才能对尼克松、里根、克林顿、大布什、小布什以及奥巴马等历任总统的领导才能做出客观评价。不管是评价领导人、做学术研究还是在生活中，只有通过长期观察——不只是几年，而是几十年——得出的结论才能经得起实践的检验。本书所有内容都印证了这一点，尤其是第 7 章对这一点有更加详细的说明。

第二条是，**如果我们抛开精神病理学去研究积极的精神状态，就需要理解适应性应对（adaptive coping）这个概念**（参见本书第 8 章）。就像有些疾病中的发炎和发热症状一样，很多看似艰难的人生阶段恰恰是情况好转的时候。当我们对挫折越来越应付自如时，我们的应对机制也更加成熟。反过来说也是一样。

第三条，**幸福的人生中最关键的因素是爱**。这里的"爱"并不一定要是年幼或年轻时候受到的关爱或者是男女之间的爱。但一个人如果年幼或年轻时受到关爱，那么他以后的人生也更容易充满爱，也更容易在其他方面获得成功，比如收获名望、高薪等。同时，这个人的处事方式也更容易让别人靠近他而不是疏远他。大多数人生赢家在 30 岁之前都发现了爱，这也是他们成为人生赢家的原因。我将在第 6 章中讨论亲密关系的变迁。

然而，**第四条发现是，人的确是不断变化、不断成长的**。童年并不能决定人的一生，第 5 章会把这一点解释清楚。卡米尔的故事也是一个例证，一个在伤痛中成长起来的典型例证。

第二、三、四条之间有着显著的联系。生命中我们总是被周围的关爱所影响、所鼓舞。历史 75 年、耗资两千万美元的格兰特研究得出了一个简单直接、只有五个字的结论——幸福就是爱。维吉尔（Virgil，古罗马诗人）在多年之前用三个词就表达了同样的观点——*Omnia vincit amor*，爱能战胜一切。但可惜那时候他没有数据来支持这一观点。

第五条是，**积极的影响远比消极的影响更重要，而且，对成年后的心理状况影响最大的是童年经历的总体状况而不是单独的某次伤害或者某个亲密的人**。关于这一点第 4 章有更详细的内容。想一想卡米尔生病住院的那一年你就能明白我刚刚所说的"积极的影响远比消极的影响更重要"。

第六条是，**如果对受研究对象进行长期观察，你会发现他们会变的，而影响健康状况的因素也会变化**。生命中充满了变数。在我们的研究中，没有人一开始就注定失败，也没有人生下来就注定成功。一个在其他方面都条件优越的男孩因为遗传了酗酒的基因而慢慢走向颓废（参见本书第九章）。相反，一场重病反而使不幸的卡米尔摆脱了孤独和严重的依赖心理。

最后一条是，前瞻性研究的确能破解关于人生的谜题。在第十章我会对这一条做简单的讲解，只希望能激发读者的兴趣。因为第十章的确是关于人生的谜题，但我们目前还没有完全弄明白。然而，如果将来这些谜题被解开，那也很可能是得益于格兰特研究这种跟踪整个生命周期的科研项目。格兰特研究为我们提供了长达 75 年的行为记录而不是类似于判断或者选择这种主观看法，这些记录可以让我们反复验证并不断改进关于幸福人生的一些新旧观点。

在项目初期，格兰特研究的开创者们就开始收集那些像我这样有异议的人可能会用来反对他们观点的证据。我从一群认真负责的园丁那里继承了一片被他们精心呵护的果园。40 年来我收获了果实也将结出的果子推向市场。

为了检验我们现在的结论是否成立，这项研究还在不断进行中，所以如果有天我不干了，也会有人来接替我。但目前取得的成果还是应该归功于阿伦·博克、克拉克·希斯和露易丝·格雷戈里·戴维斯（Lewise Gregory Davies），是他们开创了这片果园；也应归功于查尔斯·麦克阿瑟（Charles McArthur），是他们一直以来为果园施肥、修枝剪叶。格兰特研究的发展过程本身就像是一个人的人生故事，在下一章我会为大家讲述。

03　哈佛大学格兰特研究那些事儿

门上写着"格兰特成人发展研究"。该研究由百货商店巨头 W.T. 格兰特赞助，由哈佛大学卫生服务部负责实施，目的是对各方面"正常"的年轻男性开展研究。

在那个有着特别意义的下午，我还是一名刚满 19 岁的大二学生。在此之前，除了经济大萧条和被小儿麻痹症折磨的六个月，我的生活虽然没什么激情，倒也令人满足。

——本杰明·布雷德利，《美好生活》，1995

在这一章里，我记录了格兰特研究 75 年的历程，读者可以细细品读或是走马观花似的浏览一遍，总之根据自己的兴趣来决定。这一段历史不仅与格兰特研究有关，也与 75 年间美国的社会科学发展以及不断变换的主流世界观有关。格兰特研究的历任带头人分别是：1938—1954，克拉克·希斯，医学博士；1954—1972，查尔斯·麦克阿瑟，哲学博士；1972—2004，我本人；2005 年至今，罗伯特·瓦尔丁格（Robert Waldinger），医学博士。

从 1936 到 1937 学年，阿伦·V·博克是哈佛大学奥利弗卫生学教授以及学生卫生服务部的主任。在递交给校长詹姆斯·科南特（James Conant）的一份报告中，他提议要扩大校卫生部以及校医生的职能范围。根据他的建议，第一步是要对健康的年轻男性展开一项科学研究。

博克认为，医学研究中，对健康的研究和对疾病的研究应该受到同等的重视。他的提议得到了支持，他想要研究的问题也更加明晰：先天条件与后天培养哪个更重要；性格和健康有着怎样的联系；精神疾病与生理疾病是否可以预测；身体因素是否会影响职业选择。但他最想了解的还是：健康是什么？ 75 年间格兰特研究一直在探索这个问题（以及衍生出来的其他问题），这本书中我会尝试着去解答。

在递交给科南特的报告中，博克引用了"现代社会的压力"，他觉得"现在的学生在毫无准备的情况下就要面对"这种压力。他认为哈佛应该帮助学生们应对这些压力。

> 时代在发展，卫生部的工作重点也应该转变，因为人际关系愈加复杂，我们要让大学生们在走出校园时为社会生活做好充分准备。

为了推进这项工作，博克向他的朋友威廉 T. 格兰特寻求赞助。格兰特拥有一家以他自己名字命名的连锁商店公司，博克是他的心理医生。1937年11月，博克得到了第一笔赞助，金额为6万美元（以2009年美元价值计算是90万美元），提供这第一张支票的机构就是后来的格兰特基金会。随后科南特以及哈佛其他教职工就批准了博克的项目。

一开始这个项目叫作哈佛生命历程研究，不久后改为哈佛社会适应格兰特研究。（这个名字反映了格兰特对商业的关注——怎样成为优秀的百货公司经理。）1947年格兰特撤资后，项目名称又改为哈佛成人发展研究。但是大家在口头上一直都把它称为格兰特研究，我也会遵循这个传统。1967年我刚刚加入研究时，还曾天真地问道为什么叫格兰特研究。一位比我资深一点的调查员面无表情地答道："因为项目运行需要大量拨款（译者注：格兰特'grant'在英文里有拨款的意思）。"

格兰特研究于1938年秋天启动，研究所位于坎布里奇市霍利约克街一座又矮又宽的红砖建筑中，紧挨着卫生部。格兰特研究的跨学科性研究目标从最初的人员构成上就能体现出来：一位内科医生、一位心理学家、一位体质人类学家、一位精神病学家、一位生理学家、一位社会工作者以及两位助理。当时《哈佛深红报》的编辑小丹·费恩（Dan Fenn）在提到这八位创始成员时说，他们"正在从事的研究将来可能会成为哈佛对社会最重要的贡献之一——对'正常'人的研究……他们可能会研发出一套法则，指导人们在社会中找到适合自己的位置"。

1939年，哈佛举办了一次会议来庆贺格兰特研究的成功启动。遗憾的是，我找不到关于这次会议内容的记录。但会议召集了一批具有国际声望的科学家，他们以自己的方式深刻地影响着格兰特研究。其中一位是阿道夫·梅耶（Adolf Meyer），约翰霍普金斯大学精神医学部的创始主席，也是当时格兰特研究的主心骨。

梅耶也许是美国最伟大的社会活动家，在精神病学领域有着非凡的远见卓识。他1892年来到美国，想研究大脑在人死后的变化。10年后他的兴趣从针对死者的神经病理学转向针对生者的适应性神经生理学。梅耶认为，精神病学研究是对生命的研究，他出版过一篇论文来论述"生命图表"的重要价值，这篇论文很有名但可能很少有人读过。

在论文中，他呼吁他的精神病学同行们"谨慎细致地对病人的精神生活进行研究"，他认为"我们应该少讨论共性，多探讨那些有着翔实记录的案例——尤其是对整个生命周期的记录——不仅仅是片段性的表面化症状描述或者传统意义上的转录"。亚当·纽曼和戈弗雷·卡米尔的故事都清楚表明，格兰特研究让梅耶的梦想成为现实。刚开始的规划是要做 15~20 年的观察记录——即使在今天看来也仍然是一个很高的目标——而现在已经在进行长达 75 年的生命记录。

美国最伟大的生理学家沃尔特·坎农（Walton Cannon）也出席了那次会议。与梅耶一样，坎农自格兰特研究启动以来一直都是整个项目的灵魂人物。他提出了战斗或逃跑反应的概念，作为哈佛教授他写了一本关于生理体内平衡的经典专著《身体的智慧》。生理体内平衡长期以来一直是格兰特研究的研究重点之一，所以我把我的一本书命名为《自我的智慧》，以此向坎农致敬。

詹姆斯·科南特校长也出席了会议，他带领哈佛走过了"二战"时期。他还有一个非常重要但不那么为公众所知的职位——曼哈顿计划的民间行政官，在这个项目中他反对氢弹的研发。阿伦·博克也参加了曼哈顿计划。

阿伦·弗农·博克曾被《哈佛公报》描述为"金发碧眼、皮肤白皙、活泼敏锐、性格直率、和蔼亲切、乐于思辨、总是很忙"，但认真地说，他是一位地地道道的内科医师。他有 10 个兄弟姐妹，在爱荷华州的一座农场长大；他后来被哈佛医学院录取，尽管招生委员会没有一个人听说过他之前读的那所大学的名字。20 世纪 20 年代他拿着莫斯莱出国奖学金去欧洲研究医学，从此开始了他的事业。接着他又对安第斯山脉当地人的生理适应开展研究。这段经历让他对生理健康状态和积极健康产生了兴趣。

博克和他的同事约翰·W. 汤普森（John W. Thompson）（也出席了会议）都是正常人类生理学这一研究领域的先锋人物，1926 年哈佛大学疲劳研究实验室的成立离不开这两人的努力。在该实验室中，生理学家、生物学家、化学家一起研究人类对身体压力的适应能力。他们研发出了一项锻炼受研究对象的方法，即让他们踩上衣帽间里的那种凳子然后再下来，这个方法至今仍是心脏功能测试的一部分。

实验室的正式地址在工商管理研究生院的校园里，但派出的研究小组遍布世界各地，从热带运河区到安第斯山脉的高峰都能找到他们的足迹。实验室的研究成果最终使得美国空军决定为新的高海拔轰炸机配备备用氧气。

博克视野开阔，他一直都在批评医学研究越来越狭隘的趋势。在接受哈佛卫生部主任这一职位时，他指出医学研究对患病人群的关注过多，他认为根据症状和疾病来区分身体并不能解决"怎样健康生活"这一紧迫的问题。博克是第一个将积极健康作为一种概念提出来的人；60 年后，宾夕法尼亚大学心理学家马丁·塞利格曼（Martin Seligman）把博克的观点引入了积极心理学这一新的研究领域。

即使格兰特研究开始实施后，博克依然与疲劳研究实验室保持着紧密联系。值得一提的是，直到 96 岁逝世前，他一直坚持每天步行两英里。他也一直都明白，"正常"和"平均水平"不是一回事。正常的视力是 5.0，但不幸的是，这并不是人们的平均视力。他的兴趣并不是研究平均水平的健康状态，而是探索人们可能达到的最佳健康状态。正因为如此，当时才挑选一批精英作为受研究对象。这才符合格兰特研究的意图。

在开始的 17 年（从 1937—1938 年的开始阶段直到 1955 年查尔斯·麦克阿瑟担任研究所主任），格兰特研究由创始人阿伦·博克、第一任主任克拉克·希斯以及社会调查员露易丝·格雷戈里主管。这三位的善意和付出才使得受研究对象心怀感激并一直忠诚于格兰特研究，才使得他们一直积极配合，直至离开人世。

一项哈佛研究的启动

克拉克·希斯，医学博士，从 1938 年到 1954 年担任研究所主任，是一位极富潜力的调查科学家。他曾经和维生素 B12 的发现者之一威廉·卡斯尔（William Castle）教授一起共事。他也是格兰特研究中的内科医生，但他的工作范围远远不止这些，并且这么多年来还在不断扩大。他负责预算、报告、未来规划并整理受研究对象的案例总结。但是，他对于当时的格兰特研究来说最重要的一点并非他的行政能力，而是诊疗能力。

格兰特研究的早期档案表明，希斯医生对病人关怀备至。每位受研究对象加入研究时，希斯都会为他做一次非常完整的长达两小时的身体检查。这是格兰特研究的例行事项之一。但一直到他离开哈佛时，返校的格兰特受研究对象还会自愿找到希斯，向他咨询个人及家庭问题。如果医学方面的咨询还不够的话，希斯也会帮助他们解决一些心理问题。

露易丝·格雷戈里（之后冠夫姓戴维斯），一个悟性很好的弗吉尼亚人，是"铁三角"的第三位成员。博克当时需要社会调查员来采访所有的受研究对象及其家人。专业教育方面格雷戈里只读过秘书专科学校，但因为她出众的人际交往能力以及天生的采访才能，博克还是选她作为调查员。

她去世后，第二任主任查尔斯·麦克阿瑟向一名正在编写格兰特研究简史（未出版）的研究人员描述她的才干。"她到受研究对象家里进行走访时，会优雅地坐下，双腿交叠在一起，一双大大的蓝色眸子注视着受访者。通常受研究对象的父母都会被她的气质所吸引，所以什么都愿意告诉她。"她是一名专注的、善于站在对方角度思考问题的听众，她使得受研究对象及其家人整个一生都积极配合格兰特研究。他与受研究对象关系亲近，就像一位大姐姐。（一个很漂亮的大姐姐，她的妹妹是电影明星玛格丽特·沙利文。）

格雷戈里女士能够将已经失去联系的受研究对象重新找回，格兰特研究中受研究对象的流失率很低——同类研究中最低——得益于她的辛勤付出和人际交往才能。

一开始，格雷戈里的工作是在每个受研究对象加入研究时对其社会经历进行详细问询，然后采访其父母。那些年里，她走遍了全国各地，到受研究对象的家里去采访他们的家人。她从每一位母亲那里了解到受研究对象详细的成长经历，她还了解了受研究对象的家族史，包括有关其祖父母、外祖父母、叔叔、阿姨、叔叔阿姨的子女以及整个大家庭精神病史的信息。多年后我遇到了某些受研究对象的家人，他们回忆起格雷戈里的家访都非常开心。

在家访时，格雷戈里很看重那些积极正面的信息。通常情况下精神方面的经历调查总是很重视病症，好像我们都是从田纳西·威廉斯的戏剧中逃出来的一样。格雷戈里会问受研究对象成长过程中出现的问题，但也想了解一些积极正面的信息。这不仅巩固了格兰特研究和受研究对象的关系，也意味着当受研究对象的成长经历中确实出现病症时，问题往往比较严重。

完成 268 次家访之后，格雷戈里也会兼职参与研究。在 20 世纪 80 年代她任期将满时，她仍然可以凭借自己的人格魅力让那些没有回应的受研究对象重新参与到研究当中。在这一点上她做得非常成功。

威廉·T. 格兰特在格兰特研究的创立过程中当然是个非常重要的人物。朋友们都叫他比利·格兰特。比利在十年级时辍学，1906 年开办了一家平价家居物品商店。他的第一家商店里，没有一件东西超过 25 美分——他对此很自豪，他的商店后来发展成为 20 世纪 30 年代的沃尔玛。

格兰特基金后来也闻名世界，但格兰特基金对外第一笔赞助是 1937 年提供给博克的资金，格兰特和博克意见相左。博克想研究最佳健康人群，从而帮助美国军队挑选出更优秀的军官；格兰特希望他资助的这第一个项目能帮他从众多连锁商店里挑选出最能干的经理人。他们都想发掘能力超群的潜力股，但格兰特更看重社会智商和情商，而研究人员的想法和当时主流观点一样，都重视体质医学。1945 年之前，他们两人之间的分歧很有可能会引发矛盾。但直到"二战"结束时，博克仍与格兰特保持密切联系，他经常到佛罗里达州和康涅狄格州拜访格兰特的家。

弗雷德里克·莱曼·威尔斯博士（Frederic Lyman Wells）是格兰特研究的首席心理学家。具体来说他是一位心理计量学家，也是一战时主要的智力测试——陆军甲种测验的发明者之一。威尔斯来自于新英格兰地区一个学术背景显赫的家庭。他 15 岁就进入大学，20 岁就拿到硕士学位。

从 1925 年到 1928 年，他是一些政府咨询机构的成员，比如美国国家研究委员会和全国精神卫生协会等。他在格兰特研究的工作主要是确定受研究对象的人格组织、兴趣才能和智力水平。威尔斯大概是格兰特研究所有人员中最著名的科学家，在 1941 到 1946 年他担任战争部顾问，协助研发了陆军普通分类测验（一种智力及职业能力测验），这更让他名声大振。他工作认真，是一个有方法、有系统的分析人员，可惜这些才能都贡献给了枯燥冗长的统计说明。他的报告很少涉及受研究对象的性格。

卡尔·塞尔策（Karl Seltzer），哲学博士。他是一位年轻的人体人类学家，与欧内斯特·胡顿和威廉·谢尔顿（William Sheldon）（后面会有关于他的更多内容）一起共事，是体质医学的又一位拥护者，确切地讲他十分认同体型和性格的关系。约翰·W. 汤普森，哲学博士，苏格兰人，和博克共同创立了疲劳研究实验室；卢西恩·布鲁阿（Lucien Brouha），哲学博士，从欧洲战场逃过来的比利时难民——这两位是研究所早期的生理学家。但两人都在 1943 年去世，而且疲劳研究实验室在 1944 年失去了资金来源。资金变化是预示科研方向转变的标志之一。体质医学正在逐渐退出历史舞台。

研究所里的精神病学家负责对受研究对象进行细致的访谈，每位受研究对象大约 10 小时。研究初期担任精神病学家这一职位的先后共有 5 人，但没有一个任职超过三年。其中两位后来在学术事业上卓有成就：唐纳德·黑斯廷斯（Donald Hastings）（1938 年担任研究所精神病学家，以下四个括号中的年份均表示任职时间）后来成为明尼苏达大学医学院精神病学部的主席，道格拉斯·邦德（Douglas Bond）（1942）后来成为凯斯西储大学医学院的院长。威廉·伍兹（William Woods）（1942—1945）、约翰·费马菲特（John Flumerfelt）（1940—1941）和托马斯·莱特（Thomas Wright）（1939—1940）也曾作为研究所精神病学家对受研究对象进行访谈。伍兹还负责 26 种人格特质的评估系统，这个评估系统对早期格兰特研究影响很大。

然而，不幸的是，早期的人员组成以及研究实施情况并没有反映出四个人格调查员的早期工作。他们的工作深刻影响了我后来对研究数据的解读，但在 1937—1942 年这些数据还很新，以至于研究人员并没能从这些数据中得出什么发现。海因茨·哈特曼（Heinz Hartmann），安娜·弗洛伊德（Anna Freud），埃里克·埃里克森（Erik Erikson）和哈利·斯塔克·沙利文（Harry Stack Sullivan）都深刻影响了现代学术界对健康人格的理解。

前三位提出了一种不同于西格蒙德·弗洛伊德的人格学说，弗洛伊德认为人格是认知道德（超我）和非理性激情（本我）之间的病态妥协，而哈特曼、安娜·弗洛伊德和她的学生埃里克森认为人格形成于一种非自愿、但通常情况下健康的、有创造力的适应，是这种适应的产物。安娜·弗洛伊德的《自我和防御机制》在 1937 年首次出版；两年后，哈特曼出版了一本关于自我心理学的经典个人著作，英文版书名是《自我心理学和适应问题》。然而，直到 1967 年，格兰特研究才开始关注受研究对象心理应对方式（参见第 8 章）。

哈利·斯塔克·沙利文是另一位先锋，将精神病学延伸至一种"关系"科学，20 世纪中叶，约翰·鲍尔比（John Bowlby）和他的学生玛丽·安斯沃思（Mary Ainsworth）才将关系科学发扬光大。

从生物学到心理学

对于研究初期的疏漏之处我想再讲一点，来说明时间如何改变了科学和科学家们。我们很容易忘记的一个事实是，我们对亲密关系产生研究兴趣其实也并没有多久。在格兰特研究的前10年，生物学理论毫无争议地占据主导地位。

1938年，大家公认体质和人种比环境更能决定人的发展。研究人员对生理数据做了极为详细的记录，但只有少数的社会科学家关注我们现在所说的"情商"，尤其是爱的能力和维持友情的能力。哈利·哈洛（Harry Harlow）是其中之一，他是一位心理学家、动物行为学家，因为在猴子关系剥夺研究中取得的突破而声名鹊起。1958年他在向美国心理学协会发表的会长致辞中情不自禁地感叹道："心理学家不仅对爱的起源和发展不感兴趣，而且似乎根本就没有意识到爱的存在！"

在哈洛发表演讲的那个年代，像B.F.斯金纳（B.F. Skinner）和约翰·沃森（John Waston）这样的行为学家认为婴儿对母亲产生依赖是因为母亲喂养了他们。心理分析师西格蒙德·弗洛伊德和安娜·弗洛伊德也持类似观点。行为心理学和心理分析心理学尽管是两个不同的领域，但都十分认同生理和情感之间的互动。性欲、食欲和权力的变化主导着心理宇宙。爱被概念化为厄洛斯——一种个人的享乐本能，而不是互惠的结对过程。

直到1950年，心理分析师、动物行为学家约翰·鲍尔比才开始意识到——情感经历是塑造人格的根本因素，婴儿依赖妈妈不是因为妈妈喂饱了他们，而是因为妈妈抱了他们，给他们唱歌，凝视它们的眼睛。很快便出现了相关的实验证据。但我可以作证，在格兰特研究开始数年之后，英语老师还在向20世纪40年代的学生们灌输拉迪亚德·吉卜林（Rudyard Kipling）在维多利亚时代的名言"独行者走得最快"。在格兰特研究最初十年的心理学研究中，由荷尔蒙、镜像神经元、边缘母性依附掌控的情感世界是不可想象的。

讲到这里就自然地想到自闭症。这种由先天同理心缺失导致的常见病症直到1943年才被发现，由一位儿童精神病学家最终在自己儿子身上发现的。与自闭症很接近的阿斯伯格综合征于1944年被首次诊断出来。但经过50多年后这些先天性疾病才进入精神病学的诊断范围内。换句话说，在20世纪30年代，阿斯伯格综合征还很难被科学家们所理解，甚至比量子力学还要难。社会科学还没有意识到联系和情感的作用。

以法兰兹·鲍亚士（Franz Boas）为先导的文化人类学在20世纪60年代吸引了很多大学生的兴趣，但在20世纪40年代它还是一个很小众的学科，那时候生理人类学仍然占据主导地位。

1929 年，德国精神病学家恩斯特·克雷奇默（Ernst Krestchmer）因为在体型与性格方面的研究成果被提名诺贝尔医学奖。受他启发的研究人员都认为性格由体型决定——具体包括瘦型体质（瘦弱）、体育型体质（健壮、肌肉发达）、胖型体质（松软丰腴）这三种。

社会科学家仍然认为，大英帝国是因为先天种族优越性而称霸，而不是因为"枪炮、病菌和钢铁"这些环境因素。"枪炮、病菌和钢铁"这个说法是因为杰瑞德·戴蒙德（Jared Diamond）的同名书籍而出名，在这本书中，他彻底证明了种族优势是文化和地理因素的产物，而不是生物遗传的结果。

所以尽管早期研究人员主张的生理决定论在 21 世纪的今天听起来像是种族主义，但这并不是法西斯式的思想专制的结果，而是因为当时实在没有其他的理论。那时候研究人员花了很多时间来评估受研究对象的生理状况、体质和种族结构。在关于精神健康的 10 小时访谈中，研究人员会问到关于自慰的问题以及受研究对象对婚前性行为的看法，但没有人问到他们的朋友或者女朋友。至少在 20 世纪 70 年代以前，情感依附和同理心还只是情感小说的话题，而不是科学研究的对象。实在是遗憾。

受研究对象

在我写这本书时，健在的受研究对象中除了 7 人之外都已经满 90 周岁。然而，研究开始时，他们都还是大二学生，大多数人才 19 岁。最初那批喜欢以"小白鼠"自称的受研究对象有 268 人。64 个人是从哈佛 1939、1940、1941 届的学生中选出来的，204 个人是从 1942—1944 届的大二学生中以大约 7%~8% 的比例按照更系统的方法抽取出来的。

大约 10% 的受研究对象是因为偶然因素加入研究：有些是自愿主动加入的，有些是已经加入研究的受研究对象的弟弟，有些是被人推荐进来的。其他 90% 都是通过下面的程序挑选出来，但每年的挑选程序在细节上可能有细微差别。

首先，调查员们对新一届全体学生进行筛选，筛掉那些可能无法毕业的学生。在教导主任的建议下，研究人员用学生的 SAT 成绩、绩点以及对他们先天能力的观察结果作为筛选标准。如果有名学生曾在高中毕业典礼上作为毕业生代表发言但SAT成绩不高，而另一名学生SAT成绩很好但在高中的排名很靠后，那么前者会优先考虑。这些标准会从每届学生中筛掉40%的人。

已知的生理以及心理障碍又排除了30%的学生。剩下的大约300名学生的名单会被递交给各学院院长，院长们每年从中选取大约100名他们觉得"不错"的学生。选出来的这些人往往是院长很高兴能够录取到的学生，尤其是那些课外活动丰富的学生以及有运动天赋的学生。

格兰特研究会从每届学生中挑选出未来的《深红报》主编、《崇尚》（大学文学杂志）主编，以及《哈佛妙文》主编。受研究对象中在大学时期以及之后半个世纪的大学聚会中担任组织者、领导者的人的比率比全体学生中的比率要高出3倍。然而，院长们也选出了一些"国家学者"，他们天资过人但家境贫寒，他们的一切开支、包括交通费，都由学校提供。这些人通常不善社交，他们完全是因为突出的学习能力被选中。

从新生体检结果可以看出，受研究对象中运动型体质（区别于瘦型体质和胖型体质）的比率是其他同学中运动型体质比率的二倍。这也并不意外。

在选出的90名大二学生中（每届学生的10%），大约五分之一的人因为个人原因最终没有加入（时间安排冲突、不愿意、在信息采集环节缺席等原因）。所以1942—1944这三届学生每年大约有70名受研究对象新加入格兰特研究，最终使总人数达到268名。

格兰特研究专门寻找有"成功"潜力的人。所有人都经过精挑细选，进入了一所竞争激烈、要求严格的大学，然后根据他们在大学的表现以及阿伦·博克所说的"独立自主能力"被再次筛选。受研究对象中许多人都是家中长子，格兰特研究更倾向于挑选独立自主的人。挑选受研究对象的研究人员想要寻找出能够达到甚至超过高水平自然能力的人。

格兰特研究的受研究对象在很多方面都具有同质性。他们在生理健康、精神健康、肤色、教育背景、智力水平、学术成就、经历的文化及历史事件等方面都很接近（参见表3.1）。他们都经历了大萧条时代，而且都很有可能积极参与到即将来临的二战中。

受研究对象都接受了陆军甲种智力测试，结果显示大多数受研究对象的智商都排在美国人口的前3%。他们的SAT成绩（平均584）排在所有高中毕业生的前5%~10%，但其他很多大学生的成绩也能达到甚至超过这个水平。当然，

1940 年参加 SAT 考试的学生要比今天更加精英化，然而读者们也完全可以骄傲地说："我的成绩比他们高得多。"

平均算来受研究对象都是家族里第 5 代美国人。有些是来美国不久的移民，但很多人家里 10 代之前就已经在美国了。受研究对象中没有非洲裔美国人。10% 的受研究对象是天主教徒，10% 是犹太人。剩下的 80% 是清教徒，这个比例比其他哈佛学生当中的清教徒比例要高。89% 的受研究对象来自梅森－迪克森线以北、密苏里以东。25 年后，75% 的受研究对象仍居住在这片地区，60% 的受研究对象移居到旧金山、纽约、华盛顿、波士顿和芝加哥这 5 个大城市。

受研究对象大多出身优越，但相较于其他方面的差异，他们在出身方面的差异还算比较明显。一半人接受过私人教育，但通常是有奖学金资助的。在哈佛读书时，40% 的受研究对象享有助学金（那时每年在哈佛读书的花费按照 2009 年的美元价值计算大概是 22500 美元），一半受研究对象通过半工半读来支付超出奖学金金额的学费。

研究人员还根据受研究对象父母的受教育程度、职业、是否入选《美国名人录》对他们的家庭背景进行分类。三分之一的人父亲接受过职业培训，但是一半人的父母没有大学学历。所有受研究对象的母亲当中，只有 11% 有过工作经历；在那些有工作经历的母亲当中，大多数都是单身母亲。在 32 位有工作经历的母亲当中，2 位是作家，5 位是学校老师，1 位是艺术家，1 位是律师，其他的都是秘书或者服务员。

3.1　格兰特研究受研究对象经历的历史事件

	个人历程	历史背景
1919—1922	出生	"一战"结束、妇女获得选举权
1923—1929	童年	兴旺的 20 世纪 20 年代、家庭收入增加、美国重视培养小孩的如厕习惯、民众担心亲吻小孩会传播疾病
1930—1940	青少年	大萧条、家庭收入减少、孤立主义和反战主义盛行
1941—1945	大学、兵役	"二战"
1946—1960	结婚生子及事业摸索期	《退伍军人法》颁布、强劲美元、经济快速发展、艾森豪威尔政府、《穿灰色法兰绒套装的男人》畅销

1961—1975	事业稳固期、儿女长大离家、指导年轻人	越战、美国卫生部发布报告认定吸烟有害健康、民事权利和医疗保险、弱势美元、冷战结束
1990—2010	退休、身体逐渐衰弱、保护文化	克林顿和布什政府、伊拉克战争

露易丝·格雷戈里开始家访后，又根据一些与阶级、地位相关的要素，比如房屋面积、装修、家具、藏书、艺术收藏等，对受研究对象的家庭背景进行分类。这其中的差异还是很大的。16% 的家庭被归为上层阶级，即使在大萧条时期，这些人家里都有好几套房子，有汽车还有佣人。这些家庭的平均年收入以 2009 年的美元价值计算是人均 225000 美元——没错，我说的是每个家庭成员。4% 的家庭被归为下层阶级，这些家庭的平均年收入以 2009 年美元价值计算是人均 5200 美元。

所以，并不是所有受研究对象都含着金汤匙长大，即使是那些含着金汤匙长大的人，他们的父辈或者祖辈很多也出身寒微，比如在第 7 章会详细介绍的阿尔弗雷德·潘恩（Alfred Paine）。他出生时就有一支属于自己的信托基金，他的父亲曾是纽约股票交易所的高层，祖父是一位成功的商业银行家。但祖父第一次赚到千元以上的收入还是在做小商贩的时候，那时候他晚上去大平原捡水牛角，然后运回到新英格兰地区去卖。

另一位受研究对象布莱恩·法默（Brian Farmer）的父亲是一名油漆工、裱糊工。布莱恩出生后没多久，就业情况就变得特别糟。于是父亲带领全家搬到南达科他州，在那里他和妻子以及几个大孩子在甜菜地里当劳力，一家人每清一英亩地可以拿到 11 美元。他们食不果腹，直到有天一个好心的邻居告诉他们，他地里的大豆和土豆可以全部让这家人拿走。他们捡来的大豆和土豆不仅让他们在整个冬天都能填饱肚子，而且吃不完的还可以拿去换糖、盐以及其他的杂货。那些年里，法默一家人没有尝过新鲜蔬菜和水果的滋味。法默先生还四处打零工，但他的邻居都太穷，不能付给他现钱。布莱恩在哈佛入学时，他父亲每天的收入只有 5 美元。

有些受研究对象存在其他方面的困难。有一名受研究对象，他成年之后的朋友都说他是"一个非常快乐的家伙"，但他却告诉我们，他小时候妈妈经常醉酒，"二年级、四年级、六年级对我来说是非常糟糕的三年，我没有被留级大概是因为老师想摆脱我。在我整个童年时期，家里几乎没有收入。我们家的杂货店和加油站都开不下去了，冬天晚上只能靠几层毛毯取暖。小时候我经常在杂货店里暖炉后面的凳子上蜷缩着身子听外面的人说话，整个童年就是这么过来的，因为家里太冷了"。

　　但不管出身如何，受研究对象的哈佛文凭都是他们进入中上层阶级的门票。受研究对象在"二战"中服完兵役后，也赶上了高就业率、强劲美元以及《退伍军人法》颁布的好时期，有了《退伍军人法》他们如果读硕士也不用花很多钱。他们还很年轻，加入到了20世纪60年代到80年代强身健体、抵制吸烟的大潮中。大多数受研究对象之后的发展都很好，都比自己的父辈要更有成就。（也有例外，比如某位受研究对象的父亲在华尔街工作，大萧条时期每年也能挣200万美元，而且是按1935年的美元价值计算。别乱猜，他的父亲并不是约瑟夫·P.肯尼迪。）

怎样对受研究对象进行研究

　　三位调查员会与每位加入研究的大二学生进行访谈，他们是克拉克·希斯、研究所里的精神病学家以及露易丝·格雷戈里。

　　希斯会对受研究对象进行全方位的两小时身体检查，并询问受研究对象的饮食习惯、病史以及压力之下的身体反应。受研究对象还要接受体质人类学家卡尔·塞尔策的检查。卡尔会记录每位受研究对象的种族（北欧、地中海等等）和体质类型（运动型、瘦型、胖型），判断他的身体是偏阳刚还是偏阴柔，并进行详尽的人体测量。

　　调查员还会记录受研究对象的每一处身体细节，包括关键器官、眉骨、痣以及阴囊在悬垂状态下的长度。他们还会详细记录受研究对象的饮食习惯，具体到一杯咖啡或者茶里面放多少勺糖（从0勺到7勺不等！）。

　　我说过，对体型进行分类、从而发展当时风靡一时的体质人类学注定是一项无用功。卡尔·塞尔策的导师是哈佛大学人类学家威廉H.谢尔顿，他一直受克雷奇默的影响，认为人类的性格和体型是紧密相关的。很多人认为瘦型体质和分裂性人格相关，运动型体质与积极乐观的性格相关，胖型体质与狂躁、抑郁的人格相关。关于这一点在最后一章我会细讲。30多年后，格兰特研究的追踪研究发现，人生赢家"十项指标"（或者受研究对象的军事能力表现）中没有一项与体型有密切联系。

受研究对象会接受 8~10 次每次一小时的精神医学访谈，访谈的重点是受研究对象的家庭、价值观、宗教信仰以及事业规划。访谈时精神病学家把他们当作普通人而不是病人来看待。精神病学家并不是想找出什么病症或者从心理动力学的角度来理解受研究对象的经历。访谈内容包括早期性发展史，但不幸的是精神病学家并没有询问受研究对象的亲密关系。

露易丝·格雷戈里不仅与受研究对象进行单独访谈，还通过家访从受研究对象父母那里了解他们详细的成长经历。这一点前面已经讲过。沿袭了 20 世纪 30 年代的研究方法，格雷戈里了解到的这些信息往往都是故事，并不系统。尽管受研究对象的父亲和兄弟姐妹有时候也会提供很多信息，但格雷戈里主要的信息来源通常是受研究对象的母亲。

弗雷德里克·威尔斯，研究所的心理学家，对每名受研究对象进行智力测试（陆军甲种语言测试和数学测试）。很多情况下他还负责两项心理投射测试：单词联想测试和简化版罗夏墨迹测试。但这里的目的是测试想象力而不是潜意识（通常罗夏测试都是测试潜意识）。还有一项哈佛分段装配测试，用来评估操作灵活性以及空间理解能力。

生理学家卢西恩·布鲁阿在疲劳研究实验室对每位受研究对象进行研究。布鲁阿会检测每位受研究对象的呼吸功能以及在 8.6% 斜度的跑步机上以 7 英里每小时的速度跑 5 分钟时的生理反应。如果跑不到 5 分钟，就在撑不住的时候停下，测量那时的生理反应。体检医生会测量他们的脉搏率、血乳酸水平及运动耐量等指标，并根据测量结果对他们的身体素质进行分类。令人惊讶的是，在 2000 年——也就是 50 多年后，我发现，**相较于身体健康状况，人际关系与耐力的联系更加显著**。（事实证明这条结论在其他领域也同样成立，耐受力、克制力强的人爱的能力也更强，但身体健康状况不一定更好。）

在 1940 年，一家关注身心医学的慈善组织——梅西基金会向格兰特研究一次性捐助 2400 美元（按 2009 年美元价值计算是 35000 美元）。这笔意外之财使得格兰特研究可以用原始的单导程脑电图仪来记录数据，这种仪器在当时才刚刚投入使用。使用脑电图仪的人是新手，它们对脑电图的解释有时候更像是解读塔罗牌，而不是生理学分析；有几次，那些脑电图被解读为显示出"潜在的同性恋倾向"。

研究所还聘请了一位经验丰富的法庭笔迹学家来分析受研究对象的笔迹。但没过多久人们就发现，通过笔迹或心电图都不能准确地判断性格。然而，不管当时做的某些工作现在听起来多么幼稚甚至可笑，但却凸显了一个重要的事实——格兰特研究的信息收集工作先于科学的发展，很多收集到的信息在当时的科研水平下还无法利用，研究人员希望将来这些信息可以发挥作用。在很多情况下这些信息确实在之后发挥了作用。

"二战"之前的心理学和医学与今天的心理学、医学不可同日而语。依附理论、双盲安慰剂对照药物实验都是在 20 世纪 50 年代才出现的。所以，优秀的科研项目总是具有一定程度的超前性。

现在的情况就是一个很好的例证：风水轮流转，在 21 世纪初期遗传研究取代了关于成长环境的研究，再一次成为主流。但现在我们不去收集受研究对象的笔迹样本，而是收集 DNA。目前还不知道怎样利用这些 DNA 信息，不知道 75 年后会怎样呢？

一开始我们这么做数据分析

截至 1941 年，格兰特研究共招募了 211 名大二学生作为受研究对象。这个数字到底够不够呢？大家意见不统一。研究所里最著名的研究人员弗雷德雷克·威尔斯曾寄给克拉克·希斯一封信，恳求他不要再继续招募学生了，这样研究人员就可以开始对已掌握的大量数据进行分析。

但是也有人担心 211 个案例还是太少，毕竟研究目标是确定心理学和人类学方面的联系。最终两种意见之间达成妥协，研究人员都同意从 1944 届学生中选取最后一批受研究对象。他们在 1942 年作为大二学生开始参与研究，从而形成了最终由 268 人组成的实验组。从 1938 年到 1943 年之间，格兰特基金总共为研究所捐助了 45 万美元（按 2009 年美元价值计算是 700 万）。

3.2 对受研究对象的研究过程

1938—1945
　　8—10 次精神方面的访谈
　　希斯博士进行全面身体检查
　　希斯博士和格雷戈里女士的访谈、格雷戈里女士家访
　　人类学、生理学测试
　　脑电图、罗夏测试、笔迹分析（只针对部分受研究对象）
　　威尔斯博士进行全面的心理测量测试及部分投射测试
　　伍兹博士的 26 项特性分类（附录五）
　　格雷戈里女士进行简单的童年阶段评估（1—3 级）
　　受研究对象 21 岁时，ABC 大学适应状况评级

1946—1950
　　蒙克斯（Monks）博士询问受研究对象参与"二战"的经历
　　开始发放年度调查问卷
　　社会人类学家兰蒂斯博士与受研究对象妻子访谈
　　麦克·阿瑟的主题理解测验
　　受研究对象 29 岁时，研究所召开全体成员大会来讨论每位受研究对象的情况；从
　　未来发展角度为受研究对象的人格健全度做 ABCDE 评级

1950—1967
　　两年发放一次问卷；没有其他联系

1967—1985
　　再次与所有受研究对象进行访谈，大多数由伊娃·米洛夫斯基（Eva Milofsky）或
　　范伦特博士（Vaillant）博士主持（参见附录一）
　　从受研究对象 45 岁开始至今，每隔五年对他们进行全面体检
　　1—5 级客观健康状态记录（良好，轻微疾病，慢性病，致残性疾病，死亡）
　　童年成长环境评估（不考虑受研究对象 19 岁之后的经历）
　　向受研究对象妻子发放两次问卷
　　评估受研究对象 30~47 岁之间的工作情况、与人交往情况和休闲娱乐情况（参见附
　　录四）
　　适应性应对方式评估（以自我为中心、神经过敏或站在他人角度思考问题）
　　通过邮件向受研究对象发送 NEO 人格量表（由麦克雷和可斯塔编制）
　　通过邮件向受研究对象发送拉扎尔人格量表

1985—2002
　　再次对所有受研究对象进行访谈（参见附录一）
　　评估受研究对象 49—65 岁之间以及 65—80 岁之间的工作情况、与人交往情况和
　　休闲娱乐情况（参见附录四）
　　向受研究对象的妻子和儿女发放问卷
　　继续五年组织一次体检、两年发放一次问卷
　　通过邮件向受研究对象发送盖洛普公司的《幸福生活的源泉》
　　估算受研究对象在 80 岁时主客观的精神和身体健康状况

2002—2010
　　继续五年组织一次体检、两年发放一次问卷
　　夫妻共同接受采访、"日记"
　　在受研究对象 80、85 以及 90 岁时对其电话访谈，评估其认知状况（TICS）
　　在受研究对象退休后进行再次访问（1985—2005 年）

2010
　　计算受研究对象的"十项指标"得分

　　但接下来面临的问题是如何对收集来的大量数据进行分析，事实证明这并不容易。我刚刚说过，不管在数据收集还是理论猜测方面，纵向研究都必须有一定程度的超前性。毕竟，我们事先并不知道哪些数据有用（如果能提前知道的话，也就没有必要进行研究了），所以只能凭借准确的预测。这一点有利有弊。但格兰特研究开始很早，所以并没有前人的经验可以借鉴。

　　格兰特研究开始时，人们对于成人成长和发展还知之甚少，这一领域的研究几乎是一片空白。因此在收集数据时，研究人员希望数据越多越好，但有时候并没有仔细考虑过数据有什么用。许多调查员在分析数据时都不知道从何下手。1944 年，威廉·格兰特开始表露出对这项研究的怀疑，并犹豫要不要撤资。格兰特基金的受托人不断向研究人员施压，要求他们拿出一份初期研究成果。因此在接下来的两年，所有研究人员都在拼命寻找可以出版的材料。

　　在 1945 年之前只有三篇论文出版；1945 年，为了迎合格兰特的要求，两本专著匆忙出版，研究所还出版了一本通俗读物，将格兰特研究的发现以一种可读性较强的形式呈现出来。

　　欧内斯特·胡顿是一位哈佛教授、一位杰出的体质人类学家，也很擅长写作。研究所的人类学家卡尔·塞尔策一直师从于他（我父亲是考古学家，同师从于他）。他坚定地投入到体质医学研究中。他认为："如果我们想对受研究对象进行全方位研究，就必须从体格开始。"他还预测格兰特研究引发的一系列相关研究将来会使人类可以"通过干预遗传和生育来决定一个人的品性"。

　　胡顿引导早期研究人员形成这样的想法："整体上，品性'正常'和'强壮的体格'之间是紧密相关的。"胡顿对格兰特研究的总结于 1945 年出版，书名是《年轻人，你们很正常》（*Young Man, You Are Normal*）。这与格兰特提议的标题"格兰特社会适应研究"相去甚远，因此研究人员与赞助人之间的分歧仍然不断扩大。然而，在之后的 30 年里，胡顿的著作仍然是格兰特研究最重要的出版物。

在书中他写道："从不同的角度研究体格，会发现体格与各种人格品质紧密相关。显然，体格一定能够反映个人的社会能力。"然而，他并没有通过实验证据来支持他的观点，只是单纯地将反对者贬低为"愚钝的环保人士"。这一点。这不仅表现出他对环保观念一无所知——如今环保可是一个相当重要的话题，而且是对一整套思维方式的对抗。然而，7 年前，阿伦·博克开始为研究做规划时，就已经考虑到先天条件与后天培养的关系问题；从博克与胡顿的态度差异我们就可以看出，早期的研究理念已经难以为继、不得不转型了。

格兰特研究的第二本专著是《人是什么》（*What People Are*），作者是研究所主任克拉克·希斯。希斯的研究成果也主要依赖于人类测量学数据，但也借助了由威廉·伍兹设计的一种未经测试的人格剖析法。威廉·伍兹是研究所里的精神病学家，没有接受过研究训练。

伍兹的人格剖析法（见附录五）从性格的 26 个方面对受研究对象进行打分，许多都是二分法，比如外向型（热情、善于表达）/ 内向型（性格恬淡）、合群 / 不合群、话多 / 话少、善于社交 / 不善社交等。研究人员努力把性格剖析结果与体格关联在一起，但得出的结论并不具有说服力。

这两本匆匆出版的著作都没有引起太多关注，当然也无法阻止环境主义逐渐成为社会科学的主流思想。在之后几年的研究中，把体型分类结果与其他方面的独立评估结果放在一起比对可以发现，体型分类结果并没有体现出很强的相关性。伍兹的性格剖析结果（大部分评估结果）也没有体现出很强的相关性。

那时，研究人员获得的证据都不太具有说服力；更糟的是，早期的调查员们相互之间可以看见对方的评分，所以我们不知道研究早期发现的性格和体格之间的联系是否受到成见效应或者偏见的影响。1970 年，我试着去重新搭建早期论文中总结出来的一些联系，但没能成功。

但我们也不能对早期调查人员所做的工作嗤之以鼻，我们必须考虑当时统计方法的落后性。那时没有电脑来收录那么多信息，不能像今天一样敲一下键盘就可以在一瞬间把数据沿着好几个轴排列整齐。受研究对象的名字排在记账簿左侧，分数、各项指标排在顶端，各项数据都要通过人工手写输入。这还只是第一步。

数据分析时，研究人员还要手动从记账簿中摘出数据，人工进行计算，有些计算还非常复杂。早期调查员们使用的测试方法现在已经过时，但我们无法想象分析测试结果是多么耗费心血的一项工作。

20 世纪 40 年代，研究所连门罗计算器（早期的电子计算器都是这么叫的）都没有。令人讽刺的是，1944 年，世界上最早的计算机之一"马克一号"就陈列在距离我们研究所不到 300 米远的地方。那时候，研究人员还没有掌握复杂的数据分析技术和方法，所以才没能发现早期数据中存在的关联关系。直到 20 世纪末期信息技术爆炸之后，早期研究人员播下的种子才结出果实。但在整个过程中，最困难的一部分工作其实是早期研究人员完成的。

结论总是需要不断更正的

因为"二战"的缘故，格兰特研究早期关注于研究成果在军事领域的应用，尤其是发掘未来的军事人才并实现合理的人员配置。约翰·蒙克斯（John Monks）是一位出身于贵族家庭的内科医生，他在 1946 年加入研究所，主要研究受研究对象对战争的反应。他出版了一本被多次研究但少有人赏识的专著《战争时期的大学生实验者们》（*College Men and War*）。

蒙克斯对伍兹的性格评价方法深信不疑，就好像这种方法的科学效用已经得到了证实一样。蒙克斯还建议用这个方法找出军官候选人身上哪些性格品质是符合要求的。他这本书的精彩之处在于受研究对象的故事以及为受研究对象们设定的背景。然而归根到底这本书还是不那么令人满意，因为蒙克斯跟早期调查人员一样还没有抓住纵向研究的精髓，并没有对假设进行验证。

2010 年最新的实证性追踪研究（当时的研究意图一方面是想解答我这本书中提出的问题，另一方面是想形成我的"十项指标"法）发现，不管是阳刚型体格、合群、性格外向等这些预示成功的因素还是缺乏目标、缺乏价值观、害羞等预示失败的因素，都与受研究对象最后取得的军衔没有相关性。受研究对象大学时期的各方面品质特点当中，唯一与高级军衔相挂钩的是政治性，而与低级军衔相挂钩的品质特点包括人文素养高、富有创造力、直觉灵敏。电影《陆军野战医院》（*M*A*S*H*）的编剧可能预料到了这一研究结果，但格兰特的早期调查人员并没有预料到。

伍兹的预测方法没能发掘出当军官的好苗子，但更重要的是他的方法本身就存在着根本性的问题。伍兹列出的性格品质中，大多数和2010年"十项指标"中的成就并没有十分显著的联系，只有一个和"十项指标"中三项以上的成就联系显著。但那一个是例外。合群（被定义为稳定、可靠、开朗、真诚、可信），与八项指标联系显著，在过去的25年里一直是数据分析中的一个主要变量。

合群其实包含了一系列让年轻人能够"处理职业选择、竞争环境、道德宗教态度这些普遍存在的问题"的品质。60%的受研究对象被鉴定为"合群"，15%"不合群"。这15%的人普遍缺乏毅力，给人的印象是"性格古怪、让人捉摸不透、不可靠、状态不稳定、很迷茫、非常散漫"。（还有25%的受研究对象无法被归为"合群"或者"不合群"）。半个世纪后，合群的人当中婚姻幸福的比例是不合群的人当中比例的四倍。另一项有趣的发现是，截止到2012年，合群的人平均寿命比不合群的人要长7年。相比之下，早期研究者认为最能预示成功的两个变量——性格外向、善于社交，在10年后看来却不是那么重要。

"天堂里的烦恼"

1944年，格兰特在写给博克的信中责怪博克管理的合作研究团队"受到了太多局外人的不信任、轻蔑和冷漠，这样的团队是不可能达到令人满意的效果的"。

格兰特说，如果博克不能从哈佛卫生部获得额外的资金支持，他就不愿继续支持格兰特研究了。他表示，只有当他和基金会的受托人感觉到格兰特研究组织有效时，他才会再出资3万美元（相当于2009年的30万美元）。现在看来，当时格兰特研究中没有人真正明白纵向研究的约束性，或者说没有人意识到他们这些研究者应该具备的耐心。

尽管克拉克·希斯临床水平过硬，为人和蔼热情，但组织管理却不是他的强项。令人讽刺的是，研究所中确实有擅长组织管理的人，而且至少有一个这样的人由直觉意识到纵向研究的伟大之处以及需要付出的巨大努力。

唐纳德·黑斯廷斯曾经是格兰特研究中的精神采访医师，1958年当他任明尼苏达大学医学院精神病学主席时，曾组织了一项长期的神经病门诊患者研究，这项研究是同类研究中较早的一项，不仅设计精巧而且成果丰硕。黑斯廷斯的研究是最早出版在《美国精神病学杂志》（*American Journal of Psychiary*）上的前瞻性纵向研究之一，也是我在医学院读书时从杂志上特地剪下来保存的第一项研究。黑斯廷斯让我明白，前瞻性纵向研究可以帮助我们理清杂乱无章的精神病学观点。在我还没听说过格兰特研究的那些年里，我一直都很欣赏他的研究。

厄尔·邦德（Earl Bond）是格兰特最信赖的科学顾问，之后也成为格兰特基金会的受托人。博克向邦德抱怨道："我必须告诉格兰特，基金会的受托人是无法管理格兰特研究的。"在这之后的近20年里，格兰特基金都没有向研究所提供资金支持。当时的格兰特基金会还处于萌芽期，受托人中并没有医学研究人员或者医生，他们既不懂格兰特研究这种纵向设计的局限性，也不明白其潜力。像格兰特研究这样的果园可是需要很长一段时间才能收获果实。

即使后来研究所出版研究成果更加稳定，那些作者们还是坚持将作品局限在各自的领域，他们往往选择一些范围较小的话题来撰写学术作品。他们还没有对格兰特研究的前瞻性和历时性优势加以利用。比如，他们本可以更加批判性地检验体型数据；在1946年，他们完全有资源来检验体型数据是否可以预测研究对象最终能获得何种军衔，但是他们没有这样做。

到了1970年，在出版了50份研究成果之后，格兰特研究还是不为人所知，而且很少被其他学者引用。而在这之前的15年里研究所一直面临资金短缺问题，我一会儿会讲这一点。

另一方面，格兰特、博克和希斯播下的种子在之后的几十年里的确结出了丰硕的果实。比如，我们在第10章会看到，伍兹直观得出的性格品质分类，让我们在长达半个世纪的时间里能较为准确地预测受研究对象的政治投票倾向。蒙克斯在战后获取的关于受研究对象战时经历的信息，促成了世界上最早的关于创伤后应激反应的前提的前瞻性研究之一。

"二战"的影响

珍珠港事件后，大多数受研究对象直接由哈佛大学进入军队，而且大多数人都表现出色。但是，他们步入成人阶段之初时，整个世界因为战争带来的经济社会损失而满目疮痍，这就对他们的适应能力提出了极高的要求。

西方社会的变化对研究的影响

战争结束后，西方社会科学以及整个西方社会都发生翻天覆地的变化。尽管胡顿坚定地主张体质医学，但遗传学和生物决定论还是退出了历史舞台，或许是因为之前纳粹利用优生学来宣扬种族主义意识形态，而战后人们对这种做法产生了情绪上的抵触。相对论、斯金纳（新行为主义心理学创始人之一）和文化人类学开始盛行，科学家们在寻找除了体质之外可能影响个人成功的因素。在美国，心理分析师开始成一些主要的精神病学系的主席。

"二战"时期的审查制度使得研究人员与受研究对象之间只能通过语音邮件保持联系。但是战争结束后，研究人员就又开始向受研究对象每年发放问卷。（1955年之前是每年发放问卷，之后没有特殊情况的话两年一次）。问卷很长，而且在设计时也考虑到要利用受研究对象出色的语言能力。问题包括以下方面：工作、健康、习惯（度假、运动、酗酒、吸烟等）、政治观点以及家庭，尤其是婚姻生活的质量。每隔十年或者每换一个研究所主任，问卷的问题会有些许变化，同时也必然反映学术氛围的变化。比如，直到1955年，问卷才第一次问及受研究对象的大学室友和女朋友。当然，一个完美的前瞻性研究不会这样回顾性地采集数据。

1948年，格兰特基金会果真兑现了承诺、撤出了资金。但洛克菲勒基金会的阿兰·格雷格（Alan Gregg）决定用他文化人类学家的薪水为格兰特研究出资。在与格雷格以及同事讨论后，博克和研究所工作人员决定将这个项目更名为哈佛成人发展研究。（从1970年起，这个名字不仅包含格兰特研究中的大学生受研究对象，也包含格鲁克研究中的贫民窟受研究对象。）这时候研究所主要由哈佛卫生服务部提供资金支持。为了避免混淆，寄给受研究对象的问卷和信件中一直把他们称呼为"格兰特研究"受研究对象，而且一直到今天，在非正式场合中人们还是称这个项目为格兰特研究。

玛格丽特·兰提斯（Margaret Lantis）是新一代文化人类学家，她接受的专业训练是寻找、尊重并研究文化差异。她采访时比格雷戈里更加聪明、老练，但也许不如格雷戈里那样让人感觉舒服，毕竟格雷戈里是在弗吉尼亚的茶桌边上接受的专业培训。1950 年，兰提斯采访了 205 位受研究对象以及他们的妻子，采访都是在受研究对象家里进行的。另外，在战后的 10 年里，有 171 名受研究对象来研究所拜访过，因此研究人员就顺便了解了他们当时的相关信息，也算是一项意外收获。受研究对象来访时通常由克拉克·希斯和格雷戈里做信息记录。

兰提斯与查尔斯·麦克阿瑟（该社会心理学家不久之后成为格兰特研究的负责人）一起合作，对许多受研究对象进行了主题统觉测试。主题统觉测试是一种投射测试，用来研究情感和关系；兰提斯的主题统觉测试并不像弗雷德里克·威尔斯那样关注认知方面。那时候，主题统觉测试是一种医学方法而不是研究工具。20 年后（20 世纪 70 年代），查尔斯·迪塞，一位擅长投射测试但不了解其他实验结果的心理学家回顾了受研究对象的主题统觉测试结果和他们早期接受的罗夏测试。尽管投射测试对受研究对象心理进行了描画，并证实了很多受研究对象身上已经显现出来的性格怪僻，但并没有准确预测出受研究对象在 47 岁时的精神健康以及成就情况。（我经常提到 47 岁，因为 47 岁大约是受研究对象大学毕业 25 周年聚会的时候；之后会讲这一点。我也会经常提到 72 岁，也就是 50 周年聚会的时候。）

然而，1981 年，丹·麦克亚当斯（Dan McAdams）——不久之后在亲密关系和传承性领域声名鹊起的研究者（参见第 4 章和第 5 章）——运用同样的主题统觉测试成功预测了亲密关系，一份学术杂志还出版了他的研究方法。他构建的亲密关系因能够借助弗洛伊德提出的美好生活的两个基本标准（爱和工作）准确预测成功。

1953 年，哈佛学院的校长和其他成员共同宣布，他们将不再资助研究所，除非研究所还能募集到私人资助，毕竟过去 5 年里他们也资金紧张。因此，在 1954 年 7 月 12 日，博克和希斯写了一封悲伤的信："各位格兰特研究参与者，我们很遗憾地告诉大家，格兰特研究在 1954 年 7 月 1 日失去了资金支持。对于你们过去的支持和合作，我们深表欣慰……"

山重水复疑无路，柳暗花明又一村。在那年 12 月，绝望的研究所工作人员向烟草行业研究委员会递交了一份正式的申请，要求获得 15880 美元（大约相当于 2009 年的 15 万美元）的资金支持，并指出有必要研究人们吸烟的"积极理由"。在之后的 10 多年里，烟草成为格兰特研究的主要资金来源，尽管相关的记录并不清晰。

值得注意的是，1954 年当烟草行业研究委员会出手相救时，格兰特研究已经是第 16 年了。格兰特研究已经走完了当初构想的 15 年并继续向前，而且研究所从未想过放弃。纵向研究越来越被人们所熟知；同时，生命历程研究的价值受到高度重视，研究人员受到了极大的鼓舞。

同样在 1954 年，阿伦·博克退休了，医学博士德纳·法恩斯沃思（Dana Farnsworth）——一位关注学生精神健康的精神病学家——接替他成为新的卫生部主任，卫生部现在更名为哈佛大学医疗服务部。弗雷德雷克·威尔斯也已经退休了。玛格丽特·兰提斯在 1952 年离开，而且之后也没有人接替她的职位。1955 年，克拉克·希斯因为研究所资金来源不稳定而离职，法恩斯沃思便任命查尔斯·麦克阿瑟为新一届主任。

关系驱动发展模式

社会心理学家开始担任研究所主任，标志着格兰特研究的第一阶段结束。早期研究者的理论是，人的发展是由智力、身体条件以及由这两项决定的性格品质驱动的。然而研究者们现在抛弃了这种理论模型，转向关系驱动型发展模式。多年后，当我刚当上主任时，当初甚至没有招募精神病学家作为卫生部全职工作人员的阿伦·博克惊奇地发现，在早期被认定为"正常"的受研究对象后来竟然出现酗酒、人格障碍以及躁郁症等问题。他在走廊里开玩笑似的向我抱怨："这些孩子一定是被你们精神病学家惯坏了。我掌管研究所的时候他们可都没有这些问题！"

德纳·法恩斯沃斯曾在西弗吉尼亚州的一所单室学校就读，1933 年毕业于哈佛医学院。他曾主管威廉姆斯学院和麻省理工学院的医疗服务。他被公认为全美国学生精神健康方面最杰出的专家，因此比博克更加关注精神病学。他一就任，就招聘了五个全职、两个兼职精神病学家，并为他们逐个在哈佛安排了住处和研究院。尽管法恩斯沃斯没有直接为研究所提供资金支持，但他提供免费的办公场所，而且对查尔斯·麦克阿瑟和我给予了很大的个人支持。

麦克阿瑟是医疗服务部一位杰出的、年轻的心理学家。当法恩斯沃斯任命他为所长时，他正在哈佛攻读社会关系学领域的博士学位。麦克阿瑟从 1955 年起担任所长，直到我——一位研究型精神病学家——在 1972 年接替了他。他刚就任时，他是所里唯一的研究人员；哈佛给他支付工资是让他为学生看病，并不是让他做心理学研究。从 1955 年到 1967 年，他的确没有让资金中断，他在发给受研究对象的问卷里添加了一些关于抽烟的问题——"如果你从来不抽烟，那么是为什么呢？有什么原因吗？"也算是向另一位烟草资助者菲利普·莫里斯（Philip Morris）表示感谢。有时候除了这些外部资助外他还不得不将自己作为学校心理医生的工资也贴进去，但即使这样他还是想方设法更新受研究对象的联系地址、与他们保持联系并发送问卷。但从 1960 年到 1970 年，研究所只出版了 4 份研究成果，发放问卷的频率下降到三年一次，17 位受研究对象在 10 年多的时间里失去联系。

麦克阿瑟的研究重点是受研究对象的吸烟习惯以及他们之间的社会阶级差别。他也对斯特朗职业兴趣测评的长期有效性感兴趣——当时预测职业选择和职业满足感的最佳方法——并出版了几篇相关论文。这是格兰特研究的前瞻性纵向设计优势第一次得到真正利用。

1967 年，格兰特基金会一次性向麦克阿瑟拨款 10 万美元（相当于 2009 年的 55.5 万美元），作为三年的资助，目的是让当时已经结婚了的露易丝·格雷戈里·戴维斯回到研究所来向受研究对象发放问卷。格雷戈里的回归产生了奇迹般的效果。17 名失去联系的受研究对象又有了回音。在那之后的 45 年里，只有 7 名受研究对象主动退出。但没有人完全失去联系，因为一些公开的记录和校友报告让我们可以了解那 7 名已退出成员以及在 1950 年之前退出的 12 名成员的事业、婚姻以及总体生活情况。在这 19 个人中，只有 4 个现在还活着；15 名已经逝去的受研究对象中，格兰特研究获得了其中 13 名受研究对象的死亡证明。

进一步数据分析

当受研究对象们纷纷开始组织毕业 25 周年聚会时，我才刚加入格兰特研究不久。25 周年聚会是我们进行数据分析的好时机，因为我们可以借此了解受研究对象大学毕业后，尤其是"二战"后的适应情况。同时，我们还能借机

把受研究对象与他们的大学同学进行比较。1969 年，我设计了一份问卷，哈佛
1944 届学生聚会委员会在 25 周年聚会时分发了这份问卷。

从新生体检资料中我们已经得知，格兰特研究受研究对象与他们的同学在
身高、视力、眼镜颜色、花粉症、风湿热病史等方面并无显著差别。25 年后发现，
他们和他们的同学在职业方面也无显著差别。每个班级中，25% 的人成为律师
或者医生；15% 的人成为教师，而且大多数是大学教师；20% 的人从商。剩下
40% 从事的行业包括建筑、会计、广告、银行、保险、政府、工程等。还有一
些不同派别的艺术家。在受研究对象中，比例也大致是这样。

但在 25 周年聚会时，许多方面的差异也显现出来，表 3.3 中就归纳了一些。
这些比较并不百分之百严谨。那些在生活、爱情、事业上不太顺利的人通常都
拒绝填写问卷。92% 的受研究对象都完成了问卷，但是在他们的同学中，我们
收回的问卷样本率只有 70%，这 70% 可能是由健康以及成就筛选的结果。即
使后者相比前者已经经过更大比例的筛选了，但问卷依然显示受研究对象在大
学以及之后人生阶段中都要比他们的同学更加优秀一点。受研究对象的平均智
商是 135，他们同学平均智商为 130，差别不大。但是，受研究对象中荣誉毕
业的比例却比他们同学高很多。受研究对象请的病假也更少。

表 3.3 哈佛 1944 届的第 25 周年聚会上分发问卷的回复

	格兰特研究对象 N=44	同学 N=590
完成问卷的	92% 显著	70%
以优异的成绩毕业的	61% 显著	26%
继续攻读研究生	76%	60%
感觉工作令人满意	73% 显著	54%
相比父辈的职业较失败	2% 显著	18%
每年不到 2 天的病假	82% 显著	57%
抵制越战〔1968/1969 年冬〕	93%	80%
就读于公立高中	57%	44%
有离异经历	14%	12%
经常参加教会活动	27%	38%
每天饮酒 4 次（或 6 液体盎司）以上	7%	9%
大学毕业后咨询过 10 次以上心理医生	21%	17%

非常显著 =P<0.001；显著 =P<0.02；NS= 不显著

有趣的一点是，1969 年的这次数据分析是格兰特研究第一次用电脑进行数据分析。那时候，一台哈佛电脑（现在还有谁见过！）能填满一整座楼。过去，数据必须记录在八十列穿孔卡片上，往往还要冒雪把这些卡片送到半英里外的计算中心，数据转换要花费好几天时间。

格兰特研究受研究对象明显志向远大，而且更加努力，所以与他们的同学相比，他们更容易在 40 多岁的最后几年里超越父辈的成就，这是可以料想的。然而，当初挑选受研究对象的过程本来就更偏向那些容易获得传统意义上的成功的人。受研究对象中禁欲主义者的人数超过了非理性主义者；热衷名利的人比追求个人满足的人更容易被选中；艺术家也不太容易被选中，因为艺术家的发展需要更长的时间，而且赚钱不多。

另外，研究人员不太看重受研究对象的亲密关系能力，反而更加看重他们任劳任怨的能力。一位研究人员把一个"健康"的人定义为"永远不会给自己和其他人制造麻烦的"，而且很多格兰特受研究对象也达到了这条标准。有一位受研究对象自豪地说道，在生活中使他感到最开心的就是"不亏欠任何人，而且能够帮助他人"。

但即使把这一点考虑在内，受研究对象步入中年后的成就也让人惊叹。4 名受研究对象参加了参议院议员竞选。其中一位任职于总统内阁，一位成为州长，还有一位当选总统。受研究对象中，有一位成为畅销小说家（我指的不是诺曼·梅勒，虽然他是哈佛 1943 届的学生），有一位成为助理国务卿，有一位成为 500 强公司 CEO。

尽管一般的受研究对象都获得了相当于成功商人或者外科医师的收入以及社会地位，但他展现出一位大学教授般的政治理念、学术品位以及生活方式。这批受研究对象 45 岁时，平均收入是大约 18 万美元一年（以 2009 年美元价值计算），但是只有不到 5% 的人开跑车或者名贵轿车。尽管他们非常富有，他们还是更多地把选票投给民主党而不是共和党，71% 的人认为自己是"自由主义者"。

我的研究方式

我在 1966 年加入格兰特研究，由国立精神卫生研究所的研究型科学家发展奖金资助。麦克阿瑟批准我设计接下来的两次定期问卷。或许我当时做出的最大改变就是开始每隔五年收集一次体检数据，包括胸部 X 射线、心电图、常规血检等等。这些数据从受研究对象 45 岁时（1965—1967 年）开始收集，一直持续到 90 岁的时候（2010—2012 年）。对于客观身体数据的前瞻性记录是格兰特研究特有的，而其他性格发展纵向研究不具备的。

我的方法和查尔斯·麦克阿瑟的有所不同。我不是社会心理学家，而是心理分析训练这一领域的医学博士。我早期研究过海洛因成瘾以及急性精神病的恢复过程，某些坚强的患者采取的非自愿适应性应对机制给我留下了深刻的印象。年轻时我总认为凡事非黑即白、非此即彼，但渐渐地我开始领悟到渐进性适应的力量，并对此产生了浓厚的兴趣。加入格兰特研究后，我刚好可以称心如意地研究与此相关的问题。

那些问卷内容十分具体，是宝贵的信息来源。对于那些标准化的问题，受研究对象的回答都带有明显的个人特征。他们的回复其实可以显现出他们的适应方式以及适应行为，而他们的适应方式和适应行为则影响了他们生活的方方面面。有人曾说："我们说的每一句话都会暴露自己。"一个受研究对象在我们发出问卷两年后才回寄给我们，因为他两年之后才在床底发现了这份问卷；不难料想，这个人的其他行为肯定也带有被动攻击色彩。

我们不必完全依赖受研究对象的言语或者梦境报告进行研究，因为（我在第 8 章会讲）格兰特研究包含着很多次、并且历时较长的观察，让我们可以透过受研究对象的具体行为去发现他们的自我防御机制。我跟麦克阿瑟为格兰特研究共同努力的那几年里，他对我的研究兴趣给予了极大支持。

1967 年，我开始对受研究对象进行两小时的访谈，因为面对面的交流所能达到的效果是问卷无法做到的。这是自玛格丽特·兰提斯 50 年代早期的采访之后第一次系统性访谈。此后，在我担任所长的这段时间里，每 15 年左右都会进行一次访谈，一直到今天。

加入格兰特研究不久后，我对人的成熟过程产生了兴趣，这也是我的第二项研究兴趣。我父亲在他 44 岁时逝世，那年我才 10 岁。1947 年，也就是我

13 岁的时候，我看到了父亲那一届同学 25 周年聚会时的纪念相册。相册里一批刚刚度过青少年阶段的大四学生的照片和 46 岁中年男性的照片放在一起，这个画面在我脑海中一直难以磨灭。当格兰特研究受研究对象在 1967 年开始举办他们 25 周年聚会时，我也借机与他们进行访谈，访谈的经历让我大开眼界。当时我才 33 岁，但我立即就明白，潜意识里我已经等这样的机会等了 25 年了。在那之后，我对于成年人成熟过程的兴趣就如同对防御和适应的兴趣一样浓厚。

在格兰特研究中所做的工作对我个人来说回报最大的一点就是能有机会在 40 年间里对受研究对象进行访谈。移情的作用并没有妨碍交流。我比他们要小 15 岁，每当我开始访谈时，我都记得，当这些人加入格兰特研究时，我还在读幼儿园。我不由自主地称呼他们为"先生"。但他们对我总是十分尊敬，像一个大二学生对待一位研究所的心理学家一样。没有一人表现出倨傲的态度。另外，因为我对他们的了解已经很深入了，所以我们无话不谈。但是，访谈让我更加笃信自己之前从问卷中体会到的道理：不管怎样努力，人都无法掩盖自己真实的性格。

大多数时候，我们都谈得非常尽兴，甚至超出我的预料。通常，和这些人聊天就像和老朋友阔别重逢一样。这让我有点内疚，因为我几乎什么都没有做，却从他们那里获得了信任和温暖。但我很快发现，他们与我的关系其实更多地在于他们自己而不在于我。如果这个人很容易去爱周围的人，那么我也会更加亲近他，我在采访他时表现出的机敏可能我自己之前都没想到。相反，如果这个人总是害怕周围的人、而反过来也总是得不到爱，那么我在访谈他时也会感到很吃力、很笨拙。我会觉得自己就像一个冷血的调查者，打着科学研究的旗号在无情伤害一个无辜的人。

跟有些人的访谈就像是精神分析咨询，有些像是报社采访，有些像是和老朋友聊天。我逐渐学会把坦诚地与他人聊人生的能力与积极的精神健康联系在一起。如果人实现了成熟，那么他就愿意并且能够用有意义的话来表达情感。

很快，我了解到他们对我的反应和他们与人交往的一贯方式是一致的。比如，有个人一开始回避我的问题，之后又把话题转向我，他大大方方地说："来，你说说你自己吧！"起初我想是我自己太笨，但之后我看到研究所里一位精神病学家在 1938 年对这个人的评价："这个男孩是我在整个实验组遇到的最难采访的一个。"

受研究对象中最热情、最富有的一位名人邀请我在早晨 7 点去他家里吃早餐，他亲自为我煮了一个溏心鸡蛋，而且在我事前要求的两小时访谈时间结束后，他又接着跟我聊了好久。要知道，他每天工作 16 小时，当时两周之后他们全家就要搬去纽约，他的儿子在 8 小时后就要高中毕业，而且当时他刚刚经历了一次严重的商业失败并因此登上头条。有的受研究对象比他清闲得多，但不善社交，他会把我的访谈推迟一周，而且尽量选择在公开场合与我碰面，有两个人选在机场！

有些受研究对象会来坎布里奇接受访谈，但大多数情况下都是我去见他们——我去过夏威夷、加拿大、伦敦、新西兰等。只有一位受研究对象看起来不太愿意接受访谈。但访谈真正开始后，他也十分坦率地跟我讲述了他的人生，他讲得滔滔不绝、十分精彩，事先约定的时段结束后，他又在午餐时间接着跟我聊了一会儿。有些受研究对象欣然同意与我会面，但因为一些阻碍，后来又没能接受访谈。有两位受研究对象在我前去造访时尽可能地让家人介入到我与他的访谈之间，但其他人在我造访的整个过程中都没有让家人出现。

针对不同受研究对象的访谈也会显现出文化方面的差异。所有纽约人以及大多数新英格兰人都在办公室与我会面，而且他们当中几乎没有人邀请我在那儿吃饭。几乎所有中西部的受研究对象都在家里与我会面，而且都会邀我共进晚餐。加州人一半像前面提到的前者，另一半像前面提到的后者。有几位太太公开对我们的整个项目表示怀疑。有一位太太在电话里讲得很大声，我与她丈夫隔着一张桌子相向而坐，都能听到她说她无论如何都不会见"那个破精神病学家"。

从 1967 年到 1970 年，在 1942—1944 届受研究对象当中我随机采访了 50% 的人。从 1978 年到 1979 年，伊娃·米洛夫斯基（社会工作者，弗洛伊德的私人医生马克思·舒尔的女儿）完成了与其余受研究对象的访谈。大多数健在的受研究对象在达到退休年龄——大约 1990 年时，都再次接受访谈。这一轮访谈一半由我主持，一半由极富天赋的医学博士马伦·巴塔尔登主持。之后的几章会更细致地讲马伦·巴塔尔登所做的工作。

这些健在的受研究对象达到 85 岁（2004—2006 年）时，他们本人和妻子又都接受了罗伯特·瓦尔丁格及其团队的采访。或许，格兰特研究的独特之处就在于在这么多年里进行了这么多次访谈。自从 1970 年结构重组后，研究所就在努力用我们跟踪观察哈佛实验组的方法来对格鲁克贫民窟实验组进行跟踪研究。如今，研究所出版的所有重要学术成果都把两个实验组共同作为研究对象。

在多年时间里与两个实验组保持密切联系并不容易。过去 20 年里，这项工作主要由艺术硕士罗宾·韦斯顿（Robin Western）负责，韦斯顿像是第二个格雷戈里。韦斯顿不仅是一个机敏、富有洞察力的采访者，还是一个侦探家，她能找到那些失去联系的受研究对象并将他们拉回到格兰特研究。她一直是一位细心、熟练的档案管理员，将 70 多年来收集起来的信息有序地保存起来。她也为研究人员提供了重要协助，参与了每一份问卷的编写过程，并在受研究对象医生的办公室那里软磨硬泡拿到受研究对象的体检数据（当然，事先已经获得了受研究对象的书面许可）。最难得的是，她一直都是我们的好朋友。如果说格兰特和格鲁克研究现在都能算作世界上历时最长的研究之一，那么很大程度上要归功于韦斯特的坚韧和周全。

每次当我对这么多年来收集起来的材料进行分析时，就又会发现纵向研究的一项优势。任何一次采访、任何一份问卷都不足以还原一个人的全貌，但是，多位观察者在多年间与受研究对象进行的所有交流的总和就可以揭示很多问题了。比如，一位受研究对象给所有女性工作人员留下的印象都是活力四射、魅力十足，但给所有男性工作人员留下的印象都是一个神经兮兮的傻子。一位背景优越但性格害羞的受研究对象在有着类似背景的研究所工作人员看来可能充满魅力，但在一个工人阶级出身的工作人员看来，他就显得呆头呆脑、乏味无趣。

有时，只有当我们对受研究对象进行了很长时间的跟踪观察后，才能发现一些隐藏的事实。一位寡言少语的受研究对象在 30 岁之后才跟我们说到他的母亲在生下他之后患上产后抑郁症。他 19 岁时接受的精神病学访谈以及之后格雷戈里的家访都没有发现这一事实。一位受研究对象直到 75 岁时才向我们透露他的同性恋倾向，还有一位直到 90 岁才说。总体来说，很少有受研究对象在 65 岁之前愿意承认太太的酗酒行为，但他们对自己的酗酒、婚外情以及逃税行为倒是十分坦诚。

2005 年，医学博士罗伯特·瓦尔丁格——一位对亲密关系有着浓厚兴趣的研究型精神病学家——接替我成为研究所主任。从 2004 年到 2006 年，他再次对受研究对象夫妇进行访谈，而且在夫妇双方同意的条件下，对访谈过程进行录像，还获得了他们的 DNA 样本。最近几年里，有些受研究对象还同意我们研究他们的功能性磁共振成像，功能性磁共振成像研究是为了了解亲密关系中涉及哪些积极情感。在第 6 章我会讲述他所做的一些工作。有些受研究对象生前决定将自己的大脑捐献给格兰特研究，这些慷慨的付出可能要到多年之后才能实现价值。

研究是一件很花钱的事情

在 40 年间维系格兰特研究的资金支持实在是一项巨大的挑战，完成这项任务需要具有灵活性、具备丰富的资源，当然有时候也纯粹是因为我运气好。

我前面提到的研究型科学家奖金为我支付 30 年来的工资，但不包括研究资金，因此 1971 年我写信给格兰特基金会，申请 800 美元资金支持，这是要付给已经 70 多岁、已退休的格雷戈里的工资，因为我们需要她再一次将那些不太配合的受研究对象重新拉回来。

1972 年到 1982 年，美国国家酒精滥用与酗酒成瘾研究所对我们提供资金支持，并要求我们明确关注酗酒问题。该研究所也支持我们研究那些我一直以来都很感兴趣的话题，即非自愿应对、关系以及成人的成熟过程。但我后来发现研究酗酒十分有趣，我甚至专门用本书第九章来讲酗酒问题。

在我任职所长期间，研究所的第一份学术成果出版于受研究对象大约 50 岁的时候，这篇论文关注于 46 位以医生为职业的受研究对象的处方药滥用情况。利用回收来的问卷以及之前的访谈资料，我将这些受研究对象对情绪调节药品的使用和滥用频率与其他受研究对象对情绪调节药品的使用和滥用频率相比较。在比较过程中，受研究对象的高度同质性让我们刚好可以为那些以医生为职业的受研究对象设定一个对照组。比较的结果是，以医生为职业的受研究对象使用、滥用情绪调节药品的频率是对照组的两倍。

这篇论文在《新英格兰医学杂志》的出版使格兰特研究获得关注，也帮助我找到纵向研究中一个重要问题的答案：被当成受研究对象来研究的过程是否可以改变受研究对象的人生轨迹。以医生为职业的受研究对象们大多都会阅读这份杂志，他们在读过这篇论文后会改变他们使用那些药品的习惯吗？ 10 年后我们发现，这部分受研究对象滥用情绪调节药品的情况加重了，但对照组没有发生变化（对照组读过那篇论文的可能性小得多）。对那些医生受研究对象来说这不是一个好现象，但这确实证明了前瞻性研究的影响。我之前的预测是那些医生们会改变他们使用情绪调节药品的习惯（或者至少改变一下他们在问卷中及访谈中的回答），事实是他们滥用这些药品的情况更严重了，而对照组并没有发生变化。这个结果也证实了我的看法——受研究对象在回答问卷时非常诚实。

1983 年，我出版了《酗酒自然史》（*The Natural History of Alcoholism*），将多年的研究进行总结。同一年，为了使下一阶段的研究获得更加可靠的资金支持，我同意担任达特茅斯学院的精神病学讲座教授。这意味着达特茅斯学院会为我支付薪水，那么原来支撑我饮食起居的那一小部分研究所资金就可以省下来用于更有意义的研究工作。接下来 10 年里研究所以及所有的资料都搬到了汉诺佛市，但行政方面这项研究仍然由哈佛大学卫生服务部主管。

1986 年研究重点转移到老化过程。我的主要研究兴趣依然在于适应，但我是一个像威利·萨顿（美国著名的银行抢劫犯）一样的研究者，哪里有钱我就去哪儿。但是，就像对酗酒研究一样，我一旦对某一领域稍有了解，就很容易对其产生兴趣。当然，老化这一过程是纵向研究无法漏掉的问题，也是研究成熟过程无法漏掉的问题，很快我对这个问题就不感到生疏了。

我第一次向美国全国衰老过程研究院申请资金时遭到了无情拒绝。理由很简单。51 岁的"恐老"申请人提出要把受研究对象的衰老过程当作一种渐进衰退的过程来进行前瞻性研究。（我要为自己辩护一下，莎士比亚在年轻时也跟我想法一致。）

该研究院项目拨款委员会主席詹姆斯·比伦是一位杰出的老年病学家，他当时已经 78 岁高龄但仍然精神矍铄。他明确表示，他并不觉得衰老是一种渐进式的衰退过程，并明确拒绝我的申请。但是，他是一个大度的人，而且乐于提携后辈，他告诉我要对衰老树立起新的认识。我在栽了一次跟头之后也学会了将衰老看作是一种积极的过程，于是又写了一份新的申请。这一次该研究院同意资助我们。2002 年，我们在衰老方面的研究成果《康乐晚年》（*Aging Well*）凸显衰老过程中积极的一面。这和詹姆斯·比伦的观念一致，而詹姆斯本人就是这方面的典范。这本书对衰老过程进行了实时研究。

另外，之前像西蒙·博瓦尔（Simone de Beauvoir）和贝蒂·弗里丹（Betty

Friedan）这样广受大家欢迎的中年专家对衰老过程持消极看法，这本书使得他们的消极看法从此在科学上站不住脚。全国衰老过程研究院一直资助格兰特研究，直到今天。我希望在读过第七章之后，不会再有读者认为老年是人生中最不美好的阶段。

1992 年，布列根和妇女医院开始为我们出资，格兰特研究因此搬到波士顿。此后研究工作一直在该医院进行，直到 2010 年罗伯特·瓦尔丁格（2005 年开始任研究所主任）将研究所搬到麻省综合医院。

他们的视角和我们的视角

经常有人问我们，参与这项研究对受研究对象产生了什么样的影响。我们问受研究对象这个问题时，大多数人都说参与研究并没有对他们产生什么直接影响。确实，看起来这项研究并没给他们的人生带来怎样的重大影响。但是，所有受研究对象在参与研究的过程中还是挺开心的。一位受研究对象在 1943 年写道："这项研究给我留下的印象有三点：一是深入、全面，二是关注于微小事物，三是能够让受研究对象产生归属感、并不觉得自己是小白鼠。现在这项研究让我感到快乐，就像是一个可以信赖的朋友。"

一位非常腼腆的受研究对象曾经邀请比他大 6 岁的美丽的格雷戈里女士和他一起看电影(格雷戈里女士跟他一起去看了)，他后来写道："我觉得我与你(格兰特研究)之间的情谊完全值得我在参与的过程中付出的一切。"另一位受研究对象写道，"参与这项研究、填写跟踪调查问卷……这些都让我对个人发展、人生选择、事业发展等问题有更清醒的认识。"

当然，对于同样的问题，工作人员有我们自己的答案。我会用下面的故事来讲述格兰特研究对我的影响的其中一个方面。这个故事发生在我与受研究对象阿特·米勒之间。这个故事与侦探有关，像格兰特研究这样的项目中侦探工作可不少。这个故事也与适应有关。但最重要的一点是，对我来说这个故事是一次教训，它提醒着我：过早的判断是很危险的。对于不够谨慎的科学家来说，匆忙下结论是一个常犯的错误；阿特·米勒的故事提醒着我，唯一可以防止我们草率得出结论就是一种长期的研究视角。

阿特·米勒：创伤后的成长

1960 年，阿特·米勒消失了。"二战"后他安然无恙地回归格兰特研究时，曾告诉约翰·蒙克斯他没有亲眼看到过任何重大战斗。之后他继续求学，获得了文艺复兴戏剧方面的博士学位，并成为一名教授。他那时出版的学术文章现在依然可以通过谷歌下载。但在这之后他就不见了踪影。20 年间，他是受研究对象中唯一"失联"的成员。

直到 1980 年我才想办法与他年老的母亲取得联系。他母亲告诉我，他很久之前就已经辞去了在大学的工作并举家搬到西澳大利亚州，在当地一所高中教戏剧。我向他所在的小镇信息台打电话了解他的情况，信息台派出一个人骑自行车到他家去（澳洲内陆地区与美国情况不同），却发现他已经搬走了。接线员在当地午夜时分打电话给米勒所在学校的校长，以便能在波士顿白天的时候联系到我。

当我最终打通了米勒家里的电话，并告诉他我可能要去澳大利亚拜访他时，他十分高兴，并坚持要为我准备晚餐、并让我留宿一晚。这个之前一直躲躲藏藏的人看起来好像真的很想见我呢。

我到达墨尔本并打电话约他见面时，学校里刚好是学期末阶段，米勒那时候很忙。但他仍然答应见我。我到他家时，他们家的门敞开着。他留着一张纸条，告诉我他现在还在学校排练戏剧，但晚餐已经准备好了，冷藏箱里还有一杯冰啤酒。

我等了大约一小时后，他和妻子回来了。访谈时，我们还饶有兴致地在我带来的见面礼——威士忌的瓶身上刻了划痕。他告诉我他搬来澳大利亚是因为对美国太不满意。一方面，他担心毒品会影响自己孩子的健康成长；他不喜欢儿子与那帮朋友"鬼混"。另一方面，他强烈反对越战。还有一些不太具体的原因；他的原话是："空气中充满了危险的气味。"我马上就想到，他可能是想逃避什么。

之后跟他打电话的时候，米勒对我非常恭敬。但是，后来他也没有回复过任何问卷，也没有告诉哈佛他的去向。我最后一次打他电话的时候，他女儿告诉我他已经因为癌症去世了。

对于米勒的情况我很困惑。现在精神病学家发现很多越战老兵都患有创伤后精神紧张性精神障碍，而米勒也参加过战争。但我很快就排除了这个怀疑。参加"二战"时，米勒曾有一次报告自己"战斗疲劳"；他是不是有点夸大事实呢？

在米勒大学时期，伍兹对他的认定是"人文素养高、善于构想、富有创造力、直觉灵敏"，毕竟，他是戏剧方面的教授。在接受蒙克斯访谈的时候，米勒说他从没看到过一次长时间的战斗。他在自己的报告中也谈道，与其他受研究对象相比，他经历的战斗并不算激烈、时间也不长。

许多年过去了。为了解释米勒的怪异行为，我提出了各种各样的假设，但都有点牵强。2009 年，为了写这本书，我不得不重读米勒的档案。这时我发现了克拉克·希斯写下的一点记录，希斯在 1950 年去华盛顿查阅了受研究对象战争时期的医疗记录。"二战"结束 55 年之后，我才终于了解阿特·米勒当时在军队中的经历。下面是他在一座意大利战地医院的病历记录，从 1944 年 6 月 13 日开始：

> 患者参与了 3 到 4 天的战斗，记得自己杀了三个德国人。患者记得的最后一幕是沿着山坡向上攻击，不断有士兵倒下，周围全是爆炸的火光，然后就是两天前在医院醒过来。他不知道这中间发生了什么。入院时，他表现出极度的不安——他双拳紧握，身体胡乱扭动着，大叫道"有炸弹！有炸弹！我好怕！"，无法与人交流。

> 入院后患者的状态依然如此。他很不安，对轻微的刺激会过度反应，听见飞机的声音时会爬到什么东西下面呈胎儿状躲起来，问他问题时他总是不回答。

> 经过两天电痉挛疗法，患者的失忆症和躁动症得到治愈，但还是会对噪音非常敏感，经常会梦到炸弹，对战争仍然十分恐惧。他是一个有点害羞、敏感的人，有强烈的责任感……凭感性判断，他以后在任何战斗中都发挥不了什么作用了……我感觉他应该被永久性地重新归类为不适合担任战斗任务的人员。

> 1945 年 7 月 3 日：被重新归类。现在正常。

> 1945 年 7 月 5 日：获得荣誉退役证书。性格健全。

做出判断很容易。我可以说米勒的行为属于不顺从、消极攻击性行为。我也可以说他逃离了自己的家庭、逃离了自己的国家，他的收入是所有受研究对象中最低的。

或者我也可以，在 2010 年我终于做到了——将阿特·米勒的一生理解为创伤后成长的真实例子。许多剧作家（包括爱德华·阿尔比、尤金·奥尼尔）都经历过悲惨的童年或者重度抑郁，但是都从不幸的经历中走了出来并取得巨大成功。很难想象米勒的学生会认为他逃避现实或者认为他是受害者并且蔑视他；相反，学生们一定非常喜欢这位已经有公开出版作品的学者带给他们小镇学校的戏剧。然而，我花了 45 年的时间才认识到这个事实。

我最终能认识到这一点，并不是通过反复回顾米勒过去的行为，而是因为我发现了一位非常细心的医师在多年前、在米勒刚刚遭受伤痛时所做的前瞻性记录。

永恒的快乐

格兰特研究启动以来一半以上的时间都是由我主管，所以我认为有必要谈一谈我个人的成长故事以及我的成长经历可能会让我生成的一些偏见。我出生在纽约市，父母都是盎格鲁撒克逊裔、新教徒、白人，都从事学术研究。高中就读于菲利普斯埃克塞特学院，大学就读于哈佛学院，大学时所学专业是历史和文学，还担任《哈佛妙文》主编。

我后来选择去哈佛医学院继续学习是因为当时认为教书育人、服务社会才是正途，贪图私利、经商是不对的。我当时可能太过偏执于这种看法，因为我记得自己曾经背地里对那些偏向研究而不是医疗服务的教授冷嘲热讽。我一直认为只有《纽约时报》的新闻才是真实的，我通常会把选票投给民主党。1960—2009 年之间大多数时间我住在马萨诸塞州坎布里奇市。这些年里虽然离婚过不止一次，但大多数时间我都过着幸福的婚姻生活。不久之前我又一次再婚了，现在在加利福尼亚州南部写这本书，正在（很不情愿地）学着拓宽自己的政治视角。

我是一名精神病学家，对很多同仁我都表示赞赏，我表面上不属于任何"学派"，但读者们可能很快就已经发现，从专业背景来看我其实是一名精神分析学家，而且我是阿道夫·梅耶和埃里克·埃里克森的忠实拥护者。我从事精神分析并不是因为我觉得精神分析可以"治病"，而是因为我最好的临床老师都是精神分析学家。我一直都想成为一位老师，我总是试着告诉我的读者去寻找潜藏在他们意识之下隐形的东西——从他们的防御机制中、发展过程中、心中去寻找。

我曾在斯金纳（Skinnerian）实验室工作了两年。在那里，我意识到，实验方法远比直觉更能发现真相，长期行为的记录所揭露的情况也可以引起那些最坚定的精神分析学家的兴趣。虽然有作为医学生的良知限制，我花在"自私的"研究上面的时间比"高尚的"临床护理上的时间还多。

需要指出的是，我对匿名戒酒会的兴趣（参见第9章）与我自己的恢复过程没有必然的联系。这里我还是在效仿威利·萨顿的先例。为进行格兰特和格鲁克研究，我需要一个哈佛的职位。我当时唯一的机会是到剑桥医院酒精治疗中心做一个共同管理者。在治疗中心，我的工作内容包括每月参加一次匿名戒酒会，如此十年。刚开始的时候我还带着嘲笑的心态，但不久就充满了敬佩之情。由于我投入的热情，我在1999年被任命为匿名戒酒会A班（也就是非酗酒）的托管人。在这个岗位上的6年是我人生中最美好的时光之一。

我一直喜欢大的问题。10岁时，我就写了一篇关于宇宙起源的六年级学期报告。我曾讲过，在我父亲去世两年后，当我们家收到他哈佛25周年聚会纪念册时，我是如何被深深地迷住了。我非常好奇这些毛头大学生是如何一步步地成长为47岁的成熟男人。这是我第一次被成人发展的深刻含义所吸引。

18岁之前，我想成为一名天体物理学家。然而，19岁时，我从室友那里读到了一本罗伯特·怀特的《发展中的生命》（*Lives in Progress*）。这可能是第一本关于成人发展的前瞻性教材。这就促使我决定去一家医学院上学。在培训及以后的时间里，我被人们从明显的灾难中恢复过来并在生命中继续发展的能力所深深地迷住了。我坚定地相信长期前瞻性研究可以解答精神病谜团，并贪婪地阅读那些世界上伟大的纵向研究。

这些研究使我着迷，它们就像是望远镜一样，只不过聚焦的是人类生活，而不是了无生气的星星。我也被B.F.斯金纳的"累积记录"概念所吸引，这是一种行为学上的"心电图"，通过记录人们行为随时间变化的"图像"，让我们在一个格式塔中观察这些变化。1966年，当我还是塔夫茨医学院的一名神经病学助理教授时，我就加入了格兰特研究，而且立刻就被迷住了。

我当时的梦想就是使当时还没什么名气的格兰特研究变得像那些激发我的纵向研究一样重要。我对于精神分析培训的少数记忆之一就是我拿着格兰特研究档案的崭新钥匙向我的分析员炫耀，"我拿到了诺克斯堡（译注：美国肯塔基州北部路易斯维尔南西南军用地，自 1936 年以来为联邦政府黄金储备的贮存处）的钥匙！"但当时的我并没有预料到，45 年后，我仍然在全职进行这项研究。

在国立精神卫生研究所（National Institute of Mental Health）的一项研究科学家发展奖的资助下，我为格兰特研究工作了 5 年，然后从塔夫茨到了哈佛做神经病学助理教授，并继任查尔斯·麦克阿瑟成为格兰特研究的负责人。

在我接手时，哈佛并没有认识到格兰特研究的影响力和重要性，反而在考虑将那些令我着迷的敏感材料销毁。（当时的敏感性是因为在前一年，抗议的学生打破了卫生服务处的窗户，并占领了哈佛的行政办公室。）

1973 年，我作为新负责人宴请哈佛的校领导以及拉德克利夫学院（Radcliffe，译注：曾是位于美国马萨诸塞州剑桥的一个女子文理学院，创建于 1879 年，为美国七姐妹学院之一。1963 年始授予其毕业生哈佛 - 拉德克利夫联合文凭，1977 年与哈佛签署正式合并协议，1999 年全面整合到哈佛大学）的校长玛蒂娜·霍纳（Matina Horner）。霍纳是在场唯一的一名女士。在格兰特研究所面临的困境中，当我与哈佛当局将个案记录化为微缩胶片的请求做抗争时，霍纳在拉德克利夫学院成立了亨利·A. 穆雷（Henry A. Murray）中心。该中心致力于保存原始的纵向研究材料。其最早也最有意义的收获就是哈佛成人发展研究的记录。在穆雷中心存在的时间里（1976—2003），它的负责人安·科尔比给所有认识她的人，尤其是我，带来了很大的激励。

在我个人兴趣的推动下，格兰特研究的重心再次由社会学转向了流行病学和精神动力学。我对无意识的应对机制以及心理压力与身体体征间的关系尤为感兴趣。我越来越相信，精神病学和心理学应当更多地关注人们的积极情绪和精神性经历，尤其是 70 岁之后。我也相信，对于爱和同情的偏爱是哺乳类所天生的。该书早期的一位审稿人曾跟我说："乔治，你关于成人发展的观点太像 20 世纪 70 年代的了"。但是我认为 20 世纪的 70 年代挺好的。那是柏尼丝·纽加顿(Bernice Neugarten)、罗伯特·基根 (Robert Kegan)、简·洛文杰 (Jane

Loevinger)、艾米·维尔纳(Emmy Werner)以及杰罗姆·卡根(Jerome Kagan)的年代，而且我至今仍未觉得他们的造诣已被超越。

此外不管怎样，像格兰特研究的历任负责人一样，像我们陪伴过的那些人生旅途一样，像格兰特研究本身一样，我曾是，现在也是我自己时间的产物。从 33~78 岁，在格兰特研究的参与于我来说是一项永恒的快乐。

亲密关系对人生的绝对影响

我将在本书中一直提到一个观点，那就是我们年轻时代的亲密关系对我们生活的质量有着极大的影响。但关于晚年亲密关系的研究少之又少，遑论这些关系是如何影响身体与心理健康的了。2003 年，罗伯特·瓦尔丁格（Robert Waldinger）开始研究格兰特研究中受研究对象的婚姻，而这些都已是 90 余岁的老人。这也意味着邀请他们的妻子加入格兰特研究。瓦尔丁格是哈佛医学院的一名副教授和精神分析学家，他在那之后就接替我成了负责人。他的新鲜观点使格兰特研究能用显微镜（我的则是望远镜）来观察单身和已婚老年人的日常生活。

然而，国立精神卫生研究所并不情愿将对此类研究的资金支持延续到 21 世纪。科学的潮流再一次把生物科学置于社会科学之前。今天，如果威利·萨顿（Willie Sutton）想要获取关于成年生活研究的拨款，他恐怕得选择进行大脑研究了。2005 年之后，瓦尔丁格的神经影响研究的资金主要来源于三个地方：哈佛的神经发现中心（Neurodiscovery Center）、富达基金（Fidelity Foundation）以及国家老龄化研究所（National Institute on Aging）。此外，自 1945 年停止对格兰特研究的资助以来，W.T. 格兰特基金会第三次伸出了资金的援助之手。

这些资助的变迁可能有些伤脑筋，但并不是彻头彻尾的诅咒。在过去的 5 年间，他们鼓励格兰特研究在受研究对象近 75 年的生活信息中加入生物学及神经学数据。格兰特研究大多数健在的受研究对象同意 DNA 收集、智力水平的敏感测试以及脑结构和功能的神经影像，以建立一份前所未有且不可替代的资源。也许有一天，这些资源会帮助我们了解人的老化中大脑和行为的联系。这些生活信息与神经学数据的结合有助于我们解答关于老化过程中的基本和紧迫问题。例如，基因和饮酒及外伤性应激等环境因素如何相互作用，以决定谁在 90 多岁时仍能保持活力的头脑和身体，而谁又不能呢？有没有可以帮助大脑抵抗衰老的生活方式和行为呢？

随着人口的老龄化，这些问题对于每个家庭、医疗部门、公共政策制定者来说越发紧要。我曾提到过，对精英样本的研究有利有弊。其中一个好处是，格兰特研究中这些异常健康的 90 余岁的老人可以帮助人们了解那些在婴儿潮中出生的人在 30 年后会是什么样子。有着 75 年历史的格兰特研究在现代的（或非常年轻的）研究者看来可能已经过时了。但是，借用桑塔亚那（Santayana）的一句警告："不吸取前车之鉴，必将重蹈覆辙。"

04 儿童和青少年时期对人生的影响

多好啊！我们的余烬
尚残存一丝活力，
大自然还能唤醒
那些太容易消失的记忆！

——威廉姆·华兹华斯

我们总是无意识地重复一段过去的足迹，那就是我们在童年获取的关于他人及他们所代表的世界的经验。小说家约瑟夫·康拉德（Joseph Conrad）就曾郑重地指出，"没有在年轻时学会去希望、去爱、去信任的人是可悲的"。

为什么说儿童是成人之父呢？这显然不是一个简单的问题，但格兰特研究可以对其进行解构，让我们更多地了解那些塑造我们自我感知与预期的童年环境。而自我感知与预期又会塑造我们的人际关系以及晚年的社会环境。

格兰特研究证实了康拉德的警示，但也带来了些鼓舞人心的消息。在第2章中，我曾把此列为格兰特研究中所学到的第5课：童年时期的积极方面比消极方面更能预测未来。

另外一个难以捉摸的抑制因素则是格兰特研究中出现的童年"睡眠效果"（Sleeper Effects）。这些深刻的早期爱意因为偶然、悲痛或健忘而消失不见，但在几十年后又在记忆中重现。这些早期爱意在失而复得的时候有着非常好的治疗效果，在下一章戈弗雷·卡米尔（Godfrey Camille）的故事中可见一斑。但也有不怎么友善的睡眠因子，如酗酒、抑郁症、老年痴呆症等的基因从一开始就存在，但直到后期才会带来破坏。

睡眠现象为第5课带来了一个推论：决定儿童适应生活方式的不是单个的好坏因素（社会上的优越地位、有虐儿倾向的父母、孱弱的体质等），而是儿童全部经验的总和。

前后的例子都显示，长期的前瞻性研究可能会发现与现有关于因果关系的设想有所出入，尤其当这些设想基于横向研究的瞬时观察（instantaneous observation）时。这就是为什么纵向研究立刻变得如此有影响力而又令人困惑。例如，在横向研究中，与成功老龄化关联最紧密的两个方面是收入与社会阶层。但是，财富和地位在衡量老龄化的成功时既不是仅有的标准，也不是最好的。

此外，我们的纵向研究显示，中晚年时期的财富积累确实利于晚年的成功，但获得这些财富的原因往往不是童年时代家境殷实或外貌好看和性格外向等普遍认为的成功因素，而是童年潜移默化的影响——童年时体验到了温暖和亲密，或回忆童年时觉得它是温暖亲密的，这样的童年才能更好地让孩子们学会生活中的信任。相较于经济与社会地位上的优势，童年的爱与被爱更能预测人生的成功。

读者可能还记得，连研究对象中的军人所获得的军衔与温暖童年的关系都比与社会阶层、身体素质或智力的关系要紧密得多。格鲁克（Glueck）研究的对象是居住在贫民区、父母都不富有的男子，研究发现令人尊敬的父亲、慈祥的母亲和温馨的友情是最有可能带来高收入的因素。而如果有个接受社会救济的父亲，甚至面临其他更多家庭问题，孩子未来的收入和社会阶层相较于家庭温暖的孩子就不太乐观。温情（父母是理想但不一定是主要的温情来源）是否存在是最为关键的因素。

埃里克·埃里克森较早就开始研究康拉德关于儿童的心灵学习。作为一名艺术家和精神分析学家，他曾花费许多年的时间进行儿童发展的第一项重大前瞻性研究——伯克利成长研究（Berkeley Growth Studies）。埃里克森相信，婴儿的首要任务是学会信任和希望；幼儿的首要任务是学会自主性；而五岁孩子的首要任务则是舒服地发挥主动性。埃里克森关于成人发展的模式将在第五章详述，现在，我将把重心放在这三个必要性及它们对以后生活的意义。

重新评估童年环境

首先我要介绍一些统计学背景。1970 年，我们着手研究这些大学生童年中的哪些方面能预示今后能成功掌握希望、信任以及自主性和主动性所依赖的自信。

在对童年质量进行评估的过程中，为将偏差最小化，我们遵循了下列规则：

首先，评分不仅仅基于对这些哈佛男生在校时的访谈，还基于对这些男生的父母，尤其是母亲的访谈。

格兰特研究的局限性之一是这些 19 岁左右男生的童年只能通过回顾的方式来评估。但这种方式的一个好处就是回顾的内容很广泛——评估人不仅能依靠回顾式调查特有的多项选择题与短文，还能借助富有经验的精神分析学家与受访者间以及与父母的 10 小时访谈。

　　第二，参与任一部分评估的研究助理对受研究对象在青少年之后的命运一无所知。

　　第三，为保证评估的精确，我们采取了多重检查。每名男生的童年至少有由两名评估者进行评估，而且评估者的可靠性非常好（即不同的独立评估者极有可能得出相似的结论）。两名儿童精神病资深专家对选出的案例进行检查与评估时，他们的评估结果与原来的评估者一致，从而证明了原评估的有效性。

　　第四，我们有两轮完整且独立的评估，以进行交叉检验。首先在 20 世纪 40 年代早期对受研究对象的童年进行了第一轮评估，评分范围从好到坏为 1~3。然后，1970—1972 年间，在第一轮评估结束 30 年后，我对同样的材料组织了一轮新的评估（见附录三）。正如我之前所说，这类研究面临的挑战往往是需要将直观与价值的判断转换为可用于统计的数据。我们曾用来评估婚姻满意度的方式在这里也发挥了作用：将一系列具体的行为标准转换为数值刻度。这一次，我们对受研究对象早年的 5 个问题进行评分，以确保某个单一的问题不会占过多比重。这些问题如下：

　　家庭氛围是否温馨稳定？

　　男孩与父亲的关系是否温暖且有鼓励性，有利于自主性、主动性和自尊心？

　　男孩与母亲的关系是否温暖且有鼓励性，有利于自主性、主动性和自尊心？

　　评估者是否愿意在那样的家庭环境中长大？

　　男孩是否与至少一名兄弟姐妹亲近？

　　根据这些男生在校期间所收集的资料，这 5 个问题每个都由两名评估者按照优秀（5）、一般（3）和差（1）进行盲评，然后取两名评估者得分的平均值。5 个问题的得分相加即为童年环境的总体评估，分值范围为 5~25。得分为前四分之一的定义为温馨，后四分之一为冷酷，中间的一半则是一般。那些得分在前十分之一的人，我们称为"被珍视的"（the Cherished），而得分在后十分之一的，则是"不被爱的"（the Loveless）。

　　但有可能造成偏差的是，第二轮的评估者都是史波克（译注：本杰明·史波克， 1903—1998，美国儿科医师，被誉为 20 世纪最可信和最受爱戴的"育儿之父"）所倡导的放任式监护下长大的。他们可能会将这些大学生童年受到的严格管教当作父母冷酷的迹象，但其实这是 20 世纪二三十年代上中层阶级典型的育儿做法。第一轮的评估应该更能显示当时的社会风气。但两轮评估结果的对比显示，我的担心是多余的。两轮评估者虽然来自不同年代，但得出的结果大抵一致。

随着时间的推移，我们通过这一具有细微差别的评估中发现，当受研究对象步入70岁时，"不被爱的"患重度抑郁症的概率是那些"被珍视的"8倍之多。我们还发现，虽然即使温暖的童年之后也常会重度吸烟、酗酒或者定期服用镇静剂，但冷酷的童年往往和三者都有关系。

此外，再来看看我们一开始所关注的金钱，我们发现59名温馨童年的研究对象比63名冷酷童年的要多挣50%的钱。这和童年的温暖程度与对生活的满意度之间的关系都是非常重要的发现。但最有意义的发现是，那些"被珍视的"在70岁享受社会温情的概率是那些"不被爱的"4倍之多——这种差距非常大。

然而，这些都是抽象的概念。接下来让大家看看"被珍视的"与"不被爱的"童年实际是什么样子，还有它们对受研究对象今后生活所造成的影响。

奥利弗·福尔摩斯：童年舒适对老年的影响

奥利弗·福尔摩斯法官的童年在格兰特研究中是最温馨的之一。在满分为25分的童年评定量表中，他的得分是23分。他生命中那些重要的人使他的童年非常惬意，而他们的深情与温暖一直持续到他自己当上父亲甚至祖父的时候。

福尔摩斯的童年无疑是格兰特研究中"被珍视的"之一。他的父母生活富裕，而且他们把钱花在了孩子们的音乐课和私立学校上，而不是用来给自己购买奢侈品。福尔摩斯在50岁的时候曾写道："我的父母给我提供了很好的机会。"

他的亲戚中有护士、音乐教师、基督教青年会（YMCA）的导师。据信他家庭中也没有人患精神疾病。福尔摩斯一家是贵格会（译注：又称教友派或者公谊会，是基督教新教的一个派别，反对任何形式的战争和暴力，不尊敬任何人也不要求别人尊敬自己，不起誓，主张任何人之间要像兄弟一样，主张和平主义和宗教自由）的信徒，但福尔摩斯的母亲并没有监督自己的孩子做祷告。她在1940年接受刘易斯·格雷戈里（Lewise Gregory）的访谈时提到，"宗教的教导不是靠言传，而是靠身教"。此外，她还提到，"奥利弗一直非常听话讲理，几乎不用惩罚。他还有很好的幽默感"。

格雷戈里对福尔摩斯法官母亲的评价是"一位极为善良温柔且认真的人"。她还记下了一个例子。

> 在采访过程中，福尔摩斯的弟弟们在客厅进进出出，把橄榄球在我们头顶扔来扔去，还用玩具枪向我们的头上瞄准。但奥利弗的母亲很快就控制了局面。我认为她是一个聪明人，一个聪慧的母亲，情感冷静。

奥利弗在上初中时经常和其他男孩打架，有次他还被人用石头砸昏了。但一向乐天派的他告诉父母，和他打架那个人下场更惨。在大学里，他虽然加入了和平主义社团，但仍然享受富有攻击性的项目，他还加入了柔道俱乐部和辩论队。如果在你年轻的时候，你的父母能接受你的自信，还能有幽默感，那么你就更容易成为贵格会，也更容易成长为自信且有能力的人。

福尔摩斯的父亲从医学院毕业后成为一名优秀的整形外科医生。福尔摩斯的母亲对他父亲的评价是："他的同行们不能理解为什么他能如此真诚地关心自己的病人……他非常同情那些生病和遇到困难的人。"福尔摩斯对自己父亲的描述是"慷慨，从不侵犯别人的个性"。

福尔摩斯一家关系亲密，他把父母当作最好的朋友。在奥利弗从法学院毕业后，他的父亲为他在剑桥买了所房子，离自己家只有15个街区。奥利弗的岳父母住得更近。就像福尔摩斯钦佩自己的父亲一样，塞西莉也同样钦佩自己的父亲。福尔摩斯法官在65岁时描述自己弟弟的家庭是"如此的温馨，只要不是铁石心肠的人都会羡慕"。是的，他弟弟也住在剑桥。

读者们也许会喃喃自语："我就知道，这家伙是个贵族法官。他父亲给他买了昂贵的房子。怪不得他在晚年志得意满！他能有什么需要操心的呢？"这种反应就说明社会科学不仅需要统计数据，更需要能引起共鸣的个案。我们发现，受研究对象70多岁时内心的满足与父母的社会阶层甚至自己的收入都没什么关系，反而与童年环境的温暖程度关系巨大，尤其是与父亲的亲密程度。福尔摩斯无疑非常幸运。但他最幸运的地方并不是在金钱上。

当福尔摩斯法官78岁的时候，我再次访问了他们一家。那时他每周仍为马萨诸塞州司法制度的改革工作数天。他和妻子刚刚把剑桥的房子卖掉了，当时住在退休社区。他们的客厅温馨而又舒适，有一架立式钢琴和熊熊燃烧的壁炉，墙上挂的是塞西莉·福尔摩斯的水彩画佳作以及儿孙们的照片。

老年的福尔摩斯法官身材高大，有些谢顶。开始时他跟我提及我曾认识的一名非常著名但脾气很差的神经学教授。随着他的讲话，他人格的深度和复杂度也展现了出来。福尔摩斯关注的总是人们身上积极的方面——不是看待世界过于乐观，而像是看透一切但又心怀慈爱的父亲看待自己的孩子一样。我们的访谈持续了足足3个小时，但他们却一点不耐烦的迹象也没有。他们常常会笑，但不是因为紧张或是礼节性，而是发自内心的。

这是一位负责任且受人尊敬的法官，在78岁的高龄仍然工作。他知道怎样站出来维护自己，但也知道怎样放松，以及如何依靠他人，这在他和妻子的互动中非常明显。与格兰特研究中许多连一个密友都难以列出的受研究对象不同，福尔摩斯列出了他一起分享"欢乐与悲伤"的6个朋友。

7年之后，福尔摩斯法官已是85岁，但他仍认为自己的健康状态"良好"，精力"非常好"，虽然他那时已经不能走上两英里，爬楼梯时也得停下来休息。他在访谈中3次不得不起身去上厕所，但他对自己医疗问题的表述显示出了65年前在大学时他的采访者所描述的"异想天开的幽默"。关于他的前列腺，他淡然地说道："我的医生都对它的大小表示钦佩。"

福尔摩斯89岁时，我当时正在为该书整理在70多年里收集上来的成百上千份婚姻评估（参见第6章），他的婚姻评价是格兰特研究中得分最高的4个人之一。在过去的10年间，福尔摩斯法官一直在给妻子写动人的情诗，正如塞西莉作画一样。

福尔摩斯的温馨童年是格兰特研究中最好的例子。但是我们又从何得知它能预示成功呢？我们又如何得知福尔摩斯的成就有多少是取决于他所获得的温暖，又有多少是所获得的金钱呢？此外，基因与荷尔蒙（如催产素等）又对心理健康以及理解和爱的能力有什么作用呢？我们（目前）尚不知道这些因素具体是如何相互作用的。

当然，"天生运气"中任何一方面的幸运都可能增强温暖童年对之后结果的影响。此后我也会运用格兰特研究的数据来揭开其中一些困惑。同时，简单地说，家庭的关爱也许在缺失时更容易体现出其巨大影响，一如下面这个人生故事。

萨姆·拉弗雷斯：童年悲惨的持久诅咒

1940 年第一次进入格兰特研究时，萨缪尔·拉弗雷斯（Sam Lovelace）有些害怕。检查他的医师写道："萨姆的焦虑相较于格兰特研究中的平均水平高出太多。"就算在休息时，他的脉搏也有 107。格兰特研究的工作人员说他是一个"很容易疲乏"的毛头小伙子，他们被他的羞怯和"交友的无能"而困扰。

格兰特研究进行 6 年后，一名研究员对拉弗雷斯的总结是，"少数几个我会用'自私'来形容的人之一……他看待世界好像是透过一根很细的枪管"。这就是一个警告了。这些受研究对象"自私"的原因似乎不是童年受到的宠爱过多，反而是过少。之后再讨论这个。

如果看待拉弗雷斯整个一生的话，就不会有人认为他自私了。就算他在大学时，格兰特研究的一些研究员也被他打动了。他们称他是"好男孩，聪明、温暖而又坦率，有着尚未开发的潜力"。但是他童年环境的得分在 25 分中仅仅拿到了 5 分，位列得分最低的 2% 中。戈弗雷·卡米尔的童年都拿到了 6 分。

萨姆·拉弗雷斯是一次意外怀孕的产物，他的家庭虽然不像福尔摩斯一家那样富有，但也是稳定的中产阶级。但是，不要忘记，温暖的童年与"十项指标"中的高分联系紧密，但与社会阶层在统计学上并不相关。社会阶层算不上是萨姆所面临的问题。他母亲亲口所说，他从没得到许多关注，甚至是最为基本的那种。

当刘易斯·格雷戈里问他母亲如果再有一次养育他的机会，她会怎么做时，她答道，"我会在他还是婴儿的时候更好地照料与喂养他……还有陪伴"。她还说自己总是盼着两个儿子"像大人一样"。当在三十岁时被问到他想给自己的孩子哪些自己童年缺少的东西时，拉弗雷斯回答道，"一个促进因素更多的环境"。

在长大的过程中，萨姆觉得自己"对父母都不太了解"，并且"父母都没怎么向自己表达过爱意"。而他的父母却认为他"太依赖他人"。但是，那些最为独立和坚忍的受研究对象都是来自充满爱的家庭，他们学会了信任，这就给了他们走出去面对一切的勇气。我的"坚忍"一词是用来形容那些能运用适应性的不自主的压抑防卫的人，接下来将在第 8 章中讨论。在儿童时期，萨姆大部分的时间都是和自己的狗一起，并与自己唯一的弟弟"合不来"。他母亲认为，"他不怎么喜欢别人，别人反倒挺喜欢他"。

在高中时，萨姆学习成绩全优，还是学校新闻的编辑。在格兰特研究的研究员面前，他看起来"优雅且协调性好"。但他的父母始终认为他"不擅长运动，而且厌恶自己参加的运动"。许多年以来，萨姆对游戏都很陌生，直到晚年才学会如何去玩。

在他大学时期的早期访谈中，萨姆描述自己的母亲道，"她非常情绪化，难以预料且总是担心……我对她感觉并不十分亲近"。他也不太尊重自己的父亲。在他 47 岁时的回忆里，他的母亲"非常紧张敏感"，而他的父亲"疏远、焦虑而疲倦"而又顽固。他成年后经常探望自己的父母，大部分倒不是出于爱，而是担心他们很快会去世。他们总是在谈论政治时陷入冲突，这时他较为保守的父母往往会落泪，而比较自由的萨姆则再次感觉与父母间隔着不可逾越的鸿沟。他不怎么休假——"玩"对于他来说仍不容易——而是经常本职性的去走访亲戚。

当我在萨姆 50 岁的时候遇到他时，他看起来器宇轩昂，穿着西装，打着领结。他头发灰白，看起来比实际年龄要大，一如大学时候。在访谈中，他不停地吸烟并看向窗外，不和我眼神接触。因为没有得到他的一个微笑，哪怕是一次直视，所以我很难感觉和他亲近。原因不难理解：他也没感觉到亲近。

成年后，他仍像小时候那样难寻真爱。他 19 岁时说，"我发现交朋友并不容易"，而 30 岁时又说，"交到新朋友很难"。而到了 50 岁，情况也没发生变化。他认为自己"挺害羞的"，还告诉我自己社交不多。在工作上（他是一名建筑师），他觉得自己受到了老板欺负和操纵。我问他最久的朋友是谁，而他则告诉我一个他十分嫉妒的男人。在我们访谈前的一年中，他和夫人从未邀请过别人来家做客。

拉弗雷斯对别人希望和信任的缺失，使得他非常容易感到孤独，而这个问题在他成年后一直困扰着他。他那长期酗酒的夫人使得他的婚姻十分不幸。他年轻时，他母亲曾唠叨着让他去教堂，但他自从上大学后就赶紧逃离了——这也让他失去了一个社交机会。出于对社会处境的不适，他从不加入各种组织，对游戏也明显厌恶（据他在晚年的表现，这种厌恶应该不是他父母坚持认为的那样，即他缺乏游戏技能，而是源于他对社会的不适）。

拉弗雷斯表示支持嬉皮士，因为"只要是能动摇成人世界的，我都支持"。

他对现状唯一感到满意的地方是它会变化。这种观念在 18 岁的话还算健康，然而在 50 岁仍然如此的话，正如我在一篇关于 1944 届 25 周年聚会调查的文章中所说，与社会孤立和寻求心理治疗有着相互关系。确实如此，拉弗雷斯的生命中是如此的缺少他人的关心，以至于他只能从看了 15 年的精神病医生那里寻求慰藉。

那些不被爱的人往往有着感知并同情世界上的伤痛和苦难的特殊能力，正如自我怀疑、悲观而又喜欢嬉皮士的拉弗雷斯。他反对乔·麦卡锡（Joe McCarthy），支持阿德莱·史蒂文森（Adlai Stevenson），并认为美国的军事干预不是解决越南问题的方法。许多有着快乐童年的保守派受研究对象都希望减缓美国的种族融合，而拉弗雷斯则希望加快。然而，本质上的被动性与被孤立感使得他并没付诸行动。"虽然我能在鸡尾酒会上站在自由派的立场，但却不能走上街头去表达这一立场。"他说道。有时他甚至没有参加投票。

在弗洛伊德的精神分析观中，"口欲期"是性心理发展的最早阶段。据说在该阶段，婴儿的口部是性感带以及性欲利益与冲突的焦点。但是，口欲期更像是对渴望希望和爱的心灵的比喻，正如埃里克森把它重新组织为基本信任的缺失。

毫无疑问，拉弗雷斯有着许多不良的口腔习惯。每天的一开始，他就服用兴奋剂，一天要抽几包烟，晚上还要喝 8 盎司的波本威士忌，睡前还要吃 3 片安眠药。他小时候也有咬手指头的习惯。在与我谈话时，他偶尔也会把大拇指放进口中。但这些都不是问题的关键所在。萨姆·拉弗雷斯的父母留给他最大的遗产并不是实际的饥饿，而是对他们及其他人，乃至对他自己的信任缺失。而毁掉拉弗雷斯一生的其实是恐惧。

在 39 岁时，他写道："我感觉孤独、无所寄托，还有些迷失自我。"他在提到痛苦的婚姻时说道："哪怕再空虚的婚姻，也能给人提供一个家，还有社会上的容身之地……虽然我和詹妮之间有一些仇恨，但有她的日子毕竟比失去她更好过一些。"他坦白自己"害怕放弃婚姻并独立生活"，而他的恐惧之一就是因为他妻子比他富有太多。他显然想要更好的东西，但却不敢去寻找。如果面临的是一个危险的世界，主动性和自主性就很难获得了，而拉弗雷斯把自身的不足归咎于自己。

当拉弗雷斯 53 岁时，我再次采访了他，此时他那酗酒的妻子已经过世了。

我当时想就发表他的故事征求他的许可，并认为应该当面提出请求。他痛苦婚姻的重担已经卸下，因此他人生的危险性大大降低了，因此这时的他已不是我3年前见到的那副满脸愁容的死人样了。他的脸上几乎可以看到光彩。他当时当上了路易斯维尔市敬老院的院长，并将自己对衰老和死亡的恐惧（正如格兰特研究中的每个被研究对象一样）升华到了为本市老人提供更好生活的骄傲。他的社交生活有所改善，不过有限。他准许我发表他荒凉的一生，这是一个非常无私的举动。

虽然我已经见识了拉弗雷斯在鳏居的前3年里发生的变化，但我在他80岁生日前不久对他的采访仍然大出我所望。他的抑郁大为缓解，看起来比25年前还要年轻。他还告诉我并不是只有我这么认为。除了抗抑郁剂左洛复（Zoloft）之外，他不再服用镇静剂、安眠药和年轻时候的兴奋剂。

在妻子过世后，他交往了几任女友。正如许多"不被爱的"受研究对象，拥抱爱情对于他来说并不容易，因此他在许多年里一直没有认真的关系。但到了63岁，他终于向爱情屈服并再婚。相较于其他受研究对象的婚姻，他的第二次婚姻仍属于"不幸"的那一类。尽管如此，他79岁时告诉我，他的时任妻子是他一生中遇到的最美好的事情。

在第5章和第7章将会讲到，大脑的成熟可以增加亲密的能力，尤其是在亲密能力被感情的匮乏所限制之后。这一双重意义的婚姻对他而言超过了以前拥有的一切，因此他满怀感恩，开心不已。

在长期的回避与缺乏活力中，拉弗雷斯没有什么个人兴趣的空间。但现如今，或许是被新婚姻所温暖，这个一生都是运动中的"败将"（他妻子也如是说）成为很棒的舞者。生命无常，万事皆有变好的可能。但是，那些早先没有学会去爱的人要付出更高的代价，这就是康拉德所说的悲哀。此外，接下来简短的统计显示，拉弗雷斯直到最后仍然是格兰特研究中最为"不被爱的"之一。

无论好坏，童年影响一生

50岁时。当这些受研究对象即将年满50时，我在一系列的分析中寻找童年环境与成年后情况之间关系。所得到的结果验证了福尔摩斯与拉弗雷斯各自故事所透露出的定性信息——无论好坏，童年的影响会持续很长时间。

　　有着最好童年的受研究对象中的一半达到了我们所认为的最佳成人发展，而那些最坏童年中只有八分之一如此。那些"被珍视的"受研究对象中只有七分之一曾被诊断出精神疾病，而"不被爱的"则足足有一半。我们对精神疾病的评价量规包括重度抑郁、滥用药物或酗酒，以及需要延伸的精神病护理（超过 100 次）或住院治疗。

　　那些"不被爱的"受研究对象异常焦虑的概率比"被珍视的"要高出 4 倍，他们服用的处方药更多，因为轻度身体不适寻求治疗的概率也高出一倍，在精神病医院待的时间也高出了 4 倍。

　　有些读者可能会不赞同我把看 100 次心理医生作为精神疾病的标准，他们也许会指出健康人也有很多原因去看心理医生。比方说，如果一个年轻的心理医生把精神分析作为自己培训或职业发展的一部分呢？我不会自说自话地论证，而是要用格兰特研究的千里镜来做出数据解答。

　　在"十项指标"得分最低的 23 名受研究对象中，有 9 个人曾看过 100 次心理医生，而一次都没看过的只有 7 个。而在"十项指标"得分在 6 分以上的30 人中，只有 3 个人曾看过心理医生，而且没有一个超过 99 次。这两组人群间的差异如此明显。受研究对象中有 5 名心理医生，他们也都曾看过 100 次心理医生。就算我们为了论证而把他们视作不相关，其中 4 人都曾服用过量的精神药物，3 人曾经历过重度抑郁。这并不是说那些受研究对象一旦被打上精神不够坚强的标签就永远不能摘下，戈弗雷·卡米尔做到了。也并不是人们不能让生活好转，戈弗雷·卡米尔也做到了。但这确实意味着那些寻求大量心理治疗的人在生活中有着需要好转的方面。那些对自己生活感觉不错的人往往会避开心理医生。

　　在单个的案例记录中，我们经常能看到下面这种一系列的不幸。不幸的童年造成亲密能力的损失（第一），然后引起服用高于平均值的调节情绪药物（第二）。温暖的童年很明显能令那些幸运的受研究对象直到晚年都对感情生活感到舒适与接受。而冷酷的童年则导致受研究对象在很长时间里没能学会信任，而去独自面对这个世界（第三）。冷酷童年最残酷的方面则是其与晚年孤独无友的关联（第四）。

　　那些"被珍视的"受研究对象在 70 岁往往有着广泛的朋友及其他社会支持。他们这种概率比那些既不相信世界也不相信自己，以至于在大半生中基本缺朋少友的"不被爱的"受研究对象要足足高出4倍。

以"不被爱的"亚当·纽曼（Adam Newman）为例，他坚持认为自己不知道"朋友"这个词的真正含义，但还是勉力找到了一个能完全满足自己有限精神需求的妻子。但是，她是他唯一的朋友，而他也不安地意识到，她一旦去世，他就彻底成孤家寡人了。

那些"被珍视的"受研究对象与兄弟姊妹关系融洽的概率8倍于"不被爱的"，他们也更有可能达到埃里克森称为"成熟"或"传承性"的更宽社交半径。我得承认我自己不确定童年环境是否是这一情况的唯一原因。我觉得有关于爱的天生基因，虽然目前尚未发现。再次，时间会证明一切的。

接下来关于本章的推论——决定孩子适应生活的方式的是他们全部的经验，而不是单独的某项好运或是坏运。格兰特研究显示，没有一项单独的儿童时期因素可以预示50岁时的幸福（或是相反）。预示精神健康风险的是童年时期积极和消极因素的数量，或者是集群。其中单个的某一项或类型并不能如此，但是它们的总体就可以。

在大约50岁时，这些受研究对象被要求回答拉扎尔个性量表（Lazare Personality Scale）中的182个判断题。其中有8道题很明显地将30年后在"十项指标"评分表中那些得分最低的与最高的区分开来。因为，它们将孤独、不快乐以及身体残疾的人与快乐、成功且身体健康的人区分出来。值得注意的是，中年时同样的8道问题也将在30年前被归类为"被珍视的"和"不被爱的"明显地区分开来。

我对异性的举止曾让我陷入焦虑的境地。

我时常认为人在性方面都是动物。

我总是感觉要首先考虑自己的需要。

曾有人认为我害怕性爱。

我容易全神贯注于自己的利益，而忘记了他人的存在。

如果情况需要的话，我会在自己周围砌上一堵墙，或是裹上一层硬壳。

我对人比自己想的要冷淡。

我有时认为自己的感情深处是破坏性的。

这又和童年有什么关系呢？这8个发人深省的问题解释了对生活中感情方面根本性的不适，以及所产生的自我怀疑、悲观主义和恐惧心理。有着温暖童

年的受研究对象只赞同这些问题中的极少数，但是（很明显地）那些不太幸运
的人往往赞同 4 个甚至以上。而对自己的感情越感到舒适，在余生中就越成功。

那些没有取得成功或是满意的事业的受研究对象显示出一生中应对愤怒的
无能，这一点我在《适应生活》和对“贫民区人”的一篇统计检查中都曾有记录。
愤怒是一种微妙的平衡术。没有人可以做到始终逃避愤怒并在现实世界中取得
成功。但是，对攻击性的不安是一种发展中的挑战，不仅仅是女人和过度教育
的男人，连“贫民区”男人也不能幸免。

儿童是如何学会信任自己的感情以及别人对自己感情的回应的呢？当你刚
开始掌握悲伤、愤怒还有快乐时，如果有可以容忍并“控制”你感情的父母，
会比独自把它们当作不当行为要好得多。福尔摩斯夫人让两个儿子在客厅调皮
也许只是巧合，但我觉得并非如此。

如果没有那样的父母又会怎样呢？如果你不能舒适地与他人交往，又如何
去学习这些事情呢？你又怎能自信地面对这个世界，冒险去寻找所爱的人，乃
至于在恐惧之中找到空间来放松并关注自身之外的事物呢？

格兰特研究的受研究对象中再没有童年比萨姆·拉弗雷斯更惨的了。他所
遭遇的一切造就了一颗不知如何满足的心。他童年环境的得分是不能再低的 5
分，他也是唯一一个对 8 个问题的答案都是肯定的人。他“十项指标”的得分
是 0，而在 70 岁的时候，只有另外两人受到的社会支持比他还少。仅仅被爱是
不够的，你还要能够拥抱爱情。

正如萨姆的母亲在他 18 岁的时候告诉我们的那样，“他不怎么喜欢别人，
别人反倒挺喜欢他”。但是喜欢——确切地说应该是信任——需要去学习，而
萨姆并没有在家里学到。

遗传与环境对人的影响

在 1977 年，我曾写道：“就算某次精神创伤不一定会影响到成年生活，
但长期扭曲的童年一定会影响到成年。虽然亲戚们的心理健康与受研究对象后
来的精神病理学没有关联，但这些受研究对象的父母的心理健康却与之有关。
那些‘最坏的结果’的父母中有精神病患者的概率是那些‘最好的结果’的两倍。
看上去环境因素是这一效应的中介因素。”

现在回顾时，我能明白环境论在战后社会科学中的极端程度正如遗传论在战前一样。这是一个关于科学家是如何改变科学又如何被科学改变的很好的例子。需要注意的是，向环境论的转变以及最近由环境论向神经学的转变都是在格兰特研究期间发生的。纵向研究不可避免地受这些发展的影响，这既是其恼人的复杂性也是其宝贵的优势。因此，随着时间的流逝，我需要重新考虑自己对先天与后天的看法。我再次从前瞻性研究寻求准确的数据，并揭示与纠正先前研究人员（包括我自己）的文化偏见。

例如，2001 年，也就是这些受研究对象到达 80 岁的时候，我收集的数据显示，亲属（不仅仅是父母）的精神健康可以在从温暖的童年到成人时期的精神健康道路上起到分歧作用。如果家庭中有精神疾病的存在，其影响甚至能盖过最幸运的抚育环境。这里表明的就是遗传的影响，而不是环境。

表 4.1 对该分析进行了一些总结。其中显示，影响精神健康的主要有三个方面：恶劣的童年环境、家庭内的精神疾病，以及 21 岁时的性格评估。我之前已经描述了我们是如何对童年环境进行评估的。

21 岁时的性格评估是这些受研究对象在大学期间所受调查的一部分。通过这种方式来为第二个条件，也就是家庭中的精神疾病，进行评分。当时我们采用了现在比较常见的做法，用 4 个指标代表基因脆弱性：酗酒、抑郁、家庭短寿以及外祖父的早亡。这四个指标采用 3 或 4 分的范围。（对家庭寿命的评估十分困难，但我们做到了。这些受研究对象的父母知道自己父母的去世日期，而且格兰特研究直到这些受研究对象最后一个父母去世的 2001 年的 60 年间一直在进行。这也是寿命研究的另一个好处。家庭寿命通过将父亲或祖父母的最大寿命与母亲或外祖父母的最大寿命相加所得。）

由于这 4 个变量互相之间存在重要联系，因此我们将它们相加，得到了一个范围在 0~12 间的遗传得分。正如表 4.1 所示，这个遗传得分有一定的预见性。它们并不是任何基因测试的结果，也不是准确的诊断，而是在注重实效的基础上对酗酒、抑郁以及短寿这 3 个家庭综合征进行的粗略估计。外祖父的长寿单独包括在里面，因为外祖父的短寿与神经过敏症和抑郁之间有着非常明显但又难以解释的关联。这种关联在第 10 章中会更为明显。

值得一提的是，较高的遗传得分与凄惨的童年关系很大。我后来对酗酒的研究也发现，家庭内酗酒的传递几乎百分之百可以归因于遗传（参见第 9 章）。

幸运的福尔摩斯遗传得分是 0，而卡米尔和拉弗雷斯的基因中都有大量的精神疾病遗传负荷。

表 4.1　遗传和童年环境与生活适应的重要联系

		凄惨的童年环境	家庭精神疾病	21 岁时神经质 / 外向型
A. 精神健康	重度抑郁	显著	非常显著	显著
	看精神病医生	不显著	显著	非常显著
	一生中的精神疾病	显著	非常显著	非常显著
	21 岁时的适应度	非常显著	不显著	不显著
	防御机制的成熟	显著	显著	不显著
	30—47 岁时的适应度	非常显著	显著	显著
	"十项指标"	非常显著	显著	非常显著
	65—80 岁时的适应度	非常显著	不显著	显著
B. 社会健康	47 岁时的人际关系	非常显著	非常显著	显著
	50—70 岁时的社会支持	非常显著	不显著	不显著
	埃里克森成熟期	显著	显著	显著
	50—70 岁时与孩子的关系	显著	不显著	不显著
C. 遗传比童年更重要	酗酒	不显著	非常显著	不显著
	血管危险变量 *	不显著	显著	不显著
	吸烟	不显著	非常显著	不显著

非常显著：p<0.001；显著：p<0.01。
　* 该项是导致血管和心脏疾病的五个变量之和（高舒张压、Ⅱ型糖尿病、肥胖、重度吸烟以及酗酒）。血管危险变量将在第七章中进行讨论。

　　该表的前两个大项显示的是童年环境和遗传与晚年不同的成熟和环境情况之间的联系。温暖的童年比遗传因素更能预示良好的社会和爱情关系。但是遗传更能预示与健康相关的发展，如酗酒、吸烟和血管危险变量。我将会在第 7 章中讨论最为危险的血管危险变量。令人疑惑的是，遗传与老年适应度间的关系并不显著。原因之一可能是选择性消耗，即那些酗酒和抑郁症患者的早逝。

　　该表的第三个大项反映出伍兹那难以理解的人格特征模式中一段令人好奇的历史。在 20 世纪 80 年代中期，美国国立卫生研究院和巴尔的摩衰老纵向研究计划的高级研究员保罗·科斯塔（Paul Costa）和罗伯特·麦克雷（Robert McCrae）建立了一个人格特性的清单。这个清单有好几个为人熟知的名字：NEO、大五类人格特征以及五力模型。

　　NEO 是五大特征——神经质（Neuroticism）、外向性（Extraversion）、开放性(Openness)、随和性（Agreeableness）和尽责性（Conscientiousness）中前三个的首字母缩写；大五类人格特征和五力模型的意思则不言而明。

　　在有统计倾向的模型中，大五类人格特征已成为了解人格的一个强有力的模型，但包括我在内的临床医生认为它并不是那么有用。我的原因之一是，麦克雷和科斯塔运用它来说明人的性格不会随着时间而改变。这一点和我们格兰特研究中的发现相悖，也受到了许多质疑。

　　1998 年，统计学和大五类人格特征的心理学专家斯特芬·索德斯（Stephen Soldz）提出，回顾伍兹的 26 项特性分类以及 20 世纪 40 年代是如何被用到这些受研究对象上来的。正如我之前所说，伍兹的方法论并没达到其应该达到的高度，除上一章中提到的特例之外，该模型的实用性也有限。

　　然而，根据当时现有的材料，索德斯推断出了与大五类人格特征相关联的 5 个特性，这一推断得到了 7 名独立评估人的高度认同。在他的手中，这五个特性对表 4.1 中大部分的结果都有预测性，这就使得我不得不重新考虑我对大五类人格特征预测能力的怀疑。索德斯的五个特性与这些受研究对象在 67 岁时的大五类人格特征高度相关。

　　看着一个在格兰特研究开始时被人嘲笑为无用的度量法，在一个富有经验的统计学家手中焕发第二春是非常令人陶醉的。当时大五类人格特征只在"人格整合性良好"惊人的成功预测中才勉强得到了认可。伍兹做了自己的尝试，但大部分都没成功，而且他掌握的材料在他自身背景中没有起到什么作用。但如果他没有尝试的话，当更大的背景出现时，他的材料就用不上了。他的努力超过了他的能力，但他超越常人的努力正是他长远且富有想象力的科学研究的一个重要品质。

然而，最近许多大学开展的双胞胎研究，尤其是明尼苏达大学的大卫·莱肯（David Lykken）进行的研究显示，在大五类人格特征的测验得分中，基因占到的比重很高，甚至有可能在 50% 以上。这就暗示，人们往往归因于家庭和社会影响的许多人格特征（甚至包括精神性等看似不可能的特征）至少在某种程度上是与基因相关的。这也意味着，表 4.1 中"凄惨的童年环境"所反映的不仅仅是环境的影响，还包括基因的作用。这就使得我们的数据分析更为复杂，目前只能等待时间来搞清楚其中关系。

表 4.1 中的第三个大项所示为与 NEO 相关的得分。相较于其他两个大项，第三项更具推测性。但是它说明，五大类人格特征中较高的"外向性"（即喜欢挑战性的环境、社交互动以及生活充实）得分和较低的"神经质"（即焦虑、敌意、抑郁和自我意识）得分预示着较高的"十项指标"得分。而且这之间的关联性（rho=0.45）与人的身高与体重之间的关联性相当。

那些受研究对象在大学期间被评估的特性中，"人性""活力"和"友好"在当时与 A 级健康评分的关系显著。而"羞怯""爱设想""自觉内省"和"缺少目标和价值观"在当时与 C 级或不健康的大学适应性关系显著。然而，在中年时，这些青春期特性与精神病理学和良好适应性间既无积极也无消极的关系。回想起来，那些与大学适应性差相关的特性看起来只是正常青少年的一部分（有些在成人中则是病态的）。

出人意料的是，与健康的中年适应度关系紧密的一条特性是在青春期无典型特征的"务实，有条理"。它包括一种延迟享受的能力，对健康的中年适应度关系显著，但在 75 岁之后就不再如此了。另一方面，我们发现了一种"潜伏的"特性，这种特性在这些受研究对象 47 岁时的调查中看起来无足轻重，但在之后愈发重要。这就是显性大学人格特征中的"人格整合性良好"，它在中年看似不重要，但能预示精力充沛、认知完好的老年。原因或许是"人格整合性良好"是可以独立预示主人可以远离吸烟、肥胖和高血压等血管风险因素的伍兹变量（与温馨的童年类似）。"主动"这一特性在中年早期也不甚重要，但在人生末期却举足轻重。

　　某个变量在人生中某一阶段有预示性，但在另一阶段却没有，这意味着什么呢？这可能意味着曾看起来重要的特性其实并不重要，反之亦然。但它也可能意味着某些特性在人生中某些阶段确实重要，但在其他阶段则并非如此。这就使得对人生的预测变得异常复杂，同时也指出了寿命研究中一个关键。

　　这就提醒我们不要忘记，在人生某一阶段中正确的东西，在另一阶段并不一定仍然正确。我们的目光越长远，越有机会弄清为什么有些相互关系可以持续，而有些却不能。那缺失的一环有可能在于我们的数据，我们的科学，或者是我们的直觉。

　　但是，当我们知道正在发生改变，或者某一预示因子不再有预示性的时期（诚然这令人不安），我们虽然不知道原因，但至少意识到改变发生了。只有通过对生命长期的研究，我们才能意识到这些改变，而可能正是这些改变带来了大脑物理上的成熟等重要发展。那些我们只能在纵向研究中追踪到的关联性和相互关系的变迁提醒我们，一定要保持眼界和头脑的开放，以免过早做出结论。

父子和母子关系对人生的影响还是有区别的

　　接下来就是一个关于这种变迁的例子。当我开始分析童年对成年的影响时，总体的童年环境看起来比母子关系本身更为重要；作为一个精神病学家，我对这一发现感到很意外。然而，在 80 岁之后，这些受研究对象童年时期与自己母亲的关系显得更为重要。这又是一个"潜伏的"特性，但目前我们还不知道其意义。

　　格兰特研究发现受研究对象与父亲或母亲的良好关系在成年中的某些方面影响显著。当受研究对象接近老年时，他们在少年时期与母亲之间的关系与他们在工作中的效率有关，但与父亲之间的关系则相关性不大。如果受研究对象一直工作到 70 岁，那么他们生命后期的收入和与母亲之间的良好关系关系重大。受研究对象的军衔和是否被列入《名人录》也和母子关系存在略为显著的联系。

　　温暖的母子关系与受研究对象在大学期间的智商以及 80 岁时的意识能力联系显著。令人意外的是，不融洽的母子关系与痴呆症的联系非常显著。举例来说，在那些没有温暖童年且活到 80 岁的 115 名受研究对象中，39 名（33%）

在 90 岁之前患上了痴呆症。而在拥有良好母子关系的受研究对象中，仅有 5 名（13%）患有痴呆。可见其差距之明显。

在格兰特研究中，痴呆症与血管风险因素之间的关系并不显著。我的一位资深同事坚称这一发现肯定是错误的，因为之前从来没人发现过。他忘记了，长达七 75 年的寿命研究少如凤毛麟角。只有时间，或是反复的实验，才能解决这一问题。

以上这些方面与这些受研究对象的父子关系连暗示性的联系都没有。然而，良好的父子关系（而非母子关系）看似可以加强这些受研究对象的游戏能力。那些拥有良好父子关系的受研究对象更能享受假期，更能使用幽默这一应对机制，还能更好地适应并满足退休后的生活。与大家直觉相反的是，在人生中遭受不幸婚姻的往往并不是那些母子关系不好的受研究对象，而是父子关系不好的。5 名声称无性婚姻更为适合的受研究对象都有着不好的父子关系，但是他们在母子关系方面则有好有坏。

有着良好父子关系的受研究对象展现出的焦虑也更少，例如在大学期间站立时心率显著更低，在刚成年时期身体和心理上的受压症状也更少。那些父子关系不好的受研究对象更容易悲观厌世，难以让人亲近。此外，良好的父子关系还能非常显著地预测 75 岁时对生活的主观满意，而这一点与母子关系间连暗示性的联系都没有。

尽管如此，一个能欣赏自己儿子主动性和自主性的母亲对孩子的未来有着巨大的推动作用。福尔摩斯法官及很多像他这样的成功人士的自信都受到了母亲的赞美。他们的母亲总是自豪地说，"约翰胆子很大，甚至有点鲁莽""威廉姆打得过小区里的每个孩子……他完全无所畏惧""鲍勃简直是个暴君，不过我非常喜欢"。但不是所有的受研究对象都是如此幸运，至少弗朗西斯·德米尔（Frances DeMille，第 8 章中将会介绍）就没这种好运。然而，当这些受研究对象进入成年以后，如魔法一般，在他们的童年印象中，母亲的形象越来越弱，而父亲的形象则越来越强。

恢复失去的爱

我们从来不曾完全失去那些挚爱过的人。这是记忆的幸运，也是诅咒。托尔斯泰曾说："只有能强烈去爱的人才会有巨大的悲伤；但这种爱也可以帮助抵消悲痛，带来治愈。"这里需要指出无爱（Privation）和失爱（Deprivation）之前的区别。无爱指的是从来没爱过，也没被爱过，导致的是精神病，而不是悲伤。失爱指的是失去了我们爱过的人，或是爱我们的人，带来的是眼泪，而不是疾病。悲伤可以伤害，但不能杀害我们。

哀伤这一心理活动，在从阁楼拿下令人想起旧时亲密的照片时，比起再见和放手的时候更为明显。虽然还未得到证实，但是我相信，灵长类的大脑是用来记住爱的，而不是忘记。相较于失去时灼热的痛苦，我们接纳所爱的人这一微妙且难以理解的过程更难以用概念表述。这也许就是许多心理医生更多地强调悲伤的痛苦，而不是它对回忆的作用。但是，动力性心理治疗必须像对待痛苦经历，甚至是积怨那样，小心地对待恢复失去的爱。

近年来的格兰特研究表明，我们老年时的生活质量是之前所有爱的经历的总和。因此，我们不能浪费其中任何一段。下半生的任务就是恢复上半生爱的回忆。这是过往影响现在的一种重要方式。重新发现失去的爱，或是宽恕的能力，可以带来很好的治愈效果。而能够参与到他人恢复失去的爱这一过程，则是纵向研究的另一种喜悦。

这里我要重提一下这一喜悦的场景。我们在第 2 章中讲过的戈弗雷·卡米尔在 18 岁时写道："在我 5 岁到 12 岁时，我的家庭对我非常严格，这令我感到难过。"他对此表现比较大度，但也颇为实际，"这并不能怪他们，因为他们成长于 19 世纪 90 年代的纽约……我和父亲关系一直不太好。"

多年以来，随着卡米尔通过心理治疗发现了自己的过去，他试着帮助我理解这一发现对他的人生意味着什么。

这是重新找到了重要的爱，还是一个重新庆祝坚固的感情纽带的机会呢？我的脑海中浮现这样一幅画面：一个被用作烛台的空酒瓶。瓶中的酒或许曾是生命中最开始的温暖，但酒喝光后只剩下冰冷空虚的玻璃瓶，直到我们在回忆中再次点燃欢乐的蜡烛。随着蜡液的滴下，它将那些被用在各处的温暖重新汇聚起来。生命早期的爱可能会"失去"，因为我们总是认为这种爱是理所当然的，又从不曾在记忆中重温。回忆和再述可以使它们愈发生动，愈发真实。而视觉感知对学习最为有效。

在戈弗雷·卡米尔写下这些文字很久之前，他就一直在将他生命中那些冰冷空虚的酒瓶变作新的光明、希望和力量的容器。在 65 岁时他提醒我（生怕我会忘记似的），"同情心并不是我父亲的强项"，他还提出了一个刚刚回忆起来的往事。他在爬上樱桃树去看花时失去平衡落在 12 英尺下的地上。他没有得到安慰，却因为没有听从父亲不许爬这棵树的禁令而被打了一顿屁股。但是此时他回忆起了另外的事情。几天之后，他的父亲用手臂抱着他……

> 当我们走到樱桃树那微微发亮的华盖时，我父亲把一个小的枝条拉向我，并让我用拳头攥住，我们笑着交换了眼神。在他开车去工作之前，他用随身的小折刀砍下了一小枝，放进水杯里，并放在我吃饭的小桌子上……我知道我不仅得到了理解，还得到了原谅……这是我第一次神奇的体验。

卡米尔一直对宗谱有着常人难以理解的兴趣，但他在晚年把它作为了一项新的热爱。他发现自己的父亲有一大帮法国的表兄弟姐妹，并通过通信和走访和他们建立了关系。在对亲戚的"考古"中，他找到了自己痛苦童年所没有的温暖大家庭，寻找过去的记忆并把它们用到现时的人上。这也是心理弹性的一种形式。在重新参与宗教活动和新的亲戚中，他找到了新的力量源泉，以及与自己父亲间新的关系。创新的写作和大量的心理治疗帮助他找到了失去的爱。但他并不是唯一使用这种方式达成这样目标的人。

虽然有着卡米尔这样的快乐转变，但是最终康拉德还是功大于过。当把那些童年最为不幸的受研究对象——"不被爱的"，与那些童年最为温暖的——"被珍视的"做对比时，我们发现，不幸的童年与后来人生中差的适应度有着非常显著的关系。尽管如此，在孩提时代没有被爱是痛苦的，但这还不是最坏的。最坏的是那种不被爱的感觉可以影响后来被爱，以及去爱的能力。有些孩子不管如何，也能开发出这种能力。但那些没有学会如何去爱，以及如何被别人爱的人，他们的人生确实令人悲哀。

童年并不总会影响整个人生

关于正常发展的前瞻性研究现在还需要等几十年才能陪伴受研究的青少年步入成熟，遑论老年了。但是，他们在过程中推翻了许多经典的假设。举例说，我们都"知道"童年能影响成年时的幸福。但最近的科学审视发现，关于其中原因的许多流行解释（例如父亲或母亲的死亡）并没有我们所想的那么确定。

这种事实之后的任何结果都不难解释。对于一个不好的结果，我可以解释是一个疯子姑妈、一个排斥的母亲、一个畸形足、一个不好的街区，抑或是我想要的其他证据。我也能用单一案例研究来证明任何事情。这就是为什么我不仅要列出受研究对象的档案，还要给出统计的环境，也是我为什么一直就寻找统计验证而喋喋不休，尽管有时统计验证显示的并不是我们想要的。

因此，在运用格兰特研究的数据来说明童年意外事件的前瞻性评估在统计中的重要性之后，我想讨论一下被人们广泛接受，但那些大学男生（有时是内城区男人）的数据并不支持的观念。

对于发展心理学来说，一直留意理论与实践的交叉，并努力将两者结合得更为紧密是非常重要的。我们最大的希望，就是将来的孩子们不会受到恶劣的童年所带来的灾难影响。事实上，那些有着最恶劣童年的受研究对象中，有些人还能在人生的最后阶段过得不错。尽管如此，对于萨姆·拉弗雷斯来说，为幸福而等待的 60 年实在是太久了，而这份幸福仅仅是相对的。

此外，温暖的童年就像一个富有的父亲，可以为以后接种对痛苦的疫苗，而不幸的童年就像是贫穷，不能对人生中的困难起到缓冲作用。诚然，有时候困难可以带来创伤后成长，而一些受研究对象的生活确实随着时间的推移而改善。但是，痛苦和失去的机会总是代价很高，许多有着不幸童年的受研究对象直到去世时的前景仍不乐观，他们有的英年早逝，有的自己选择结束生命。我们必须在童年环境不利于未来人生的时候进行干涉。这就意味着我们需要找到认识它们的方式，不是通过感情，而是借助对发展和前情基于数据的认识。

格兰特对待发展的眼光是向前看，而不是向后看，对许多流行的理论提出了质疑。早期的研究人员对比了严格和宽松的如厕训练的效果，然后欧内斯特·胡顿（Earnest Hooton）在《年轻人，你是正常的》一书中提到，如厕训练看起来对未来行为没有丝毫影响。胡顿这本书出版于 1945 年，之后的 65 年研究也没有发现他错误的地方。弗洛伊德关于严格如厕训练的有害影响的理论是基于回顾，也就是通过他那些往往是中年的病人做出的回忆。但是，前瞻性研究再次胜出！

最近，我们有时曾认为对未来意味深长的其他童年环境，与"十项指标"的联系并不显著。例如，格兰特研究的受研究对象是在史波克《育儿经》之前被养大的，他们受到了父母的严格管教。他们当中86%的人是被母乳喂养的，但超过一半的人在18个月大的时候就不再用尿布了。

为了不让他们在婴儿时期吮手指，他们的手指被戴上铝手套，或是涂上苦芦荟，甚至有时手臂会被绑到身子上，以让双手远离自己的嘴。但这些都不重要。童年时健康的身体并不一定能经受住考验。受研究对象与自己弟弟或妹妹的年龄差亦是如此。出生顺序也并不重要，除了年龄最大的孩子更容易取得职业上的成功之外。

当这些受研究对象50岁时，甚至他们之前父亲或母亲的去世也变得没什么预测性了。当他们80岁时，我们发现，那些年少时失去父母的受研究对象与那些一直被父母关爱到高中毕业的受研究对象在精神和身体上是一样的健康。

就算是冷漠和排斥的母亲也没能成功地预测后半生的心理疾病或是对老年生活的不适。没有患精神疾病的亲戚是一件好事，因为基因的影响常常能胜过环境。但基本上，没有一个慈祥的母亲并不是导致所有差异的原因所在，而如果有一个慈祥的母亲，或是被崇拜的父亲，抑或是其他温暖的童年环境，就能带来差异。这就是我为什么说影响我们生活更多的是那些顺利的事情，而不是那些出现问题的地方。

另外还有一个普遍假设是基于从回溯中所获得的证据，即酗酒是童年不幸的结果。当然酗酒者和医师可能都会把酗酒归咎于此，但是前瞻性研究的证据表明，这有可能是因果倒置地把酗酒的结果误认为是其原因。酗酒是通过基因遗传的，而不是由环境决定的，这意味着酗酒患者往往有着酗酒的父亲或母亲。父亲或母亲的酗酒必然会增加子女童年不幸的概率，但是在这种情况下，不幸的家庭是马车，而拉车的马则是导致酗酒的基因。我们在第9章也将看到，由于酗酒带来的生理变化，或出于为减少内疚感的防御心理，酗酒者对童年的记忆会在不知不觉间受到改变。

再举一个例子。10 年前,我认为那些"不被爱的"可能会早点离开人世,因为他们不关心自己的幸福。我在《康乐晚年》一书里面曾说,"那些'不被爱的'认为自己不属于任何人,所以忘记了那首歌的忠告,'记得在风大时把大衣的扣子扣上'"。但我错了,现在的数据显示,那些"不被爱的"与那些"被珍视的"仅仅在照顾自己的方式上有细微的差别,至少是在吸烟、血压、体重和糖尿病等血管风险因素方面。

整体童年而非单一方面与未来的关系

第一,与精神病理学的发展失败模型相反,哈佛大学的成年发展研究发现,**受研究对象的心理健康水平取决于他们之前取得的成功,而不是遭遇的失败。**他们对待或温馨或凄惨的童年的方式,和童年本身一样,都对未来的成功有着很大的关系。当这些受研究对象尚在大学时,伍兹评估了他们 26 条个性特征。其中"务实,有条理"这一特征最能预测 50~60 岁期间的心理健康。特曼研究也发现,高中时期所展示出来的审慎、事先考虑、毅力和耐力是预测 50 岁时职业上的成功的最佳要素。人们很难不会想到,这些要素正是从失败中走出来,并把成功最大化所需要的特征。

第二,影响成年适应性的并不是不愉快的父子或母子关系,而是卡米尔和拉弗雷斯那样**整体上不愉快的童年。**在悲惨的童年中长大的受研究对象更容易悲观厌世和自我怀疑,或许正是因为如此,他们才不能接受别人给予的爱,也不敢把爱给予别人。这种动态在萨姆·拉弗雷斯的故事中可见一斑,在第 5 章彼得·佩恩(Peter Penn)和第 9 章比尔·罗曼(Bill Loman)的故事中更是如此。

格鲁克研究等前瞻性纵向研究显示,来自多种问题家庭的孩子有可能严重损失以后工作的能力。然而对于格兰特研究中这些中上层阶级对象来说,不良的养育更多地反映在对爱的无能,而不是工作问题。

格兰特研究对象的童年与格鲁克研究对象相比要稍好一些,而且对于那些在相对更差的养育下成长的格兰特研究对象,他们在工作中脱颖而出的能力并没有受到丝毫损害。(当然了,格兰特研究对象都是之前被选出来的优秀工作者,否则他们也不可能成为哈佛大学的学生了。)但是,他们去爱的被爱的能力确确实实受到了损害。

在不幸童年中成长的受研究对象处理强烈感情的能力要弱一些，无论是快乐还是痛苦。也许正是因为他们不能直接面对强烈的感情，所以他们才会倾向于用药物来安慰自己。

因此，某个创伤或糟糕的关系本身并不一定能决定成人的精神病。哈佛大学的成人发展研究清楚地说明，整体糟糕的童年环境有着很强的预测能力，但单独的某一方面却不能。如果一个孩子在家没有学会最基本的爱和信任的话，他们以后的魄力、主动性和自主性都会受到限制，而这些正是成功成年的基础。应该精准发现那些存在严重问题的家庭，最好进行适当的预防，并给予特殊的关注。精神病和酗酒带来的影响可以毁掉整个家庭，还能毁掉孩子几十年的未来。

05 人生的成熟

我们中的大多数人到了 30 岁的时候，性格便如同石膏一样定型了，且再也不会柔软下来。

——威廉姆·詹姆斯

我第一次对格兰特研究的受研究对象进行访谈是在 1967 年，当时我 23 岁而他们已经快 50 岁了。我一直十分敬重威廉姆·詹姆斯，而与受研究对象的早期接触似乎也暂时验证了他关于人类性格在 30 岁便定型的观点。然而在实时观察这些受研究对象的变化后，我很快便意识到詹姆斯至少在这一点上是错误的。

格兰特研究的第四课便是人们确实会不断成长。在意识到这一点之后，现在我与朋友们讨论的话题已经不再是人类的性格是否会在成年时期发生变化，而是如何才能最好地测量这些变化，以及一个人在生命开始与结束时的样子会如何不同。也就是说，我在思考人们成长的模式并且希望格兰特研究有助于构建一个更好的成长模式。

发展心理学的教科书还认为，成熟的过程在 20 岁时就停止了——最迟也不会超过 30 岁，如果这不是主观臆断，就是一种疏忽。我们一直持续到 2010 年的一项主要研究则显示，"个体的性格（无论是自我陈述还是伴侣评估）在从 20 到 90 岁的跨度中长达 70 年的期间似乎都不会发生什么改变"。

的确，正如橡树的叶子不会随着这棵树的成长而变化太多——它们的形状和特征都是先天固有的品质。但这并不意味着这棵树本身没有变化。相反，一棵苗壮成长的橡树会伴随着时间和环境的推移变得愈发伟岸繁茂，直至它被破坏或死亡。同样地，装在玛歌酒庄酒瓶中的葡萄酒的颜色虽然并不会随着岁月更迭发生多少变化，但是它的品征以及价格则显然发生了变化。

在过去的 75 年里，格兰特研究的工作人员受到了至少 6 种成长模式的影响，这些模式都尝试将发展的细节囊括在内。第一个模式是"爱和工作"（lieben und arbeiten，德语）模式，埃里克森将其归因于弗洛伊德的观点，该模式将成长与一种不断深化的爱与工作的能力等同起来。

门宁格心理诊所杰出的研究心理学家莱斯特·鲁伯斯基（Lester

Luborsky），将弗洛伊德的隽语转化为一种成长的模式应用在该诊所 30 多年的心理疗法的研究项目中。他的测量数值在经过微小的调整之后最终被光荣地载入美国精神病学会《精神障碍诊断与统计手册》第四版（DSM-IV）之中，成为定义精神健康的五轴诊断法中的第五轴。早在进行第一批访谈时，我就使用了这一数值去评估格兰特研究参与者的成熟程度，而且关于此的反思与见解仍然保存在《"十项指标"》和《成年适应度量表》中。（附录四）。

　　然而，作为一项全面的成年发展模式，"爱和工作"模式仍然存在一个问题。成熟意味着随着时间的推移向前发展，但是几十年过去了，受研究对象在这两个领域的情况就像天气一样多变。55 位参与者在 47 岁时的成年适应度（包括对爱情和工作成功情况的评估）中位列前三分之一，而其中只有 5 位（9%）在之后的一系列排名中（55~65 岁，65~80 岁以及"十项指标"）继续保持前三分之一。16 人（29%）事实上在之后的三个阶段的排名中位列后三分之一。

　　工作顺利和爱情得意的阶段总是来了又去，缺乏系统性，而且实际情况表明随着年龄和经历的增长，工作和爱的能力并没有呈现出普遍可识别的"深化"过程。这一模式不足以告诉我们人们是如何"成长"的。

　　在我 34 岁的时候，我才开始意识到"成熟"这个概念是多么的复杂。而且，它在不同的时期针对不同的人都会具有不同的意义。随着我对格兰特研究的受研究对象（和我自己）的了解进一步加深，埃里克·埃里克森的心理发展模式似乎越来越切中要点了：

> 　　人类的个性，大体上来说，会按照一定的步骤发展，而这些步骤早已被人们日益增强的社会半径（social radius）所驱使，并了解和与其互动的意愿所决定了。

　　在我开始这项研究的第一个 10 年里，我们围绕这个模式开展了大量研究，也正是该模式为本章提供了最为深刻的认知。沿着埃里克森划定的路线，成长意味着一种不断增强的包容异己的能力和一份不断强化的对他人的责任感；它是从青少年时期的以自我为中心向祖父母阶段的无私同理心进化的过程。

　　与爱情和工作的成功不同，埃里克森的发展成就与环境是相对独立的。它们的出现和持续是可预测的。即使机体的损坏削弱了感官的能力，它们也不会完全消失；人们并不会因此退回至成长的早期阶段。这也使得埃里克森的模式以及之后的其他模式成了成人发展过程中更令人信服的观念。

第三种成长模式关注的是人们的社交智能和情商。这一模式最好地阐释了我们下意识的应对方式会随着时间的变化而不断发展，而且如果幸运的话，它会变得更加通情达理并且包含更少的自我陶醉——也就是说，更有助于营造一个有益的人际关系。它不仅为个人经历和心理成长效益的不断增长，还为大脑发育的相关方面提供了空间。适应性能力的发展是我主要的兴趣点，也是格兰特研究吸引我的地方之一。它占据了我 60 岁时研究和写作的主导地位，而我也将在第 8 章详细探讨适应性能力。

第四种成长模式是被印度文化所尊崇的。它认为祖父的任务就是退居山林从而注重自己的精神生活，将世俗事务转交儿子处理。亚当·纽曼（Adam Newman）的故事展现了一个人的情感生活如何才能从个人情感向信任、爱和同情的方向衍变。随着脑成像和神经系统科学的进一步发展，这一模式的吸引力进一步增强，它将传统意义上与灵性——敬畏、希望、同情、爱、信任、感激、快乐和原谅相关的情感作为一种生物学实体定位在神经解剖学和进化论的大背景下，而非一种抽象的情绪。在我快 70 岁即将要开始思考我自己的退休生活时，这一研究才开始变得众所周知。自此之后，我发现它越来越令人信服。

我的第五种成长模式受到了保罗·雅克列夫（Paul Yakovlev）和弗朗辛·贝内斯（Francine Benes）等发展神经解剖学家的支持。它关注的不是社会情感的发展本身而是情绪的变化，这一变化伴随着大脑内部的变化，在人们 16 岁时也不会停止。神经解剖学家已经表明在人类 20 岁到 60 岁这一阶段大脑会形成越来越多的髓鞘。（髓鞘是一种能够隔离神经元，提高它们的电子运行效率的物质。）认知和情绪不断的同步运行会产生这一发展的网络效应。

汽车租赁公司早就认识到了这一点。它们非常清楚 40 岁的司机相较于 18 岁的司机而言更可能也更能够三思而后行。发展科学目前已经知道这是由于脉冲边缘系统和反射额叶持续融合的结果，这一切都是脑成像技术的最新进展。罗伯特·瓦尔丁格（Robert Waldinger），格兰特研究的现任领导者，正在进一步发展这一模式。

第六种也是最新的一个成长模式预设智慧的发展是成人发展的目标和顶峰。来自佛罗里达大学的社会学家莫尼卡·阿达特（Monika Ardelt）利用大学生的终生研究开展了一项关于智慧这一神秘却重大的品质对年龄依附性的实证研究。更多与此有关的内容将在稍后探讨。

查尔斯·博特赖特（Charles Boatwright）的人生历程囊括了上述所有的模式，我将会在本章后面介绍。因此，这6项模式应当都能适用于我们所有人，即使它们对我们而言并非总是同样有用。成熟在我们年轻时和之后有着不同的意义，不管我们是研究者还是普通人。

在我目睹格兰特研究的受研究对象们老去的过程时，自然也清晰地看到了成熟的各个方面。但是我不能将此与我随着年月和智慧（但愿如此）的增长而产生的意识变化所区分开来。又或者是科学也在进步和成熟；现在的科学已经能够制造十年前难以想象的产品，而科学的寿命远比我们要长。

在本章中，我将主要讨论埃里克·埃里克森关于成年发展的观点以及与格兰特研究相关的一些修正。

埃里克森的模式：主题与变奏

在《皆大欢喜》中，莎士比亚将中年后的事物都描绘成衰亡。与众多心理学家一样，弗洛伊德也完全忽略了成年人的发展。埃里克森，一个一心成为艺术家的年轻人，将所有生命都设想成不断运动和发展的。他把成年人的发展想象成一架楼梯，楼梯从青少年们身份形成的任务开始向上到年轻人由依赖父母转而与同龄人建立亲密的关系的运动过程，再向上到年长者关注的事务——传承（照顾他人）和最终的沉着（面对死亡保持镇定）。

卡罗尔·吉利根（Carol Gilligan），一位女性发展的学者，向我提议了有关这一过程的另一种更生动的表述。吉利根认为成年人的发展不是一架楼梯，而是一块石头投入池塘后所产生的不断扩大的一圈圈涟漪。一个个旧的涟漪彼此环绕着，但都不曾消失，这些圆圈从更新的涟漪中散发出去。她的表述和埃里克森的一样都很栩栩如生，但是所涉及的人类成长观念意图性并不明显，也不是那么生硬刻板，它将埃里克森的模式引发到一个更具说服力的形象中去，即一个不断扩大的社交圈和道德罗盘。

我也对埃里克森的模式做了两处修改，将其中两个阶段改称"事业巩固"和"监护责任"（或是在之前的出版物中所称的"意义的守护者"）。

埃里克森的模式建立于如今家喻户晓的《儿童与社会》一书中。尽管该模式已经足够优秀，但埃里克森所言的"阶段"就像大多数对成年期的其他梗概一样，都只是脱离实际的直觉。只有对生活在 21 世纪的成年人和他们的一辈子从头到尾地予以前瞻性的观察方能据此来考虑发展整体的问题。而针对成年人发展的活体实证研究40 年前才开始，那时杰克·布洛克（Jack Block）、格伦·埃尔德（Glen Elder）、罗伯特·怀特（Robert White）和查尔斯·麦克阿瑟（Charles McArthur）以及我（从四个不同的方面）针对成年人的中年生活着手进行前瞻性研究。

我也必须澄清，在成年人发展中，"阶段"只是一种隐喻的说法。由于埃里克森和其他学者的广泛使用，这种说法变得十分流行。但是它在叙述层面上并不准确。明确定义的发展阶段概念会出现在胚胎学、内分泌学以及可能在皮亚杰（Piaget）和他的学生对儿童思维发展的观察过程中。然而格兰特研究的受研究对象所表现出来的成人发展远非一段有条不紊的过程。

因此让我用"发展任务"这个比"阶段"更为有用的概念开始对埃里克森模式的阐述。通过跟踪那些足以反映成人发展"阶段"并且是这些"阶段"的基础的特定心理成长成就，来评估成人发展中那些所谓"阶段"的实现。我尝试着以一种统计上有用的持久方式来将往往是抽象、直觉化和价值判断的生活情景具体化。

身份感。埃里克森将成人发展的第一个阶段称为"身份感与角色混乱"。为了工作与研究的目的，我将这一术语改为"身份感与身份感混乱"，并将其定义为：身份感的实现意味着在社会、经济和思想层面摆脱对父母的依赖。我将实现身份感需要完成的特定任务定为：不依赖出生家庭并且自给自足。

身份感并非以自我为中心。它也并不像是青少年想的那样离家出走、取得驾照甚至结婚。行动上的离开和发展成就之间有着天壤之别，后者是指学会将个人价值与周边人的价值区分开来，即使生活到了最为矛盾和困惑的时候，依然能够保持初心。身份感也并不意味着拒绝过去；相反地，它在很大程度上源于对童年时期重要的人物和周边环境的身份认同与内化的过程以及在成年生活中的独立经历。但是它又的确与一个人如何安置自己的忠诚有所关联。

一些格兰特研究的受研究对象一辈子都没能脱离他们的出生家庭或是其他培养他们的机构。在我们的研究中，我们认为他们在身份感形成这一层面失败了。到了中年之后，他们仍然保留着对童年支持的情感依赖，因不曾深入地涉世，所以没有培养自己对职业、亲密的友谊和情侣的忠诚。

尽管通常他们不会受到心理医生的注意，但是他们许多人在老去之后都认为自己的一生过得并不完整。一些人清楚地认识到自己几乎没怎么承担成年人通常关注的引导年轻人的事务，也几乎不曾尝试去确保整个世界按照它的轴心平稳运转。但是身份感建立的机会之窗在很长一段时间内都是敞开的，它的涟漪也会一直扩大到老年。分离与个体化是持续一生的过程。

亲密。埃里克森将成人发展的第二个阶段称为"亲密与疏离"。我将实现"亲密"的特定任务定义为一种与另一个人以情感上相互依附、彼此依赖和相互承诺的关系生活 10 年或以上的能力。根据这一标准，一个人在他的生命中的任何时候都能够实现这种"亲密"，当然当这项任务完成之后仍然会存在很多变化。当我们继续探讨时，我需要解决的问题之一便是在成人发展过程中埃里克森成就的变化性究竟意味着什么。

我们也会在下一章中用相当长的篇幅去讨论"亲密"在作为发展任务和情感天赋上有何不同。然而，在离开父母的世界并在同龄人的世界中安身立命之前，人是不能够建立相互依存、互为承诺和相互依赖的情感关系的。要实现亲密，首先得实现身份感。

简单介绍一下我的标准。众所周知，真正的亲密是难以被测量的，就像我们得知一个朋友看似稳定的婚姻触礁时有多么惊诧一样。对于当前大多数人而言，将十年的相互承诺、彼此依赖的美满婚姻大致等同于亲密是合理的，但是婚姻本身并非关键。生活中还有亲密的友谊，有不甚亲密的婚姻，还有在婚姻中难以达到的爱情关系。在稳定的同性恋关系或是修道院等高度相互依赖的机构中，公共生活的规则取代了双向（情感）联系，此时可能需要的便是亲密的标准而非婚姻了。这些问题一旦出现，我便将它们考虑在内。

同时我还想到格兰特研究开始时的时代人们不太宽容，这便使得一些人难以实现这种亲密。格兰特研究中，只有两名受研究对象建立了稳定的同性恋关系；其余 5 名虽承认了自己的同性恋取向但并未能建立持久的亲密关系。对特曼（Terman）研究样本中的一些单身女性而言，亲密是通过结交一位非常亲近的终身女性友人来实现的，这可以是也可以不是一位性伴侣。

以 10 年作为标准的（看似）随性决定实际上是基于一种实用的简化主义

而做出的，以便于分配（具体的）数值分数。一方面，没有什么东西可以持续永久；另一方面，10 年的时间已经足够将真正的关系和明显虚幻的关系区分开来。

事业巩固（career consolidation）。我不止一次地发现一些在家庭内部（和外部）成功建立了身份感的受研究对象，却没能在工作领域实现同样的成功。因此，我将事业层面的成长与其他身份形成层面的成长区分开来创造了一个独立的阶段，我把它称为"事业巩固对角色混同"。正如我曾具体解释的那样，埃里克森将实现身份感和实现事业认同的任务混同了。

我将"事业巩固"的特定任务定义为"热爱、薪酬、满足和能力"。这 4 个词语将事业和工作区分开来。我并不是指律师是一份事业而门卫则只是一份工作。声望与现在所提到的 4 个特征毫无关联。你可以成为一位像卡尔顿·泰瑞顿（Carlton Tarryton）一样既有能力又薪水丰厚的内科医生，但如果你对于药品的价值不屑一顾，那么当你需要医疗时你便会向基督教科学求助（而非医学），此时你所拥有的便称不上是一份事业。男人和女人在狩猎－采集的社会都能够对手头的任务产生热爱，从中获得快乐，但在当今社会中的律师则可以在既无热爱也无乐趣的情况下工作。

"事业巩固"还涉及一种悖论。"无私"，从传统的"慷慨"或"利他"的意义上来说，取决于一种坚定可靠的自我意识。热爱事业（和建立一种坚定的事业身份感）是一项核心发展任务，而这在很大程度上是自私的。这也是为什么社会能够容忍毕业生、年轻的家庭主妇和业务实习生们那种难以言喻的自利主义。只有实现了这种发展的"自私"，我们才确实能够像教授、新娘的母亲和经理一样放弃自我。

"事业巩固"的根源可以在"亲密"和"身份感"中寻觅得到。如同"亲密"一样，"事业巩固"将年轻人必然的自我主义和获得薪水所必要的其他任务结合了起来。如今将一名医科学生从实习期、住院实习期和研究员时期引导至专业自主的阶段的过程与中世纪引导年轻人从学徒、熟练工人发展到织布大师的公会结构并没有太大的不同。年轻人总是从年长些的实业者那里学手艺，之后才会在鼓励下做出他们自己独立的成就。这种特定的能力感被认为是职业形成的顶点，同样也是事业巩固的顶点。

正如特曼研究中的一位女性作家所写："待在家里和结婚是远远不够的……

我想要确立自己的能力感，想要擅长某事、掌握一项可以衡量的技巧，想要让这世上有那么一件事是能够让我说'我会做、擅长做、能做并且了解它的'。"

在追踪"事业巩固"的实现过程中，我不得不考虑这个社会对男性和女性实现这种能力感的方式的限制。比如特曼研究中的女性出生在 1910 年左右，在她们上中学时她们的母亲都还没有投票权。当时向这些富有天赋的女性开放的职业是有限的。因此我认为当时一个女性只要热爱自己的工作、拥有能力并且对自己的工作感到满意，即使她不会总能获得薪酬，她也应当被认定为实现了这样的"事业巩固"。同样，在 21 世纪也有男性作为家庭主夫巩固了自己的事业的。而马上要介绍的查尔斯·博特赖特（Charles Boatwright）的故事则提供了关于"事业巩固"的另一个观点。

传承。埃里克森提出的第三个阶段是"繁衍与停滞"，在我看来即培养和指导下一代（不仅仅是自己的青春期孩子）走向独立的意愿和能力。

我将传承这一阶段的特定任务定义为对那些尚需要关怀但又足以自己做出决定的年轻人的成长和福利承担起一份持续的责任。

传承当然还包括社区建设和其他领导形式的建立，但是在我看来是不包括抚养孩子、画画和种庄稼这样的事务的。这些都是有价值和创造性的任务，但是它们并不要求人们具备在照顾任何年龄的"青少年"时所需要的自我技巧。

想想著名的斯克里布纳出版社（Scribner）的编辑麦克斯韦尔·铂金斯（Maxwell Perkins），他为了保护既以自我为中心又具备自我毁灭特性的 F. 斯考特·菲兹杰拉德（F Scott Fitzgerald）不被自己的愚蠢毁灭的同时，还要培养他的文学天赋所需要具备的敏感性。我一个当校长的阿姨曾调侃道："想知道谁是我们学校的女校长的话，看看谁在搬家具的时候最卖力就是了。"

监护。在对埃里克森的模式所做的第二个修改中，我将埃里克森的"传承"和"整合"两个阶段中的一些方面形成了一个独立的阶段，在我早期的作品中我将其称为"守护者与僵化"，但是现在我将其称为"监护与囤积"（见第 5 章）。安德鲁·卡内基（Andrew Carnegie），作为一名社会监护者用他的终生储蓄建造了许多图书馆；而埃及法老建造的是金字塔。

传承者们都会以一种直接的面向未来的关系提供关怀，如导师对学员和老师对学生这样的关系。他们是照料者。而监护者则是守护者。他们所负责的文化价值和财富能让我们受益，他们关注的内容不是少数的个体，而是一种整体的文化；他们所接触的社会半径远超他们当前最亲密的个人环境。他们作为监护者，回顾过去并为了未来将其保存起来。我们基于这些监护活动对这一发展的实现予以追踪，而这也将在之后的诸多人生故事中得到验证。

在埃里克森的作品中，他有时不能将传承的特性"关怀"和监护责任的特性"智慧"（埃里克森将"智慧"这一特性归结于"整合"，这一点我认为是不正确的）加以区分。传承针对的是接受关怀的人；监护责任则蕴含了一种不带感情色彩的、更为无私的世界观。没有智慧的关怀是可能的，但不带关怀的智慧却是不可能的——事实上，在成人发展中，关怀的能力总是要优先于智慧的。

智慧不仅仅要求对讽刺和歧义有所关注，还要求对此进行评价，除此之外还要有足够的洞察力和沉着以防有所偏袒。这些都是在人生中出现较晚的自我技能。它们是长期经验的产物，有时候还会与更具传承性的关怀形式有所冲突，后者意味着支持一方反对另一方。

监护者如同一个刚正无私的法官，保护着维护所有人利益的法律程序，与此相对应的是传承者般的辩护律师，使用这些程序去为其客户谋利益。这也就是成功的传承者里根总统对"邪恶帝国"残酷的妖魔化与监护者林肯发表第二次就职演说时不以怨恨相对反以慈悲为怀的态度的差异了。

智慧通常都是用一些抽象的术语来定义的：洞察力、判别力、明智和谨慎。但它仍然是实现成长的一种能力，如同离开母亲仍然能够茁壮成长、与伴侣和谐相处以及成为自己青春期孩子们宽容的父母的能力一样。监护者的任务就是去尊重过去、现在和未来众多的相互矛盾的现实并且如同《威尼斯商人》里的法官那样追寻真正的智慧，一种关怀和正义相互融合的智慧。

一个上过大学的人在 55 岁时一封信中描述了他向监护者成长的过程中的一些方面。他说他感受到了一种延伸感。"最后我终于意识到对我们的未来真正有意义的是什么——即我们与自然环境和谐相处，而不是去征服它……早期的阶段是一种相对天真和英气勃发的阶段——彼时我所庆祝的是所拥有的体力和无限的自由；现在我所庆祝的更多的是一种智慧的力量，在某种程度上受到了我在这个世界的经历的茵染；我近来获得的知识从某种意义上来说……不但并非是一种纯粹的天赐，甚至在某些方面是一种负担。"

整合（Integrity）。埃里克森将他的八阶段理论的最后一个阶段称作"整合与绝望"。整合是一种在面对必然发生的死亡时建设性地与过去和未来妥协的能力。实现"整合"是很难的，它要求我们去接受矛盾：当不可避免的死亡已经近在咫尺，我们如何保有希望？垂垂老者相较于他们年轻时（的自己）显然已经没有多少控制力和选择了，但是在面对这一事实时他们却可能成为尼布尔（Niebuhr）爱之祷告的大师："上帝赋予了我接受所不能接受的事情的平静；改变所能够改变的事情的勇气和知晓差别的智慧。"

整合与埃里克森提出的其他阶段都不相同，因为（尽管"整合"可能是人们在老年时最为常见的问题）它并不与人生依次经历的任何一个阶段形成某种专属联系。它是对可能因为疾病或厄运而在任何年龄出现的死亡预期的发展性回应。

我尚未亲身经历"整合"这一项人生任务，因此我将引用格兰特研究成员对"整合"的感受。一个研究成员称："我认为对下一代来说极为重要的一点在于我们在进入老年时能够非常愉悦——愉悦并自信，并不是因为我们一直是正确的，而是因为继续追求意义和正直的过程是非常棒的。到最后，这种相信即使到了人生尽头，生命仍是有价值的并且一直是有价值的信念将会成为我们最珍贵的遗产。"另外一位罹患前列腺癌的成员告诉我，每当他感到一阵疼痛之时，他都无法知道这究竟是"单纯的年老带来的还是又一次癌细胞扩散（带来的）……但是我是一个宿命论者，死亡该来的时候总会来……我们每个人都来自这片大地，受到它的孕育，最终也将回归到这片大地"。

一位特曼研究中濒临死亡的女性，自她卧床不起后便接受了"整合"的概念，从她谈及人生对她的意义中可以最为直接地了解这一概念："自此之后我的成就便是活着、保持警醒并感谢我已经获得的天佑。"一项最近的调查问卷询问了她对于未来的目标。她并未选择 "平静地死去"对她来说是否重要，而是在这一项旁边写道："谁能选择呢？死亡该来的时候会来的。"她也没选择"为社会做出贡献"对她而言是否重要，只是在这一项边上写着"从小的方面来看我做到了"。她没有毫无意义地抱怨自己已不再有用，而是向身边的人移情般地展现出她在面对死亡时发自内心的平静。这绝不是肆意狂妄，这正是智慧的表现。

埃里克森式的生活

1971 年我首次以埃里克森的"亲密"和"传承"两大阶段为基础来阐释成人发展。那个时候我最喜欢的关于成人发展的阐述来自于一个 55 岁的研究成员，乔治·班克罗夫特（George Bancroft）。

在被问及从大学到中年时期他都经历了怎样的成长时，班克罗夫特这样回答道："20 岁到 30 岁我学会了怎样与我的妻子相处；30 岁到 40 岁我学会了怎样在事业上获得成功；到了 40 岁，我为自己担心得越来越少为孩子担心得越来越多。"这番话扼要地总结了我（之后）认为成人发展所应具备的一切内容。这就是我 37 岁时所知道的人生蓝图：**成年人实现传承，然后死去。**

然而几十年过去了，我日益发觉这并不是一张准确的人生地图。我花了一段时间去了解正在发生些什么，在我快 55 岁时我一直在研究那些快 70 岁的人，但他们仍在成长的事实却是我（或者 55 岁时的埃里克森）所不能立刻领会的。我们都需要更多的时间。这也正是格兰特研究所不断给出的礼物。之后的岁月不仅拓宽了我的理论疆界，丰富了我个人成长的经历，还为我提供了更多观察受研究对象的机会。特别是班克罗夫特教授，每当我向成人发展的未知领域航行时，他都是我最喜爱的向导。

正如你们所知的那样，班克罗夫特在 55 岁时成了一位传承的奇普先生。他照顾着自己的孩子，也在他那所不大的校园里照顾自己的历史学生。不久他便成为了这所学院的院长，之后我便注意到，他很快照顾起所有的学生，还有所有年轻的教职工。我也能够感觉到这是一种不同的责任顺序：个体的日常成长已经不再是班克罗夫特教授的工作了，他的职责是需要营造一种人人都能够茁壮成长的氛围。他的社会半径极大地拓展了，他不再只是以一个家长的身份尽责，而是成了一个年长者。

在一段时间内他仍然因为过分忙于"关心孩子"而无法著书。在一所研究大学里，写作著书是头等大事，因为事业发展和最终的职位任期都取决于此。但是在小型的学院或者高中，著书立说可能更多的是一项退休后的活动，比如系谱学和城镇历史等书籍。

他在 70 岁的时候退休了，他关注的中心之前已经从教授历史转移到了打理学校，现在又发生了转变，这次变成了书写历史。当他开始担负起在我看来进化允许祖父母生存下来所需担负的责任时，他的关注点转变的更为开阔。一旦年长的成年人不再需要生儿育女，他们的任务便是去保护文化，去成为人类学家口中的"举火把的长者"。这也就是班克罗夫特所做的。

在他 70~80 岁之间他为子孙后代写了 5 本书，让美国的过去在新公民的眼中栩栩如生。他已将自己的关注点转移至回忆和保存，因而最终我才得以从他和其他人的人生中认识到这一点。亨利·福特（Henry Ford）在 70 岁的时候创建了格林菲尔德庄园博物馆，以保存他的 T 型生产流水线标准曾破坏的生活方式之美。查尔斯·林德伯格（Charles Lindbergh）将他 70 岁之后的人生都用于保护那些因为他的洲际航空路线图而开始消灭的石器文化。他们都成了他们所认为的人生中最有意义的事物的监护者。

班克罗夫特确实经常拥有一种魔力，能够让事情的发展历程真实可见。在 2010 年，当他 88 岁的时候，我问了他 40 年前就曾问过的一个问题，就是关于他是如何成长的。（我当时是想探听一些关于他进入监护人角色的转变是如何发生的线索。）我们在电话上聊天，我的问题让他有些吃惊。但是他的回答更让我惊讶。

"你一点点地更了解自己，你学会如何独自生活，慢慢地你就能够直面死亡，无所畏惧。俗话所说'当你老了之后，你就开始了解女人和医生'。我所有的男性朋友都去世了……你让你的妻子来了解你。我必须去参加驾照考试，去看看如果我放弃我的驾照资格证这个世界会不会更安全一些。"通过这个回答就可以看到埃里克森的关于完整性的最后一个任务的描述。

对于班克罗夫特来说，就像对其他任何一位美国青少年而言，拿到驾驶资格证曾是迈入成人社会的重要的第一步，自此开始掌控本我，去接触家以外的世界。70 年之后，关于完整性的发展阶段任务正在能够舍弃这个珍贵的驾驶证，而且如果必要的话，能够开始平静地听从圣经里约伯的颂歌："赏赐的是耶和华，收取的是耶和华，耶和华的名是应当称颂的。"

查尔斯·博特赖特：同理心的典范

直到过了 65 岁，我才开始认为智慧是成熟的一种模型。我也没有太多地考虑查尔斯·博特赖特（Charles Boatwright）。在 20 世纪 70 年代，当我着手研究好结果和坏结果时，他的婚姻一片狼藉，甚至他在 50 多岁的时候在我看来仍然是在职场上一事无成。在我人生的那个阶段我并没有在他的身上看到太多最佳成人发展阶段的诠释，于是他只是轻轻滑过我的视线。

2009 年，当我 75 岁的时候，莫妮卡·阿德特向我指出，查尔斯是在格兰特研究测试的所有人中智慧程度最高的人。这引起了我的关注，当然，这是这么多年里我第一次认真地研究他。博特赖特的"十项指标"分数为 7 分（满分为 10 分），格兰特研究的全部受研究对象中只有 3% 的人的分数比他高。实际上，在我设计的关于成熟度的各项测量中，晚年的他分数都很高。这个例子又再一次体现了我在 47 岁时非黑即白、非好即坏的预测是不可靠的。究竟发生了什么呢？

我追溯到早些年的日子。那时我觉得博特赖特的文件看起来单调沉闷。在之前非黑即白的研究日子里，我把他定位成一个很可能会人生失败的人，原因之一是在于他缺乏事业心。整理出失败的证据也很容易，例如离婚、与女儿的疏远还有一个漂泊的儿子。但是他却持续幸运地书写了一个美妙的人生和令人惊叹的热情。

这里是他在 49 岁时一份格兰特研究问卷的答案。他在 20 岁到 50 岁之间是如何成长和成熟的呢？在 20 岁到 30 岁之间，博特赖特说："我学会了谦逊、如何努力工作和全力以赴。我学会了爱。"在 30 岁到 40 岁之间，"我读了研究生，并在商业和社会中快速成熟。我是个热情的改革者。我进一步学会了如何承担责任"。在 40 岁到 50 岁之间，"我感到一种巨大的转变在靠近我。我学会了更加友善，学会了感同身受，学会了宽容，我对生命的意义和目的有了更好地理解。我离开了教堂，但在很多方面我更多地感受到了基督教的力量。我现在理解了老人、谦卑的人、努力工作的人和大多数的孩子"。

在 1974 年读到这些文字时简直不敢相信自己的眼睛。我认为自己识别出了这种过早的无私，而这种无私掩盖了清晰身份定位的缺失，即一系列早期的努力来否认他自身的需要并定位在其他方向。我以为我觉察到了博特赖特在亲密关系和事业方面的失败。但是，我完全错了。

莫伦·巴塔尔登医生是一个精敏的内科医生，她帮我们做过一些退休后采访，而她多年后对博特赖特有了相似的感受。她在博特赖特 79 岁的时候拜访了他。当她问及他的情绪，他不假思索地回答"乐观，乐观，盲目乐观，盲目乐观"。连博特赖特自己都看起来并不是特能相信自己的回答。

但是巴塔尔登改变了她的想法，这本应该在莫妮卡·阿德特的话语触动我之前就提醒我关注这一现象。巴塔尔登详细叙述说，当她转录她和 79 岁的博特赖特的录音带时，她对他的反驳和他认为这位女士总是抗议关于他好运的断言时的自以为是持批评态度。但是当她开始撰写报告的时候，她突然发现她在自相矛盾。

"事实上，我和博特赖特的相处十分愉悦、有趣、有礼、迷人且有参与度，他对学习的渴求给我留下了深刻印象，而这一渴求恰恰维持了他的活力。我认为他可以十分有效地获得他想要的东西。在长达 15 年对古板的企业世界日益增长的不满之后，他跌进了债务并且勇敢地选择回归到他认为最适合自己的生活节奏。虽然他并没有真正确定一个职业，但他看起来明显是一个传承者。"

但是直到 10 年以后，阿德特的评论才让我重新再看一次博特赖特的记录。然后，我意识到突然成熟的并不是他，而是我的观念。我终于认识到，希望和乐观是不可以轻易忽视的情绪，可能这也反映了我自己的某种精神成长。而且虽然嘲笑波利安娜式的盲目乐观很容易，但波利安娜自身的智慧——以女主角名字命名的《波利安娜》中的波利安娜——没有什么值得嘲笑的地方。

我在研究适应方式的岁月里体会到，利他主义有时候是由无意识动作演变而来的。但是这种演变发生在什么时候呢？一个痛苦的阿尔巴尼亚女青年是何时成为特蕾莎修女的呢？困在罗本岛的纳尔逊·曼德拉能凭借哀悼自己的无助和计划未来来成为更好的自己吗？或者是他做了像他之前做的那样——给俘获他的人讲有趣的笑话的同时怀着"有一天他们可以手牵着手共同前行"的不可战胜的希望——更明智呢？光是提出这样的问题甚至都能花费一生的时间，而且对我来说，在查尔斯·博特赖特这件事情上，确实花费了一生的时间。

他的一生栩栩如生地展示了格兰特研究的关于成熟的 6 个模型中的 5 个：工作和爱的能力增强，社交圈的扩大，成熟的防御系统的发展，对精神世界和物质世界的共同关注和逐渐增长的智慧。第 6 个模型，大脑成熟，还需要等待神经影像的寿命研究——一个可能直到接近 21 世纪末才会可行的研究。

博特赖特来自于新英格兰一个杰出的学术家庭。在从事传统的 20 世纪 20 年代的职业之前，他的父母都是大学级别的老师。他的爸爸成了一个股票经纪人，他的妈妈是一个积极参与公益社会服务工作的家庭主妇。在他的整个一生中，博特赖特享受着和他父亲、母亲和妹妹间温暖且充满爱的关系，生活在一个紧密结合的大家庭之中。直到1940年，这个家庭一直是富裕的，拥有三栋房子，但是博特赖特从他母亲那里遗传了对社会福利事业的热爱，而且他声称他的爸爸"白手起家，从小做到大"。这样勤奋工作的父亲并不疏远，总是留出时间来陪伴家庭。

从格兰特研究的最初开始，博特赖特就表现出待人接物的能力。他童年时期被不知道他未来情况的独立评估者评了高分，即使他父亲在博特赖特青少年中期时展现出了非常严重的精神疾病。当博特赖特20岁的时候，他母亲形容他是"感情真挚，敏感，但有巨大的勇气和决心。和老老少少相处都十分愉悦……他从未在表达上有过问题。有良好的自我管控能力……经常轻松地交朋友，还能够自我愉悦"。

当他是个小孩的时候，他的妈妈会打他，会把他关在大壁橱里以示惩罚。当她回来的时候，她发现他"处于完全满足的状态而且总是能够找到东西玩"。老于世故的人可能会蔑视乐观主义者（例如潘格罗斯博士对于伏尔泰的蔑视），但是格兰特研究认为马丁塞利格曼的研究正中要害。乐观往往是好事而不是坏事。

大学以后，博特赖特由于近视眼而被拒绝服兵役。他在布鲁克林的一个海军工厂找到了一份工作，海军工厂主要是为船舶装载雷达并修理雷达装置。在研究的问卷中，他描述说他对这个工作非常满意。然后他搬到福蒙特州担任他父亲的私营林场的"副经理"，但实际是个看管人。

在19岁的时候，博特赖特谈到他的父亲说"我们几乎什么事情都一起做"，谈到他的家庭的时候，他说"我们一起生活得很美满"。这种表述典型地体现了他倾向于总是看到事情好的一面。其实在博特赖特15岁到35岁之间，他的父亲一直受躁郁症折磨，变成了一个很难相处甚至有时候很爱挑剔的人。

博特赖特的婚姻也是一个相似的故事。他在22岁结婚，婚姻一直持续了30年。他在50多岁之前一直觉得自己的婚姻是幸福的。他50多岁的时候我正忙于好结果和坏结果分开。那一年他写信给格兰特研究说到他的妻子在福蒙特州住得很不开心，爱上了一个老朋友，还决定离开。"一切都是如此的拘束，我觉得自己是个废物。"他写道，"我并不是有多么爱她，这对于她特别残酷。"一年以后他离婚了，我再一次把他归为盲目乐观和拒绝接受现实，而没有对他过多关注。

　　30 年以后，我的看法发生了改变。现在我能看到博特赖特当时一直尽其所能地爱他的妻子。即使处于离婚的痛苦之中，他也能感同身受而不是去指责，"她是一个很棒的人，但就是对任何事都很消极"。我们很晚之后才知晓在最后的 5 年里她一直在酗酒以至于丧失工作能力，但是博特赖特在他 70 多岁之前一直没有揭穿这个事实。（回想起来，他和他孩子们相处的短暂困难可能是因为他妻子的酗酒。）

　　旁观者可能抱怨说他一直在克制，但是他没有对实际情况视而不见。更准确来说，也就是更贴近他的性格来看，他一直在为他妻子的失败承担责任。憎恨，无论是多么合乎情理，都难以带来幸福。博特赖特一直在自然地坚守一个原则，那就是原谅比报复好。

　　相似地，博特赖特一直和他的父亲关系很近，在父亲生病期间也一直心怀感激，关怀备至。他父亲临终之前曾问他："我不明白你为什么一直对我这么好。"巴塔尔登也问了他同样的问题，而博特赖特的回答是："他对我很好，对我和我做的一切都很感兴趣，他想成为一个好人，而他确实做到了。"对于查尔斯·博特赖特来说，生活中的酸柠檬往往能变成可口的柠檬汁。他天生就学会了感激，还有升华这一成熟的应对方式。一些格兰特研究的受研究对象在二战结束以后参与了德国和日本参与重建，但是他们的怒气掩盖了他们假装的无私，所以不得不被遣送回国。但是在博特赖特身上并没有任何的假装。

　　在佛蒙特州的时候，博特赖特积极地参与创立了一家木材合作社、一家农村合作社、一家鸡蛋合作社还有一所中心高中。他业余做新闻记者、送牛奶的投递员、木匠、油漆匠、汽车加油站的会计和为牛做人工授精这些职业挣外快。20 世纪 50 年代早期，克拉克·希斯提到博特赖特"一直很难确立一个职业"，但是尽管这样，他认为博特赖特是格兰特研究中"最稳定和成功的人士"之一。希斯是一个很智慧的人，并且即将退休，这是一个需要花费整个格兰特研究（或者至少是我）一生的时间来解决的悖论。

　　现在我明白社区建设本身也是一项事业——而且是非常重要的事业。但是我当我在 30 多岁开始格兰特研究的时候，我太深陷于关于自我职业定位的"自私"角度去理解查尔斯·博特赖特这个人。我能够看到他一生都在努力工作，但是从他不断地换工作当中很难去判定他的敬业精神和能力所在。很明显他并不把他的工作当成是一个事业，而当我不再无视他的乐观时就意识到，无论他从事任何工作，他都在其中寻找到了意义和成功。

我花了很长时间才明白博特赖特确定的事业其实是照顾比他自己更需要照顾的人。即使是在大学期间他的主要课外活动是参与菲利普斯布鲁克斯内务协会（Philips Brooks House），这一哈佛的社会服务组织。他的事业并不都是和他自己有关。正如波丽安娜一样。

在他 50 岁的时候，博特赖特将谨慎抛之脑后，离开了他 40 多岁时所在的佛蒙特企业世界，借了一些钱去寻梦。他买了一个造船厂。在 56 岁的时候，他和一个前一年突然离世的合作伙伴留下的遗孀（3 个儿子的妈妈）结婚了。据他们两个所言，他们的婚姻在最后的 35 年里一直是幸福美满的。在 1980 年的两年一次问卷调查中，他对自己第二次婚姻的描述很有代表性。"她的孩子十分需要我。所以在 1978 年的 1 月我们结婚了。这个婚姻对我来说就是完美。从来没有人曾经用那样的爱治愈我。作为回报我也全心全意地爱她。我们一直很幸福。"

具有代表性的另一件事是博特赖特对他的继子们投入了巨大的爱。"做继父有很多的问题，但我似乎都处理得很好。他们都叫我爸爸。我们是一个有爱的亲近的家庭。我真是太幸运了。"确实，博特赖特第一次告诉我们他的第一次婚姻的时候也说自己很幸福。但是这一次我们对他的第二任妻子单独做了采访，她也确认了她和博特赖特生活得很幸福。当博特赖特 61 岁的时候，一个采访者问道他的妻子的什么地方让他感到最幸福。"他说'她爱我'，"采访者记录道，"他笑容满面，脸上都发着光。"

当他 71 岁的时候，博特赖特告诉巴塔尔登说，他和妻子捐献了很多给福利事业，超过了他们本应该做的。他解释道，大多数他们都捐给了土地保护，即保护过去。即使这样，他也接触着未来。他在佛蒙特的斯托作乡镇审计工作，在那里他有一栋度假房屋。这是一个需要每个冬天工作一个月的志愿工作。他同时还出于自愿性质管理着乡镇事务，并将这些事务全部转录进电脑。

在 84 岁的时候，博特赖特仍然每周工作 28 小时。"我在竭力推进非营利性事业……我就是那个说我们应该试一试的人。"像曼德拉和博特赖特这样的人的希望能延伸到永远。在 85 岁的时候，他认为他最具有创造性的活动就是"激发人们去看待一个问题的所有方面"——智慧的一个标志。

到 89 岁的时候，毋庸置疑博特赖特是一个老人了。他仍然每天锻炼两小时，但是已经不再越野滑雪和打网球了，而主要是慢走运动。他承认他感到疲劳而且被小病痛折磨：两个膝盖疼、双肩痛、疱疹、白内障和踝部浮肿。但是他仍然不吃药而且称自己相当健康。当问到他现在从事的什么是他 10 年前不曾做过的，他低声咆哮道："少了很多。"他把志愿工作缩减到每周 3 个小时，花更多的时间陪她的孙子孙女们，去拜访因病弱困在房间里和垂死的老朋友。完整性的任务不是将过去付之一炬，而是尽力接受现实，在死亡面前仍然保持生命的意义。在 90 岁的时候，查尔斯·博特赖特的生命依然十分鲜活。

心理学家劳拉·卡斯泰森和她在斯坦福的同事记录道，在生命的晚年，情绪经常代替了思考。正如博特赖特向巴塔尔登解释的那样，"随着年龄的增长，你会有更多的理解"。很多你年轻时候非常喜爱的事情，你学会了放手。你意识到你并没有成为你所预想的人。正如我经常说的，在人生的这个阶段，重要的不是你在某一天有什么成就，而是有什么感受。

当这些受研究对象接近 76 岁的时候，问卷询问他们最自豪的一件事是什么，最想被他人记住的是什么。博特赖特的回答是："我一点也不在乎我被他人记住的是什么。我已经享受了我的人生，并且度过了很多极好的时光。我更自豪的是我帮助他人的那些日子。"他在 83 岁的时候补充道："我知道我是一个盲目乐观者，但这总好过做一个悲观的爱发牢骚的人。"可能波丽安娜和亚里士多德在如何过一个好的生活方面有共通之处。并且可能"自私"基因的追捧者是看轻了大自然母亲。

博特赖特知道怎么去爱和怎么去工作。他能够拥有一场长久且美满的婚姻。而且能够体贴入微地照顾需要他关怀的孩子们（和其他人）的幸福。他确实在升华这一成熟性适应方式上有天赋，而且当他年老之后他明显地更热衷于精神上的满足而不是世俗的满足。当问及他从他的孩子们身上学到了什么，博特赖特毫不犹豫地回答："噢天呐，太多了，远远多于他们从我身上学到的东西。我确定……他们让我紧跟时代潮流，让我保持年轻。我绝对要感激他们让我一直看到生活积极的一面。"所以又是回到那个问题，**同情和感激仅仅是主观上的善良愿望，还是走向智慧的开端？** 这实在是一个悖论，一个巧妙的悖论！但是研究智慧多年的莫妮卡·阿德特教授认为，博特赖特是格兰特研究的受研究对象中最具有智慧的人。当然她的认知不仅引发了我对博特赖特迟来的关注，同时也帮助了我提升自己的智慧。

博特赖特的故事提出了成人发展的另一个方面——即是我的也是受研究对象的。当我 33 岁的时候，大多数受研究对象在我看来都有些沮丧。事实上他们不是临床上的沮丧，但是在 47 岁的时候他们更能大方地承认他们沮丧的情绪。但是那时的我并没有。长久以来年龄被认为是情感经历的一个因素，即使是在不健康的发展中探讨这个问题。例如，在躁郁症里，躁狂在 20 岁到 30 岁之间是普遍的，但是在 40 岁到 50 岁之间抑郁的情绪又更突出。少年罪犯和瘾君子在 40 岁后更能承认之前曾否认过的抑郁情绪，他们感知这种情绪，而不是事实行为上表现出或者影射他们的情绪伤痛。格兰特研究中正常人的成熟过程中也体现了这种模型。

他们在中年时期比在人生的早期（或者比我年轻的时候）能够忍受更多有意识的抑郁情绪。这种能力意味着他们也能更少地不被自己或他人的人生挫败所影响。是发生了什么事情以至于可以引发这样的改变呢？当我 40 岁的时候，我把这些改变归因于成熟的自我防御机制。之后从华盛顿大学的发展心理学专家简·洛文格（Jane Loevinger）身上（她曾和我在格兰特研究中有过一段合作），我意识到调动不同情绪进入意识的能力是自我发展的另一个特征。

现在大脑科学研究的进步显示，将情感效价带入意识的生物能力随着年龄增长，导致大脑回路逐渐有效地隔离外界（更好的有髓鞘的神经纤维）而愈加成熟。实际上，我们所理解的成熟在部分程度上依赖于大脑生理机能，而这一机能能够使"情绪的"皮质下的大脑和"计划型的"额叶皮层综合发挥作用。有没有什么原因可以驳回这些因素呢？我认为没有。我年龄增长，智慧也增加了，科学亦是如此。

在过去的 30 年期间逐渐衍生了这样一种意识，即人们在 50 岁到 80 岁之间越来越不抑郁，而不是越来越抑郁。选择性消耗可以部分解释抑郁的减少型倾向，但是这也是部分因为劳拉·卡腾森（Laura Cartensen）提出的社会情绪选择理论，即老人倾向于记住快乐的事情，而非悲伤的事情。格兰特研究中受研究对象生活可以支持这一理论。如果亚当·纽曼一生中永远保持在 20 岁，他最终会成为完全没希望的人。

彼得·佩恩：当人们不成长

但是，如果人们不完成埃里克森的人生任务会发生什么呢？如果成人在变老之后在事业和爱情上都很失败，或者一直是没有同感的、孤立的应对方式又会发生什么呢？

彼得·佩恩（Peter Penn）就是其中一个。他已经结婚45年了，是英语系的终身教授，还发表了一本有关他研究领域的书籍。但是他从未真正进入成人的世界，从很多方式上来看他并未真正地离开家。他没有满足抑郁的标准，但是也没有证据证明他曾经感受过快乐。这就是他的故事，一个悲伤的故事。发展的失败总是悲伤的。

佩恩是一个受惊恐的小男孩。他7岁之前没有办法在没有妈妈陪伴的情况下自己独自在房间睡觉。他非常压抑和拘谨。根据他妈妈的报告，他最接近亵渎神灵的一次就是在他高中的灯笼裤里面的一张纸条，那个纸条上面写着"天啊，该死的"。他妈妈还问了他为什么会写这个，他解释说他当时对他的老师很愤怒，所以写下这些文字来发泄自己的怒气。

他的童年时光非常冷酷。他的母亲胆小又爱担忧，他的父亲则难以接近。尽管这样，彼得是教堂小组的组长和7年级时的班长。那可能是他最好的时光。青春期一开始，他的情感成长就停止了。我没有找到合适的理由来解释这个现象。一个同事的观点是未发现的虐待，另一个同事在想是不是可能因为佩恩是未出柜的同性恋。但是没有证据证实其中的任何一种观点。这些都是轻率做出的猜测，而且这些猜测都不能告诉我们佩恩的情况，反而更多地说明我们为事实编造理论有多么容易。

这些都与他的智力无关。因为被宗教和历史吸引，他主修美国历史和文学这样一个精英专业。他的父亲上的是商业大学，他的母亲是高中毕业生，但两人都不太关心他的学习。但是佩恩仍然成了英语教授。

在大学里，他似乎缺少一种身份感甚至缺少生活叙事。他无法描述和他父母的关系。当问及如何描述自己的时候，他只能讲故事，而那些故事和他自己无关。采访者记录道，"他很愉快、兴高采烈但是极其无聊"，并且"他像海绵一样被动"。他一直保持着这一种被动依赖的成人生活方式。那种驱使青少年时期的孩子想要离开温暖家庭的那种对生活的热爱并不曾出现在彼得·佩恩的才能里。

里维斯·格雷戈里描述大学二年级的佩恩为"沉闷乏味和缓慢笨拙的"。他的大学生活沉闷无趣。文学杂志《拥护者》并没有给他提供一个职位。他没有任何约会，因为他解释说他"太忙了"并且"没车没钱"。他不喜欢跳舞，几乎没有朋友，而且不参与运动。像萨姆·拉弗雷斯一样，他的静息脉率也很高。他唯一的活动就是合唱队。

他获得了写作奖项并且以优异成绩毕业。即使这样，哈佛大学文理研究院还是拒绝了他。他是受研究对象中在战争结束时仍是二等兵的六个之一。而且他从二战战场回来时还获得了品德优良奖章。

在战争结束之后，他回到了他的家乡去攻读英语博士学位。在 30 岁的时候，他承认道："住在家里和吃妈妈做的饭是多么的简单。"像很多二年级的研究生一样，他成了一个新生基础写作课程的助教。他向学术期刊投递的学术文章并没有被接受。他不是精神病患者，从未看过心理医生，也没吃调节情绪的药物。他只是基本保持在他 7 年级时候的样子，一个良好的但没有想象力的七年级学生。

他在其他方面也不愿冒险。在 29 岁的时候他解释道："一些诚实的怀疑、倒霉的情形和一个单身汉的谨慎使他无法正面婚姻的问题……我和女人之间的关系在社交上比在性交上更令人满足……我能将我的单身状态解释为贪图家里的舒适与安全。"在 32 岁的时候，他仍然没有一个正式的女朋友。他的妈妈是唯一一个他可以聊个人问题的人。在 35 岁的时候，他仍未完成自己的论文，而必须离开自己的大学去一个社区大学，随后直到第 25 个重聚年之前都没有回答过问卷。

当佩恩在 47 岁重新开始回答问卷的时候，研究发现他在 37 岁的时候最终拿到了他的博士学位，而且在同年结婚，而在结婚前仍是处男。他的妻子比他大 5 岁，佩恩承认他们总在吵架，"她对我的攻击很残忍，我经常伤心地落泪……我认为我爱我的妻子"。

尽管他有这么多年的婚姻，但格兰特研究始终认为他没有完成亲密的任务。尽管他和他的妻子稳定地生活在一起，但是没有证据显示佩恩像享受和他的学生或其他事情那样享受他的婚姻。而且当他谈及他的妻子的时候仿佛他最终和与他生活了很久的母亲结婚了一样（他的母亲在他 43 岁的时候去世）。

　　获得博士学位没有给他的事业增添任何的热情。当他 30 年之后提前退休的时候，他诧异地发现他整个的教学生涯几乎全部在教授同样入门水平的课程——写作辅导课程。他对他的工作不满意，而且他在一生中也从未感受到教学的快乐。佩恩最喜欢他的教学工作之处在于它的"终身职位和稳定性"。他偏爱小班教学因为这样工作量会少一点。

　　在他 50 多岁的时候，他请了很多的病假。他住院 3 次，但是没有检查出任何的问题。他自己的论文在出版后卖出去了一些，但是之后就作为处理品廉价出售。佩恩自己买了 50 本。这本书没有获得任何关注而且早已绝版。

　　佩恩在 63 岁提早退休。他最频繁的白日梦就是他可能做一些重要的事情。但是他还能做什么呢？他没有任何兴趣或爱好，只有希望。他仍然记得他青春期之前的日子，并且认为那是他一生中最开心的时光。他的姐姐就住在旁边的州，但他们几乎两年没有见面，而且他已经 3 年没见过自己最好的朋友。当我在他 65 岁的时候去对他进行退休访谈时，他几乎和我没有任何的眼神交流。他冷淡地和我介绍这些和那些，但是仅仅是卖弄学问且毫无魅力。他的社交技能与他大二时相比没有任何明显提升。

　　在安排访谈的时候，佩恩告诉我说他需要询问他妻子我是否可以登门拜访。"我们彼此生活在沮丧和绝望之中。"阿加莎·佩恩（Agatha Penn）给我开门（但我认为她是不情愿地）的时候向我说了一些俏皮话，并指着挂在起居室墙上的两幅展现痛苦话题的版画。但是她并没有笑，而且在接下来我在的时间里竭力地回避我，和其他我经历过的妻子们并不一样，其他人出于友好或者好奇会时不时地出现，端上咖啡或者点心。

　　佩恩告诉我说他是因为"幻想破灭"而退休。在一个贫民区的非寄宿大学教授多年的写作辅导课程之后，"我有点厌倦了"。

　　"我的歌喉很好，"佩恩告诉我说，"但是自从我结婚以后就束之高阁了。"他的妻子有些嫉妒他的伴奏者。似乎也是她禁止他回复格兰特研究的问卷。

　　当彼得·佩恩教授在 81 岁死于癌症的时候，他和他母亲生活的前半生比他竭力生活的后半生更加幸福。他总是努力工作，像一个顺从的童子军或士兵一样，他从未做过任何会影响他获得品德优良奖章的行为。他不酗酒，不抽烟。

　　他的婚姻持续了 44 年，他花了他一生的时间在教授下层社会的孩子们。但是他初中的第一年就已是他人生的巅峰，也是他最接近本我的时候。到底发生了什么呢？佩恩的学院适应的分数是 A。他无论是在遗传还是生活中都没有一丝一毫的抑郁的痕迹。他祖先的寿命是在学院样本中排前 15%。但是他"十项指标"的分数是 1。唯一的线索——而线索本身就是一个谜，这个我会在第十章讨论——在于他的外祖父去世得很早。

尽管有出类拔萃的野心、出色的言语技巧、良好的歌喉、强烈想成为学者的心愿和 8000 本书籍的藏书，他在他的人生中找不到任何的目的和意义，无论是在职业上还是在其他方面。他只是从未长大。这是一个悲剧。

审稿人称我发表这样一个悲惨的故事是残酷和没有同情心的。但是我发表这个故事并不是因为我没有同情心，而是想令人信服地展示悲惨的发展型失败真正是怎样的。

就我而言，很长一段时间我都认为这是彼得·佩恩的结局。但是在 2012 年 4 月，当我在准备发表的书稿时，我偶然发现佩恩曾给他的妻子写了一系列的诗，在佩恩去世很多年以后他的妻子承销出版了这些诗。我带着这本书飞奔回家，想知道（这一次是充满着希望）继续跟进的研究会不会再次证明我错了。唉，事实却并非如此，这些诗歌很有爱，但它们看起来像是一个不露感情的 16 岁小孩写的。

在他谈论了 10 年的婚姻之后，他说："她对我的攻击如此残忍以至于我都伤心地流下了眼泪。"而在这些诗里，情况看起来也好不到哪儿去。在 45 年里，佩恩在妻子的生日、周年纪念日、节假日还有情人节例行公事般地写诗。他在诗里只谈论他们之间的感情，只提出自己的想法和愿望，还有他以为"爱"多说几遍就会成真的一厢情愿。

不得不说，我被他这种希望和他所表现出来的对升华这一应对方式的出乎我所意料的掌握所打动了。但希望并不总是足够的。纳尔逊·曼德拉和查尔斯·博特赖特用不屈不挠的希望来走出监狱。但彼得·佩恩却用它来承受无尽的监禁。

比尔·迪马吉奥：不需要多高的智商也能成为受尊敬的人

贫民区组的这批人中，比尔·迪马吉奥的命运前后反差极大。他来自一个"社会底层"的家庭；小时候的他不得不和他哥哥一起睡，而且家里还没有中央暖气。他的父亲是一个体力劳动者，在迪马吉奥十几岁时就残疾了，不仅如此，母亲在他 16 岁时去世。韦氏智力测试显示他的智商为 82，斯坦福阅读智商测试则为 71，他的前 10 年学业完成得十分艰难。

然而，50 岁的时候，比尔·迪马吉奥成了一位富有魅力，有责任心的已婚男士。尽管他长得不高并且有明显的肚腩，但他仍然保持着青春的活力。他脸上的表情依然生动，眼睛闪烁着光芒。他幽默且健谈，能轻松与人保持眼神交流并且能简明扼要、真诚坦率地回答问题。他告诉访谈者，能持续不断地参与到格兰特研究中，让他觉得自己为他人做了贡献，他认为这件"小事"十分重要。

成年后的头 15 年里，他在麻州公共事务局做工。因为资历老，他补上了木匠一职的空缺。在这之前他并没有任何木匠技艺，但他边工作边学习。"我喜欢用我的双手工作。"他说。现在，他为自己能够参与到维护波士顿那些历史悠久，具有古董价值的市政建筑的工作而自豪。

当问及如何处理工作中与同事之间的问题时，他说："我是工会谈判代表，所以他们常与我作对。但如果我认为我是对的，我就会与他们抗争到底。"比如说，如果他觉得一个工作十分危险，他就不会让工会成员去做这个工作。根据工会规则，管理部门必须听他的，他也学会了怎样带有权威地发表言论。

迪马吉奥解释说，去年一整年中，他的老板也在尽力和他搞好关系。他是这个工作岗位上为数不多的真正经验丰富的人，他们越来越依赖他。管理部门需要依靠他丰富的经验来指导其他工人，他身上责任重大。（研究发现，以学校为导向的智商测试，比如韦氏智力测试，在 40 岁之后变得不那么重要，迪马吉奥就是一个极好的例证。）但是，他继续说道："这仅仅只是工作而已，比起它，我更在意我的妻子和孩子。当我下班后，我就把工作的事全部抛在脑后。"

事实上，他对家庭事务十分感兴趣。他描述了他是怎样带他的儿子们去钓鱼以及在他们成长过程中的一些其他的旅行。"我们花很多时间在一起。"而他自己的父亲——一个长期失业者，却从来没有带他钓过鱼，也很少和他一起出去玩。

他们接受他们最小的儿子搬出去和女朋友同居，并对此不做道德性的评价。他们将此归因为他的"不成熟"，认为随着时间的流逝，他将会变得成熟一些。"创造力感"的一个重要因素是"希望"，但是只有当一个人的思维中包含着发展的理念，"希望"才是有可能实现的。在接下来的 10 年中，比尔·迪马吉奥最大的志向就是能看见他的孩子们自己独立生活。在两代人的关系中，使你的关心爱护和放任自由达到一种平衡，要做到这一点要求你本身已经足够成熟。

迪马吉奥参与了"意大利之子社团"。他在这个组织中表现得十分活跃。他定期帮助组织"宾果之夜"活动，为每周三前来参与活动的女士组织游戏。他和另一个成员——他的一个朋友，定期为俱乐部准备周六上午的午餐。迪马吉奥十分享受这个过程，他喜欢人们因为他的食物而感到愉悦。通过"意大利之子社团"，他还参与了社区志愿活动。7月4日，他为在他们小区举办的孩子们的派对准备了游戏和小吃。这一整年中，他也积极参与了社团其他为孩子准备的活动。

迪马吉奥和他的妻子还被一位市长候选人签约雇佣。这位候选人正在与守旧派的掌权者竞争市长。同时，他也积极参与"组织理事会"——一个为所有波士顿北慈善社团设立的庞大组织。这个在社交上和智力上都有缺陷的小男生最后成长为了一个真正的领袖，一个富有智慧的男人，一个家庭的守护者。

你不需要一张哈佛文凭，你甚至不需要有多高的智商，也可以变成一个受人尊敬的人，去尽你所能为下一代做一些事，去为社区服务。事业和家庭也不一定会冲突。但不幸的是，迪马吉奥在一次心脏病发作中过早地离开了人世。

毛毛虫和蝴蝶

1980年，当我45岁时，我傲慢且自以为是地写下：成熟不是精神上的必需品。那时，我做格兰特研究的格言是：生活是一场旅行而非赛跑比赛，而蝴蝶和毛毛虫比起来既不是更好也不是更健康。受研究对象必须再成长30年，在我70多岁时，我能反驳我20年前的观念，但在此之前我必须收集更多的数据和生活经验。现在我做到了。

彼得·佩恩以及其他像他这样的人，忍受了生活的绝望，不论他们是否默默无闻。特曼研究的女性中，那些尚未理解"创造力"的女性相比那些理解了的，能达到性高潮的比例只有后者的三分之一。人总有一段时间是"毛毛虫"，但那只是暂时的。心理成熟可能不是精神上的必需品，但是缺少它是十分痛苦的。

而且，心理成熟度也关乎生死。2011年时，格兰特研究中31名未能达到埃里克森成熟阶段中的"亲密"阶段的受研究对象中，只有4名还活着。而到达"传承"阶段的128名测试者中，50人还活着——这是一个十分重大的差异。事实上，达到"创造力"阶段的这些人比没达到"事业稳固"阶段的人平均多活8年。在85岁时，达到"创造力"阶段的人享受生活的概率是那些依然以自己为中心的人的3倍。成年人的发展不是一种描述性的规范，它是健康成长的一部分。

此外，成年生活的许多乐趣都来自于这些成长中达到的成就。至少对于这些人来说，没达到成熟阶段中的"亲密"阶段意味着其他痛苦的缺陷。贫民区的人中，三分之二的未婚者排在总体社会关系的倒数五分之一，他们中57%的人排在收入上的倒数五分之一，71%的人被格兰特研究评委认定为心理不健康。

有些人的成长开始得晚。有时候，这能使得他们的生活得到充分的好转——他们能活得长久并在满足中离世。事实上，成长得晚总比不成长来的好，很多年轻时获得的珍爱可以在老无所爱时被利用——前提是与此同时他们能学会怎样寻找爱。但是，这些人在孤单和痛苦中等待着。虽然"成长"并没有法律上的有效期限，但是某些特定的机会——比如生孩子的机会——不会永远等着你。

阿尔杰农·扬：成长的挫败

成熟并不是随着年龄增长的必然产物，它可能脱离原本的发展轨迹。干旱会让将熟的小麦枯萎，开瓶器可能会毁了一瓶上好的波尔多葡萄酒，夹板也可能让大有前途的运动健将告别赛场。

对一个人的羞辱可能会毁掉甚至逆转他正常的成熟过程，从而使他永远处在一个缺乏安全感的不成熟状态中。严重的抑郁症、酗酒、阿兹海默症，这些都是最常见的元凶。如果我们想要在成长中避免不测、疾病或者社会浩劫，一定的运气是必不可少的。当我们对完美的发展了解的越多，我们也更能认识到什么因素将会干扰阻碍发展，这样我们也更能与之对抗。

阿尔杰农·扬的一生对我们来说是一个前车之鉴，它清晰地警示我们人的发展进程是多么脆弱，一个未发展健全的生活是怎样的艰辛。扬是个天赋极佳，招人喜爱的孩子，他出生于一个被最早的研究工作人员认定为上等阶层的家庭里。（而福尔摩斯法官的家庭被认定为中上等阶层。）

早年扬的生活一帆风顺，他也不酗酒。但是他境遇不佳，生活也大都不如人意。他是格兰特研究对那些认为奥利弗·福尔摩斯的成功仰仗的是财富这种观点的最佳反证之一。

他的母亲出身权贵，父亲是第六代哈佛校友。父亲毕业于哈佛大学，在阿尔杰农童年时期，他在丹佛市一所预科学校就任校长。

根据阿尔杰农母亲的描述，他的童年丰富多彩，充满快乐。阿尔杰农"两岁时就像个小大人了"——考虑到现在他的状况，母亲的描述让人难以忘怀。"孩子们相亲相爱，"她告诉格雷戈里女士，"他们一直相处得很好。"后来阿尔杰农在他父亲任职的学校上学，成绩优异，并且还是学生领导之一。

他几乎是所有受研究对象中最具有智力天分的人了，和彼得·佩恩一样，在心理健全度上也得到了 A。格雷戈里女士认为他有"良好的社交能力"，格兰特研究的心理医生也认为他"社会适应力良好"。他的大学小结中写着，"他从未与父母发生过争吵……他的早年生活过得很愉快，大多情况下他能融入集体"。只有克拉克西斯认为他不成熟但没说是怎么得出这个结论的。

但是当他 29 岁的时候，格兰特研究的人类学家注意到他还是"十分依赖他的母亲，不愿意结识新朋友"。从 30 岁到 37 岁，他只和一个女人交往过，这个女人是个酒鬼。阿尔杰农向她求婚，但是被拒绝了。

直到 42 岁，他才终于结婚。他的新婚妻子有一个高中的旧情人，她的父母反对他们的交往，但是婚后她依然和旧情人保持暧昧关系。她和阿尔杰农结婚 3 年后，她母亲去世，然后她就和她的旧情人私奔了。

49 岁的时候，阿尔杰农又变成了单身汉，他的住处离父母只隔着几个街区的距离。他的生活围着他的宠物打转，以至于他实在是"太忙了"而没工夫处理其他人际关系。"照顾六只猫可是一件大事。"他解释道。

他感觉跟别人交往是一件吃力且让人害怕的事。当他必须要从他的工作和家庭的小圈子中出来时（有时甚至还在这个小圈子里），他的处事方式就像一个强迫症：把自己孤立隔离在情感、反应和行动之外。他的社交活动仅仅是向开车上下班的同事打个招呼。

阿尔杰农的工作比他的私人生活好不到哪去。29 岁的时候，他写道："我的回答简洁明了，我认为自己的生活一直是不合格的。现在或许也是……我对我现在工作的热爱越来越少，我感觉自己陷入了这种乏味的生活中停滞不前。"

在他念大学的时候，他的梦想是当一名汽车工程师。但是自从他在丹佛市一家暖卫公司的一份低薪工作开始，他就再也没有晋升过。在那儿工作的 35 年中，他最大的工作——安装炉子，从来没变过。他乐于工作仅仅是因为他能建造点什么，这也是他童年时期的乐趣之一。他热切而详细地向访谈者解释一些关于炉子的事，但言谈中对他的工作并没有任何的自豪或者投入，对同事关系也没有任何概念。

46 岁时，当那些条件比他差，天分不如他的同学纷纷在中上阶层站稳脚跟时，扬写道："我深刻感受到自己有很大的不足……我一直觉得我不会推销自己。" 50 岁时，他依旧没有什么改善，过得不尽如人意。他仍然每天工作 12 个小时，甚至包括周六。他的工作还是一如既往的繁重，他的收入是所有格兰特研究测试者中最低的。60 岁时，在这一职位工作了 35 后，他对这一工作最满意之处在于"它福利好，没什么压力"。

在很长一段时间内，扬都没有参与任何的社区服务——实际上，他没有参加任何社团。50 岁时，对此他的哲学观是："我知道我不可能做别人的管家。"但是在我看来，事实上因为他自己的生活也常常不受他的掌控，如果把注意力扩展至他自己的生活之外，会让他很没有安全感。

显然，这让他建立与他人间支持性的关系的机会降低。在一个问卷调查中，他被问及他为造福他人做过什么贡献时，他回答道："如果有的话，我想象不到那会是什么。"中年时期，他的工作没有什么进展，此外因为被生活击垮，他未能将注意力从自我身上转向传承性阶段。

在阿尔杰农 47 岁时，也就是他妻子离开的两年后，我见了他一面。我被他身上的巨大反差震惊了，因为虽然他穿着布鲁克斯兄弟家时下流行的肘部带皮补丁的呢夹克，鞋子却十分廉价，他的手也是标准的工人手。我觉得他像希斯一样还没有成熟。他是格兰特研究测试者中仅有的两位为账单发愁的受研究对象之一，他还告诉我他自己一个人吃饭。他就像一个接受老师采访的预科学校男生一样恭敬，但事实上，他比我还年长 14 岁。

在经历了一个大有前途的青春期后，是什么阻碍了阿尔杰农·扬的发展呢？答案可能是接踵而来的悲惨打击。扬 11 岁的时候，他的母亲因为严重的焦虑症而不得不接受精神治疗，她的症状是由甲亢导致的，在接受了一个甲状腺手术后，她的疾病便再也没有复发过。但是她这段时间内暂时性的失控已经足够使阿尔杰农震惊，为此他不再信仰上帝。接着，当他大学念到一半时，另一件击垮他的事情发生了。

这次轮到他父亲住院了，而且情况更糟。在为学校忠心服务 25 年后，他的父亲被解雇了。而且他的解雇伴随着资金管理不善的丑闻。事实是，严重的忧郁症影响了他父亲处理复杂的工作事务的能力。

和他的母亲一样，他父亲的忧郁症也痊愈了，并且在另一所学校获得了一个很好的工作。但是他们的儿子一直没有痊愈。在他接下来的余生中，他感觉自己（就像《推销员之死》中威力对他父亲的死的形容那样）有点儿在混日子。阿尔杰农好像丧失了对一切事物的信心，包括对他自己的。尽管他在数学方面十分有天分，但是当他的父亲无法很好处理学校财政事务的同时，他的代数考试不合格。然后，他从哈佛辍学。为了养家糊口，他在一个工厂工作，再也没有上大学。他正面的学校评价都是在格兰特研究确定他不会再回到学校之前获得的。

在我们 40 年的跟踪测试中，我们没有发现扬有任何抑郁症的迹象。他也从来不酗酒。他只是远离人群，把自己局限在他可以预见的"炉子"之内。他父母在那种骇人的情形下相继抛弃他，让他陷入一种糟糕的境遇中，他不再相信父母，但是他也没有做好脱离他们，去建立新的值得信赖的关系的准备。在他的第一段婚姻中，他尝试着去建立这种关系，结果却又被抛弃了。在 49 岁的时候，他依旧会像一个 10 岁的小男孩一样说"我主要的兴趣在于机械方面的事"。

驱使着我们尝试新角色的不仅仅是我们自身的变化，与他人的互动同样能改变我们。但是成熟过程中的转变是从内开始的，它是内在化和自我认同的结果，而不是别人的教导或社会化。只有我们将那些在一定程度上具有影响力的事物吸收代谢，用一种十分私人的，结构化的方式把它们变成我们自己的，我们才能变得成熟。脑子中知道某些事情和把某些事情消化之间有巨大的差异。如果不能实现内在化，我们最主要的成长途径就失败了。

小时候阿尔杰农获得了许多的爱，但是在这两件事情发生后，他得了一种情感吸收障碍综合征——他无法再吸收任何情感。尽管这两件事都是出于意外，但是对于阿尔杰农来说，这就是他生命中最重要的两个人的双重失败。

在青年时期的中期，他的自我认同能力已经耗尽，在他之后的成长也是如此。扬并没有阿斯伯格综合征，但评委会对他为什么没能成熟的其他诱因还没有一个定论。相比戈弗雷·卡米尔，他似乎不能好好利用出现在他面前的爱。戈弗雷·卡米尔小时候几乎没有获得过爱，连格兰特研究的员工都认为他是"定期的精神病患者"而对他不加考虑。但是他千方百计寻找他需要的爱，并渴求地吸取这些爱。

扬50岁的时候，他的一个朋友去世了——他为数不多的朋友之一。他告诉我们他好像失去了他自己的一部分，他说："不要问丧钟为谁而鸣，它为你而鸣。"他提出了一个老年人才会考虑的问题：在漫长的成年时光中，伤痛怎样被抚平？我们怎样面对那些抚不平的伤痛？但是扬还没老，他不过才50岁而已。但是从18岁开始，他就停止了成长。

后来，他的生活有所改善，到他去世的时候，严格上他达到了我对"亲密阶段"的标准，部分达到了"事业稳固"。51岁的时候，他获得了重生。他放弃了自他母亲出事以来他所坚持的不可知论并且重新加入了父母的教会。

大概是通过教会的关系，扬和一个有两个孩子的寡妇结婚。尽管他十分依赖母亲，但他对3年后他母亲的去世处理得很好。他的第二段婚姻一直维持到他66岁去世的那一天，但是他们婚姻的稳固性归功于他们对教会的共同参与。

研究表明，有丰富职业生活和子孙的人会离教会越来越疏远。但是那些晚年渴求亲密关系的人有时会在宗教信仰中追寻它。回头看，扬好像回到了一个危机点，他又一次把他的父母当成了自我认同的来源，重新开始他缓慢而残缺的成长。但是胆怯的阿尔杰农并没有完全实现这种希望。

再来看卡米尔，当他重新回到教会后，他为那些年迈生病不能出门的教徒举办圣餐，和整个教区会众成了朋友。而扬选择的是账簿，在教会做（无偿的）会计。58岁时，作为一个新生的福音教徒，他在格兰特研究中写道："上帝考虑并安排好了我物质和其他方面的需求。"

64岁的时候，他说："在第一浸礼会教堂当会计师就是我为上帝心甘情愿做的事。"他说这是他生活中最大的乐趣。他主要的兴趣还是在那些"跟机械有关的东西"上。66岁去世时，他终于能说："我的家庭是成功的。"在"十项指标"的结果中，卡米尔最终成了受研究对象中最出色的三个人之一，但是扬却和拉弗雷斯一样，得分是零。诚然，卡米尔比他多了14年的时间去发展。

最后的岁月

在他们 75 岁的时候，格兰特研究要求这些测试者们给"智慧"下一个他们自己的定义。以下是他们中的部分人给的定义。

"它是通过情感的共鸣，将博爱和正义结合。"

"它是当你学着摆脱窘境时，能够忍受甚至感激那些对你的反对和挖苦。"

"它是情感和认知的有机结合。"

"它是剔除了自私自利后的自我意识。"

"它是一种倾听他人的能力。"

我们还问了这些 20 世纪 60 年代人父母辈的人一个极具争议的问题："对淫秽、裸体、婚前性行为、同性恋、色情刊物的禁忌似乎已经或正在消失。你认为这是好事还是坏事？"通常，我们得到的答案要么是好事，要么是坏事，十分明确。但是一个圣公会牧师回答道："都不是。人类真正需要的是对自我行为的约束和认识真我的自由——我们需要达到一个限制与自由并重的社会共识。我认为这种限制和自由以及两者平衡会随着文化的变化而改变。"他放弃了对信仰、道德、权威的绝对信服，而对它们的相对性和易变性有了新的认识。

但是，请记住，他在写下这个答案时已经 75 岁了。据他女儿说，他年轻的时候比现在武断得多。随着我们逐渐成熟，我们从经验中吸取教训，终于意识到时间是一个多么重要的维度，它深深地决定了我们的现实是什么样子。当我们更深刻地认识到生活的相对性和复杂性，对信仰的不成熟的渴求变成了一种成熟的能力，宗教思想也为精神共鸣让位。

研究晚年发展的学者，比如圣路易斯华盛顿大学的简·洛文格，柏林马普研究所的保罗·巴尔特斯（智慧研究的领头人），和这位牧师有着十分相似的观点。洛文格认为在成年人发展的最成熟阶段（她将之称为第六阶段或整合阶段），他对一些模棱两可的事有了更多包容，能够调和内心矛盾，尊重他人的个性，同时尊重彼此的依赖关系。巴尔特斯认为，最成熟阶段的人有着"每一种意见都是特定的文化和个人价值系统的一小部分，或者说与之相关联"的意识。

我的同事，社会学家莫妮卡·阿戴尔特让我注意到查尔斯·博特赖特是格兰特研究测试者中最聪明的人。在她的职业生涯中，她尽力将巴尔特斯的理论付诸实践。阿戴尔特仔细研究了受研究对象1972—2000年的所有人格调查表（见第3章），从调查结果中，她认为以下三个元素对智慧十分关键且必要。它们是：抓住转瞬即逝的表象的深层含义的认知能力；多重视角思考问题的思考能力；深切关心他人福祉的情感能力。因此，智慧与中年时期防御机制的成熟和心理的健康有关，与亲密的朋友有关，与晚年的自我调节有关。

人生的完整

归根结底，成功地变老意味着逆转衰败。面临死亡的威胁，依然存有人格尊严——这是实现"完整"的含义。这不是为"老年"所特有的一项任务，这是对所有濒临死亡的人的发展挑战。

在52岁的时候，格兰特研究成员艾瑞克·凯里医生就知道自己注定会因脊髓灰质炎并发症早亡。在轮椅上，他阐明了他所面临的挑战："在过去的4年中，那种我知道我该做什么也知道怎么做，但由于身体限制却完成不了的挫败感……是我每天都要面对的问题之一。"但是，3年后，他解决了这个挑战："我是这样做的……我把自己的活动（包括职业上的和社交上的）限定在那些必不可少的和我能力范围之内。"简而言之，能够做好生活中必须做的事，同时也能向残酷的现实低头——这就是"完整"。

57岁的时候，凯里医生告诉我们，最近这五年是他人生中最快乐的时光："我对成就有了一种全新的认识，我内心平静，和我的妻子和孩子们过着平静安宁的生活。"他谈到了平静，而他确实也是这么做的。他认为，只要有可能，遗产（无论是有形的还是无形的）都应该在死前被安排妥当。

62岁的时候，谈及他最近做手术时接受的一个高风险麻醉，他说："每个群体中会死的人都有一个百分比：三分之一的人会得癌症，五分之一的人会得心脏病，但事实上，百分之百的人都会死。人终有一死。"一年后，他死于肺功能衰竭。

就像上文中研究人员说的那样，只有老年人才能教会我们，声明直到"最后一秒"都是值得的。这一课，我这个曾经年少轻狂的成年人发展"专家"，花了 30 年才学会。

06　如果你有一个爱你的人

如果你有一个爱你的人，那你离成功就不远了。

——查尔斯·博特赖特，摘自格兰特研究访谈记录心理健康和爱的能力之间是有关联的，但这一关联难以捉摸。我们不能把爱放在天平上称量它的重量，也不能放在镜头下检验。诗人可以在一定程度上对其进行概括，但对于包括心理学家和精神病学家在内的大多数人来说，爱就像个谜一样。格兰特研究得到的第三个发现就是亲密、温暖和相互的依恋（**不仅仅是性，也不是常被称为性欲的生物性／本能的驱动力**）的重要性。但其他的人类行为的评估都不像亲密关系这样简单但又依赖主观评价。

但幸运的是，这并不能阻止我们去享受爱，不仅是热烈的阶段，还有亲密关系带来的长久的温暖和舒适。正如查尔斯·博特赖特在 85 岁谈到自己幸福的第二次婚姻时所说："仅仅就是在一起，分享彼此和孩子们的生活，在寒冷的夜里相互依偎。"

吉姆·哈特（Jim Hart）在 81 岁时和自己的妻子茱莉娅一起参与了罗伯特·瓦尔丁格（Robert Waldinger）关于婚姻亲密度的研究，他认为她是他生命的精华，并认为他们两个的感情是"非常令人愉快的伙伴关系"。那么他对自己婚姻还有什么期待呢？吉姆的回答是："我想要这样持续下去。就是这样。再没更好的了。"

茱莉娅又是怎么看待的呢？她认为他们两个是最好的朋友，而且两人间还有身体上的关系，虽然不像年轻时候那样了。但最主要的是："我深爱着他，从未如此的深爱。我们有着很多欢笑，还时常取笑自己……人不能对自己太严肃了……我不知道我们是如何走到今天的，但是这太美好了。"

这种与另一个人之间的愉悦与我们上一章讨论的埃里克森的亲密阶段大为不同，而这两者间的不同我们会在这章进行讨论。埃里克森的亲密阶段就像青春期一样，是成长的一项任务。这种亲密的出现或早或晚，但我们当中的大多数都能得到。

就像雏鸟飞离父母的鸟巢一样，我们都要离开父母，并在同龄人的世界确立自己情感上的地位，分享空间和金钱，一起做决定和计划等互相依赖的事情。

在哈佛大学的成人发展研究中，实现埃里克森的亲密阶段的标准是，能在 10 年中处于互相依赖和承诺关系。但这里的承诺可以有着迥异的形式。

埃里克森的亲密阶段是一种身体和实际上的亲近。而情感上的深层次亲密并非如此。有些夫妻间有着共享的情感经济，他们之间有着不断的流通。他们有时会把彼此惹恼，但又乐此不疲。这并不是模糊的互相依赖，而是一种建立在清晰的人我关系之上的相互依存。但这是一门诀窍，正如伟大的钢琴家的行云流水。并不是每一个人都能拥有或是想要它，而它也不是一个令人满意的人生所必要的条件。

这一章将会讨论 4 个问题：情感上的亲密是什么样子的？我们能从那些可以经受 50 年甚至更久考验的婚姻中学到些什么？我们又能从那些没能经受得住考验的婚姻中学到什么？亲密关系和心理健康之间又有什么关系呢？

对格兰特研究中婚姻的调查令我大开眼界。虽然我还能坚持自己在《大西洋月刊》上的观点，即爱情关系（指爱和依恋的能力）对人生最为重要，但我却不能再坚持在自己第一本书中所做的声明："在格兰特研究中，或许没有其他的纵向变量能像一个人保持婚姻快乐的能力那样能够预测他的心理健康了。"1977 年的时候，我坚定不移地相信，离婚会对之后的发展及幸福带来不好的兆头。但从那之后，我清楚地意识到这也是一个过早的结论。

在继续讨论之前，让我们先看看下面关于格兰特研究对象婚姻历史的表格。接下来要多次引用里面的内容。

表 6.1　格兰特研究对象的婚姻状况（1940—2010，或直到另一半去世）

婚姻状况	N=237*	百分比
仍在婚姻当中；非常幸福的第一次婚姻 **	51	21%
曾离婚，但再婚很幸福	23	10%
仍处于不好也不坏的第一次婚姻当中	73	30%
仍处于不幸福的第一次婚姻当中	49	20%
曾离婚，现单身或再婚不幸福	39	16%
从未结婚	7	3%
总计	242	100%

　* 表 6.1 中不包括原 268 名受研究对象中的 26 名。其中 4 人死于战争，3 名从未结婚，19 名退出了研究。

　** 有位受研究对象一生都和另外一位男性保持着幸福的相互依赖关系，此处被归为"仍在婚姻当中，非常幸福"。

如表格 6.1 中所示，其中的数字包括所有持续到 2010 年或者到其中一方去世的婚姻。173 名受研究对象的第一次婚姻维持了下来，其中幸福的有 51 名，一般的（我们称之为"不好也不坏"）有 73 名，而不幸的则有 49 名。74 名受研究对象（其中包括 62 名曾离过婚的中的 23 名）的幸福婚姻持续到了 2010 年，或者直到另一半的去世。37 名离婚后单身的受研究对象，要么没有再婚过，要么曾有过不幸的再婚史。

那些仍保持第一次也是唯一一次婚姻的夫妻，他们婚姻的长度平均超过 60 年。这个数字就算不令人惊讶的话，也很可观了。但 23 位离婚但再婚幸福的受研究对象，他们再婚时间平均也将近 35 年。这一发现就使得我需要重新考虑自己对离婚、心理健康和亲密能力的假设。

婚姻里如何衡量幸福？

我们是如何知道哪些婚姻是幸福的，哪些又不是呢？答案很简单：是那些受研究对象告诉我们的，而且是再三地告诉我们的。可能会有批评家指出，这些受研究对象中，有多少是像博特赖特那样盲目乐观的，甚至是在大言不惭地说谎呢？然而，我们有着数十年的跟踪文件，有大量的客观信息来核对这些受研究对象的主观报告。我不敢说格兰特研究的对象从未就自己的婚姻向我们或者对自己说谎，但能把谎言保持 50 年乃至更久绝非易事。

我们信息的来源又是什么呢？主要是靠定性问卷收到的回复以及对受研究对象进行的访谈。那些受研究对象的妻子也收到了问卷。大多数夫妻在 30 岁左右时都一起参加过访谈。在那之后，直到格兰特研究负责人罗伯特·瓦尔丁格对健在的夫妻一起或分开访谈并进行录像之前，一直没有计划性的夫妻访谈（虽然有些偶然例子）。这些录像材料称得上是非常有远见的一项投资，可以用于今后的研究。

对于收到的问卷回复，我们都采用了许多独立的评估者，每位评估者都看不到关于这些受研究对象的其他信息。如此可以避免破坏纵向研究的成见效应（halo effect），即评估者受到他们所知道的过往成功或失败的影响。

信息的另一个来源则是选择题。为了将关于婚姻满意度的难以捉摸的直觉量化地表达出来，在这些受研究对象 35 岁至 70 岁之间，我们请他们完成了五份简单的选择题。他们的妻子则在 45 岁到 65 岁之间完成了三份。答案与婚姻满意度关联最为显著的四个问题是：

1. 两人出现的分歧解决起来：1= 简单，2= 较为困难，3= 总是困难，4= 无法解决；

2. 你认为你们的婚姻稳定性如何？ 1= 非常稳定，2= 存在一些小问题，3= 存在中等程度的问题，4= 存在大问题，5= 不稳定；

3. 整体的性适应程度：1= 非常满意，2= 满意，3= 有时不太满意，4= 很不满意；

4. 是否考虑分居或离婚：1= 从不，2= 只是偶尔，3= 认真考虑。

这四个问题得分的总和即为对婚姻适应度的总体评价：得分越低，婚姻越幸福。

还有一个来源则是这些受研究对象自己做出的主观评价。在他们 70~90 岁之间，他们将自己的婚姻按照从 1（非常不幸）到 6（非常幸福）的标准进行了 3 次评分。

在 60 岁左右时，受研究的夫妻在一份表格里对自己的婚姻进行每五年一小段的回顾式评价：1= 非常愉悦，2= 并非最好的时光，3= 坎坷，4= 考虑离婚。

我们评价格兰特研究中婚姻的最后一个方式是寻找那些受研究对象在谈及婚姻之外的事情时所做出的评价。如此，我们可以再次验证他们做的选择题的可信性。下面是一些认为自己婚姻不幸的人做出的无意识的评价：

"她有自卑情绪。"
"我比她更为深情。"
"她喜欢喝啤酒。"
"有她总比没有强。"
"我们分房睡。"
"她扔盘子时，我会接住，但不会扔回去。她打我时，我从不还手。"（然而他又补充道，"不过我却曾为了让她恢复理智而扇她"——这就是一个典型的 50 余年的长期不开心婚姻。）

下面则是幸福婚姻的表现：

> "我的妻子是我所遇到过的最善良最贴心的人。"
> "我们的婚姻非常刺激，非常令人兴奋。"
> "我最大的享受就是和自己妻子打双人网球。"
> "我对她感到非常骄傲。"
> "我爱着她，仰慕着她；她是我最好的朋友。"
> "我们的婚姻**太棒了**。我妻子是我一生中最大的美好。"

如果从一个个的瞬间来看待感情，那么婚姻的好坏恐怕难以区分。但如果长久来看的话，就很容易看出两者间的差异。

我们的数据存在两个不太理想的地方。这些受研究对象不情愿回复那些关于性生活细节的问卷。我们许多想知道的东西都惨遭无视，以至于我们只好进行一般性的概括。接下来会继续讨论这方面。

此外，婚姻状况越是不好，从丈夫或者妻子那里得到的信息就越少，这就使得我不能很好描述寿命研究中非常不幸的婚姻。举例来说，阿加莎·佩恩（Agatha Penn）拒绝回复任何收到的问卷，也不参与格兰特研究其他方式的联系。她还劝阻自己的丈夫回复他所收到的询问。

用足够长的时间去理解婚姻

1977 年，当我交上自己《适应生活》的手稿时，小布朗出版社（Little Brown）的编辑卢埃林·霍兰德（Lewellen Howland）不同意我关于离婚是心理疾病的一个重要指标的观点，并温和地向我建议："乔治，不能说离婚是不好的，而是说能长久地爱一个人是有益的。"

我喜欢他的观点，但并不能相信，虽然当时我 40 岁时正处于一段幸福的第二次婚姻当中。（我们制定的规则总是把自己排除在外。）在那之前的 10 年中，我打交道的那些数字看起来一点都不乐观。截至 1967 年，离婚的受研究对象有 17 名，其中 14 名在 1973 年之前再婚的时间超过了一年。这 14 个二次婚姻当中的 8 个已经再次离婚了，还有 4 个已经显示出了不属于幸福婚姻的问题。

读者不久将看到两个关于再次离婚的案例。换言之，在 14 个二次婚姻当中，仅有两个看似幸福，而且还有待时间考证。我当时认为卢埃林有点浪漫主义，而我只需要再等 30 年就能向他证明他错了。

15 年过去后，我还认为自己是正确而霍兰德是错的。当我将自己在 1977 年书中确立的最好的和最坏的成年适应性结果因素与婚姻历史作对比时发现，55 个最好的结果，都是结婚相对较早且在成年生活的绝大部分都在婚姻中。（我们后来了解到，当这些人 85 岁时，只有一个婚姻以离婚告终。）

与之对应的是，在 78 个最坏的结果中，有 5 个从未结婚，35 个（45%）的婚姻在 75 岁之前以离婚告终。那些适应性最好的受研究对象享受终身的幸福婚姻的比例是那些适应性最差的 3 倍之多。

然而，随着21世纪的第一个10年的结束，这些受研究对象早已步入80多岁，而格兰特研究仍进展良好，正如许多第二次婚姻一样。我再也不能回避自己当年对卢埃林异议的草率轻视。我也越来越惊奇地意识到，随着这些受研究对象年纪越来越大，他们谈论起自己的婚姻也越来越不同。所以 2010 年，在主要关注老化许多年之后，我再次把视线转向了婚姻。这次我掌握了这些受研究对象及他们妻子饮酒情况的许多信息（第9章中将进行详述）。结果发现，卢埃林·霍兰德是非常明智的。

再一次地，长期视角得到的结果与短期的相差甚远，虽然并不是所有事情都是如此。在 85 岁时，28 位第一次婚姻幸福的受研究对象中的 26 位回复称自己的婚姻仍然幸福。那些开始时就不幸福的婚姻往往一直如此，不管是持续了 50 年没有离婚，还是以一方的去世告终。而一方的去世本身也是一种不幸。

那些从 20 岁到 80 岁之间有着不幸婚姻而且仍然健在的 30 名受研究对象当中，仅有 5 名在 80 岁之后称自己的婚姻幸福，其中 4 名都是在第一任妻子去世后再娶的。这些都没什么令人吃惊的（除了第 5 名丈夫在一份不可思议的报告中称自己和妻子"仍然相爱，互相依赖，是彼此最好的朋友"）。但非常令人吃惊的是，27 名离婚再娶的受研究对象中的 23 名称自己现在的婚姻是幸福的——而他们再婚的平均时间有 33 年之久！

是何种晚年间的奇迹使得早期统计数据出入如此巨大？并没有。仅仅是因为新的计算方法清除了许多隐藏的障碍。转念一想，也许这也是一种奇迹——寿命研究产生的奇迹。

这种新的计算方式显示，**格兰特研究中离婚的最重要因素是酗酒**。34 起离婚（57%）中，至少有一方在酗酒。我之前没有发现这个现象，是因为婚姻计算中没有包括受研究对象妻子的饮酒情况，而这种信息的收集花费了太久。与自己的饮酒习惯不同，那些受研究对象不太愿意提到自己妻子的饮酒习惯。数据积累非常缓慢，与此同时我一直把它们记在黄线纸上，放进专属的文件夹中。

纵向研究的数据量之大，如果全部一次性交给电脑，电脑都得累趴下。所以在受研究对象妻子们的饮酒数据达到一定量之前，我一直没输入电脑。然而，当我把这些数据输进去的时候，酗酒问题作为一个崭新而且极为重要的需考虑因素出现在我面前。

当我在 1977 年直截了当地做出关于格兰特研究中离婚的陈述时，数据显示离婚的主要原因是应对机制的不成熟、关系能力的欠缺以及心理疾病。离婚貌似是心理疾病的证据，而这种心理疾病在今后的婚姻中还会出现。（此处的心理疾病仅是粗略评估，如应对方式不成熟、酗酒、过度依赖心理治疗或其他精神病护理、使用抗抑郁剂或镇静剂等。）这些主要原因和离婚之间的关联都非常显著。但是一如既往地，联系和因果关系并不是一回事。

2010 年，当我第一次用酗酒作对照时，我曾在 1977 年宣称的那 3 个主要原因变得不再显著。实际上，看上去非常合理的解释是，酗酒往往导致的不仅仅是离婚，还有破裂的关系、不良的应对机制还有心理健康上的问题。

然而在 1938 年刘易斯·特尔曼（Lewis Terman）的《婚姻幸福的心理因素》（*Psychological Factors in Marital Happiness*）和 1994 年约翰·高特曼（John Gottman）的《什么预示着离婚？》（*What Predicts Divorce?*）这两本关于婚姻的 500 多页标志性著作中，酗酒甚至都没出现在索引中。这两本著作相隔了 50 多年，但都是反映有影响力的研究者是如何看待婚姻的重要标本，一个是在格兰特研究刚刚开始的时候，另一个是格兰特研究的成熟期。酗酒大概仍然是现代社会科学中最容易被忽视的一个肇因，而格兰特研究花费了整整 68 年才发现它才是婚姻失败最重要的原因。

这对我就意味着一个重新的开始。1977 年的时候，我将离婚视为亲密能力的欠缺。但是在 2010 年的时候，我意识到（第 9 章中会进行详述）酗酒并不是"一个好男人的失败"，而是一个慢性且反复发作的疾病。它往往与一个人的性格无关，而是由基因决定的。

只要清晰地看到离婚有时（实际上经常）能反映除双方情感上不成熟之外的其他原因，就不难理解离婚并不一定能预测未来感情关系的失败，以及曾离过婚的男人也能享受长久且幸福的婚姻。

这些发现也提出了几个有意思的议题，一旦寿命研究的条件成熟就可付诸检验。不过在我看来，实际得到的经验就是格兰特研究通过关于行为的纵向数据在时间里把酗酒甄别出来的强大力量。你不能通过问别人上一周吃了多少食物来衡量肥胖；有体重问题的人往往在节食。你得把他们请到体重计上。格兰特研究并没有对受研究对象喝酒的量和频率进行定量的分析。但是随着时间的推移，关于这些受研究对象在饮酒中的问题的不断询问使得酗酒更为明显。

正如我之前提到的，受研究对象妻子的酗酒问题更为复杂；有教养的绅士不会提起自己妻子的体重，很明显他对妻子的饮酒也说的不多。此外，我们并没有从他们妻子那里直接得到她们的行为信息。所以，这一戏剧性的联系得到注意花费了许久。但一旦我们注意到这一问题，就能很清楚地看到酗酒在任何关于婚姻失败的研究中都像一个 800 磅的大猩猩一样显眼。现在我只是简单地提一下，第 9 章会专门研究酗酒及其对个人和人际关系发展的巨大破坏性影响。

这两个相互关联的发现（酗酒的影响以及离婚的无害）再次说明了长期跟踪对于任何争议中的研究是至关重要的。早在 1951 年时，研究人员就开始承认自己的研究受到现有数据的横向本质的局限，并呼吁进行纵向的观察。但我们一次又一次地看到，前瞻性的资料很难轻易获得，更不会很快出现。

菲尔德（Field）和维绍斯（Wieshaus）指出，"直到最近，持续 20 年或者更久的婚姻都被认为是长期的婚姻……而持续 40 年的婚姻很有可能与这段婚姻在 20 年的时候有着显著的不同"。这一评价完美地概述了许多心理学和社会学研究的短视，以及一旦出现对于婚姻的长期视角，其宝贵价值是多么的不可忽视。

格兰特研究的视角足够长，可以向我们展示持续 60 年的婚姻的伙伴关系与 20 年前有所不同，不管是变好或是变坏。列夫·托尔斯泰（Leo Tolstoy）的故事就是一个在坚持了数十年并育有 13 个孩子后变得令人失望的婚姻的著名例子。

三个关于婚姻的故事

现在让我化无形为有形，用历史、独立观察者的评价以及长期的跟踪来展现一个非常幸福长久的婚姻、一个非常幸福长久的再婚以及一个既没有争吵也没有温存的长期婚姻。

弗雷德里克·奇普和凯瑟琳·奇普（Fredrick and Catherine Chipp）：连蚊子都能一起享受。

1986 年，格兰特研究向受研究对象的子女们发送了调查问卷，在收到的成百上千份回复中，只有一个家庭的子女认为自己父母的婚姻"比我所有朋友的都要好"。这段婚姻就是弗雷德里克·奇普和凯瑟琳·奇普。他们的一个女儿甚至在选项后写道，"好得太多"。

在弗雷德里克·奇普 80 岁之前，他（还有他妻子）已经热烈赞美他们的婚姻整整 60 年了。第一次见到凯瑟琳之后，16 岁的奇普回到家后就和自己母亲说："我遇到了我想娶的那个姑娘。"但他花费了几年的时间才让凯瑟琳也如此感觉，但从那之后，正如他所说："从此我就过上了幸福的生活。"但这并不是说他们的婚姻是一成不变的。在 75 岁时，奇普再一次访谈中描述他们的感情是如何演变的："她变得更自信了，而我学会了适应她的自信。"

在他们结婚 50 周年的时候，奇普把自己青春期的日记翻了出来，那时的他对自己未来妻子的描述是"总之很棒"。那时他们两个就开始一起航行了。在我们访谈后的第一天，在婚姻持续了 60 年之后，他们又在计划一起休假——两个星期的航行。

"我负责的是技术和航海，我是主管，本能如此。"奇普说道。凯瑟琳则负责享受美景。数十年以来，他们每一年都会去新斯科舍（加拿大东南部省，译者注）划独木舟。奇普很严肃地告诉我："那是非常宝贵的时光。"

曾有读者向我抱怨说，婚姻并不仅仅是假期，奇普夫妇假期的故事并不能说明他们两个人的生活到底是什么样的。对此，我的回答是：对于奇普夫妇来说，所有的生活都像是在假期。他们享受生活的每个细微的部分，哪怕是蚊子，只要他们两个是在一起与它们做斗争。如果你有幸和他们处在一起，你就能真实感觉到他们的幸福。（此外，从下面埃本·弗罗斯特的故事中也可以看出，在有些婚姻当中，就算是假期也难得悠闲。）

　　然而，奇普夫妇并不是过于互相依赖。在奇普退休后（他曾是一名成功的教师和管理者），我曾问他整天在家里待着的感觉如何。他说，他和凯瑟琳有着不同的生活和爱好。他们之间有分享，但他"不会侵犯她的工作"。他们一起吃晚饭和早饭，但各自吃午饭。当我又问他们两个是如何协作时，奇普指着他们家繁茂的花园说道，凯瑟琳负责播种和收获，他则负责体力活。

　　他们每天还一起散步3公里。他们给彼此读书，甚至还阅读（经常是自己读）关于感情关系的书。有一年，他们在佛罗里达露营了两周，他们的3个孩子都带着各自的家庭一起参加了，其中还包括8个孙子孙女。

　　在奇普夫妇45岁时，我对他们进行了第一次访谈，当时我惊讶于奇普夫人的魅力。我在笔记中写道："她脸上的线条和面部表情都是快乐的。"这就使得她异常的美丽。不仅如此，奇普夫妇很明显的一大特点就是幽默，而幽默正是最有适应性的应对方式之一。

　　他们时常互相开玩笑。75岁时，有一天奇普把妻子叫到房间帮他回想某个人的名字。"我的头脑一片空白。"他对她说。她的回复则是："还有什么新鲜的？"这让我想起曾遇到的格兰特研究另外一段温馨婚姻中的妻子。当我例行公事地问她是否曾考虑离婚时，她的回答不乏揶揄："离婚从来没想过，不过一直在考虑谋杀。"

　　但是，当他们遇到重大分歧时呢？我问奇普夫人是如何解决的，她回答道："没有什么比偶尔发次脾气更好的了，这可以消除紧张的气氛。"但她是以幽默的方式回答的。她的丈夫曾单独告诉我，他认为在冲突时应该敞开心扉。他们确实会偶尔生对方的气，但他们的感情中没有藏在心底的不满，而被动性的攻击行为正是与不幸婚姻关系最为紧密的应对方式。与之对照的是，佩恩夫妇一直避免冲突，最终不得不忍受对彼此的绝望。

　　83岁的时候，奇普和凯瑟琳参与了罗伯特·瓦尔丁格关于婚姻亲密度的研究。格兰特研究的这一近期发展就是一个21世纪的社会科学将无形的依恋有形化的例子。瓦尔丁格的团队对参与的夫妻双方都进行了大量的神经心理学测试，还对夫妻对争议话题的讨论进行了录像。在此之后，他们会在一周的每一晚给这些夫妻单独打电话，以研究他们对互动的回应。瓦尔丁格还在对这些夫妻进行功能性磁共振成像，运用影像学研究来可视化地表现大脑在正面和负面情绪刺激时的反应。

瓦尔丁格的录像记录了奇普夫妇在讨论关于怎样照料两个严重残疾的亲戚时的紧迫冲突情景。弗雷德里克·奇普较为沉默寡言，他的妻子则健谈外向。但他们并没有把时间浪费在纠结谁的观点更有道理上，他们做出的每一条评论都是针对他们亲戚的问题，距离解决方案也越来越近。他们是一对非常合拍的夫妇。跟进的问题中有一条是关于"尝试让另一半理解自己"。奇普夫人插嘴道："我们不用尝试，我们本来就互相理解！"对于他们来说，就连冲突时也是充满着笑声。

这项深入研究之后，85 岁的奇普夫妇都被评分为"安全型依恋"——依恋理论中最为健康的类别，这种感情中的信任和舒适可以禁受得住冲突和分离的压力。他们对待彼此的方式也得到了很好的评分，在"贬低对方"一项上得分低，而在"表示满意""提供照料"和"爱意的行为"上得分高。

当访谈者问奇普他和妻子的感情如何时，他答道："我始终感觉她是一个有深度的人，一个我能时常探索到灵魂的人。当我或者她在读一本书的时候，我们可能会沉浸在自己的世界中，但我们会想着与彼此分享。"

奇普夫人是如此说："我不能想象没有他的世界。但这并不意味着我们什么事情都要一起做……我们会把彼此逼疯，但我们知道对方一直都在，我们的感情也一直都在。这令我们都感到非常满意……我们彼此不同，但对生活的喜爱相同。我们对生活的喜爱非常非常接近。"

在回头看自己的访谈笔记时，我找到了自己的一条评论："他可能是格兰特研究中最幸福的男人了。"我想起 5 年前在访谈结束的时候问起奇普他和妻子相互依赖的程度，他把视线调转至空白处，声音开始哽咽，泪水都要夺眶而出。"天哪，"他脱口而出，"只要她在就好。如果她走得比我早，那可就太痛苦了。"

她走得确实比他早，而他也确实陷入了痛苦。配偶被死亡夺走往往是对老年人最痛苦的打击。

约翰·亚当斯和南希·亚当斯（John and Nancy Adams）：一次不行，就再试一次。

接下来这段幸福婚姻的出现花费了不少时间。这个故事是关于来自波士顿的约翰·亚当斯律师。在他的前半生中，他总共有过 3 段婚姻，但加起来仅仅持续了 9 年。他在 45 岁的时候遇到了自己的第四任妻子，从此便在接下来的

42 年里过上了幸福的生活。作为对照，这里要提一下第 5 章中曾提到的医学博士卡尔顿·泰瑞顿（Carlton Tarryton），他也曾离过 3 次婚，有 4 任妻子。

25 岁之前，泰瑞顿和亚当斯非常相像。他们都来自不幸且孤独的童年，父母大多数时间都不在。（盲评评估者都不希望自己的童年像他们当中任何一个的一样。）他们都是经不起失败的人。他们还都展现出自律的缺失：亚当斯经常逃课，他俩还都重度酗酒，在学校期间都是不负责任的学生，成绩在格兰特研究当中处于最差的一成。在格兰特研究的调查人员做出"协调性差"和"缺少目标和价值观"评价的为数不多的人当中，他们是其中之二。

然而，他俩之间有两处明显的差异。约翰·亚当斯有一个亲近的兄弟姐妹，在十几岁时有着一个深爱的继父。他在 20 岁时提到自己的继父时说："我对他的喜爱胜过对我所认识的其他任何人。"而泰瑞顿是家里的独子，且一直没有一个仰慕的父亲或母亲形象。

到了 30 岁的时候，他们两个的生活开始渐行渐远。泰瑞顿上的是医学院，常常每天要喝五分之一瓶威士忌。虽然他极力在工作中保持清醒，但他在工作中的表现还是受到了限制。他坚称自己相信的是基督教科学派，而成为医生只是为了挣钱。然而，实际上他比格兰特研究中任何一位执业医师挣得都要少。他成了重度酗酒者，以至于在 50 岁时毁掉了自己的信仰，也毁掉了自己宣称幸福的第四次婚姻。在绝望中，他选择了放弃，终结了自己的生命。

当时的亚当斯酗酒也很厉害，但他至少能把酗酒控制在不会造成学习或其他方面问题的范围。他曾出现在斯坦福的《法律评论》上，到 40 岁的时候已经获得了公共服务奖，还成为波士顿一家很棒的公司的合作伙伴。然而关于他的并不都是好消息。他先后娶过 3 位妻子，又都分别离婚了。但是他对自己婚姻的问题有着深入的见解，他认为这些问题都是由于自己的"情感上的不成熟，再加上总是倾向于与比自己还不成熟的人在一起"引起的。

在第三次离婚后，亚当斯喝酒少了，锻炼却多了。随后他遇到了她的第四任妻子——南希。南希是一个非常有能力而且在情感上能提供支持的人，她不仅能自力更生，甚至还能照料亚当斯，而不是一直需要他的照料。（格兰特研究中一些遭受不幸童年的受研究对象通过帮助更需要的人获得了满意的生活，但这种应对策略在婚姻中的效果比在其他方面要差一些。看起来，只有双方都能享受到端到床前的早餐并心怀感恩，这种互相照料才是最好的。）

在 50 多岁的时候，亚当斯和南希成婚已有 7 年，这时他的感觉如此良好，称自己"陷入了无可救药的乐观当中"。他有段时间没有回复问卷，但当他在 60 岁时又开始回复，称自己的婚姻为"完美的幸福"，并认为"这段成功婚姻的秘诀是两个人的成熟。"他解释道，在之前的婚姻当中，自己总是"被对方的弱点所吸引，而前三任妻子在精神品质上都有重大缺陷。"在和南希结婚 32 年后，亚当斯写道，"领我走向绝对快乐的生活"的不是自己的事业，而是婚姻。

亚当斯较早退休后，便开始写带有半自传性质的短篇小说，把自己早年间的大部分痛苦转化为了艺术。而在他仍为不稳定的三十岁时，他的访谈者对这个初出茅庐的律师的评价就是"敏感、聪明——像个小说作家"，没想到竟然一语中的。

当亚当斯 80 岁时，对他进行访谈的是玛伦·巴塔尔登（Maren Bataalden），而她并不相信他的乐观。她虽然承认亚当斯的婚姻是"真正的幸福"，但把这归功于他的妻子。然而，到了 88 岁的时候，亚当斯还是那么的快乐，虽然我能很明显地看出其中有些夸大的成分：他乐观地宣称自己的身体活动能力没有丝毫下降，而这不可能是真的。

但这又如何呢？幸福婚姻中乐观者的概率是不幸婚姻中的 3 倍之多——这么显著的差异。萨缪尔·约翰逊（Samuel Johnson）的妙语，即再婚说明希望战胜了经验，看起来不无道理。此外我想到的是，如果在 85 岁的时候，你还能打网球，所服用的药物只有伟哥，而且人生中最美好的 7 年就是"现在"，你的婚姻和身体健康都差不到哪去，即使你有些过于乐观。

出乎我意料的是，不幸的童年并不总是和不幸的婚姻联系在一起。正如第 4 章中所说，温馨的童年能够预示将来对世界的信任和交友的方式，也和"十项指标"所衡量的丰富多彩的人生有着显著联系。

尽管如此，卡米尔在"十项指标"测试中的得分也高居上四分位。除亲密的父子关系之外，童年环境并不能预示稳定的婚姻。而就算没有温暖的亲子关系，也能得到好的婚姻——最终得到。确实，婚姻曾看起来是一种对不幸童年的补救。

在对不幸的青少年进行长达约 50 年的跟踪调查之后，心理学家艾米·维纳尔（Emmy Werner）发现："对于这些不幸的人当中的大多数来说……最为突出的转折点就是遇到关心自己的朋友和与一个接纳自己的配偶结婚的时候。"童年时期的创伤并不一定能照亮我们的生活,而我们遇到的那些美好则会一直发挥作用。能让人恢复健康的婚姻和成熟的防御机制是我们恢复力和创伤后发展的土壤。

对于来自大学和贫民区的男人都是如此。奇普一家和奥列弗·福尔摩斯都有着非常温馨的童年。但对于那些没有温馨童年的受研究对象来说,良好的婚姻看起来一半是靠毅力,另一半则是要靠运气,就像吉尔伯特遇到沙利文一样。

我的母亲常说,两个健康的人可以很容易地有一段幸福的婚姻,但是非常幸福的婚姻则需要两个神经病间的天作之合。约翰·亚当斯找到了可以修复自己的婚姻;亚当·纽曼(Adam Newman)也是。格兰特研究中其他的例子在其他地方都已大量叙述过了。

埃本·弗罗斯特和帕特丽夏·弗罗斯特(Eben Frost and Patricia Frost):容忍的限度。

格兰特研究中有 44 名受研究对象的金婚都是"不好也不坏",也就是说婚姻里既没有过分的争吵,也没有特殊的爱意。他们与子女间的关系和幸福婚姻一般无二,他们的一般关系和社会支持也是如此。他们的童年一样的温馨,应对方式一样的良好,性活跃的时期也一样长。那差异究竟在哪里呢?

相较于那些幸福婚姻中的受研究对象,他们报告自己对生活任一方面"非常满意"的次数都明显要少,而这种总体趋势可能影响了他们看待并报告自己婚姻的方式。他们和自己父亲的关系明显要疏远一些。他们客观上的平均健康程度也比不上那些处于更幸福婚姻当中的受研究对象,而且他们也不太容易拥有亲密和信任的感情,不管是婚内还是婚外的。但从埃本·弗罗斯特的故事可以看出,最为重要的是,并不是婚姻中的每个人都有对亲密的渴求(或是能力?)。

弗罗斯特来自佛蒙特州一个山坡上的家庭。他们家在 1939 年时的年收入不过才 1000 美元。冬天,他步行 3 英里去只有两间教室的学校;夏天则在父母的牧场干活。他意识到了自己的孤独,也意识到自己需要一份可以和人交谈的工作。在 10 岁的时候,在和没完没了的家务活做着无声抗争的他就暗自决定要永远离开这个牧场。他当时就想着上大学,再去哈佛法律学院,而他后来就是这么做的。

弗罗斯特的家庭也有着一些外在的温暖。他们互相关心，但嘴上从没这样说。他父亲被描述成"沉着"且是"一个带着旧式道德的有品格的人"。而他的母亲则是"从不对事情耿耿于怀"。她在格兰特研究中关于埃本所言甚少，除了提到他比较好相处。"当我们家里有什么事需要完成得漂漂亮亮时，我们就叫埃本来做。"但他们并不谈论感情。埃本对格兰特研究的一名精神病学家讲道："如果说亲密关系的话，我的家庭几乎是没有。"

在高中时，埃本是他们班致告别辞的学生代表，那时的他在学校"混得风生水起"。但在他看来，自己最大的强项是"交朋友的能力"。在大学时，他更喜欢团队运动。而且他最喜欢法律这一行的一点就是需要一直和自己的客户联系。当他刚进格兰特研究的时候，人们对他的评论是"泰然自若、十分友好、非常活跃、有说服力和活力"。

在 18 岁的时候，弗罗斯特就知道自己为那种完成家务并帮助自己进入哈佛的自给自足付出了代价。他也知道自己交友天分的局限。他羡慕那种夫妻双方完全沉浸于彼此的婚姻，但也知道这种婚姻不属于自己。"虽然我不会恨任何人，"他说道，"但是我有时也害怕自己不会爱上任何人。"25 岁的弗罗斯特评价自己道，"我的性格非常随和"。20 年后则是，"我是最为通情达理的男人"。

这种笼统的表达——非常随和的性格与最为通情达理的男人，伴随着弗罗斯特许多年的访谈和问卷调查，看起来是一种"远程预警雷达"（Distant Early Warning Line）。它显示的是他对自己极大的容忍限度的自豪，但同时也是一种潜在的威胁：到此为止，请勿逾越。而他确实也对自己超强的理智可以把别人惹恼这一点感到满意。"我是如此的自给自足，以至于自己并没有什么可烦心的。这倒不是说一切都是完美的，而是说没什么能烦到我——我能清晰地意识到这并不一定是种理想状态，我一生都是如此。"

当他在大学时，一位观察者认为埃本"异于寻常"。时间并没有太多的改变这一点。当我在他 25 周年同学聚会时遇到他时，我也认为他异于寻常，但在亲密关系中除外。弗罗斯特这个例子很好地诠释了"不好也不坏"的婚姻的基调，这种婚姻彼此忠诚、和谐而且能长久，但是缺少的是温暖。

我之前曾说过，格兰特研究中重复询问了大量关于这些研究对象婚姻情况的问题，这其中就包括订婚和婚礼计划。弗罗斯特对这些问题的回答一直不露声色，直到 24 岁的时候他才像卡尔文·柯立芝（Calvin Coolidge，译注：美国第 30 任总统，以少言寡语著称）那样简洁而又冷淡地提起，"休假时结婚了。"仅此而已，即使最后证明他的婚礼筹备了好几个月。

面对之后格兰特研究的询问，弗罗斯特的回复保持了他一贯略带抱怨但又谨慎小心的说话风格。当被问到婚姻问题时，他的回复是："只有傻子或者骗子才会说'没问题'，但这正是我的答案。"多年的跟踪研究显示，他既不是不聪明，也不是不诚实，但他也有着自己的局限性。他在 30 岁时写道，他的妻子是他一生中最仰慕的人；47 岁时他也认为自己的婚姻是稳定的。据他自己所言，他妻子的性格没有给他带来任何问题。这是他所关切的，但也正如他所视，这不需要什么改变；他这人就这样。

当我遇到弗罗斯特时，他给我的印象是有魅力、外向、快乐、开朗且对人非常感兴趣。他冷静、深刻且从不含糊，而且他身上还有一种可以传染的悠闲。他仪表堂堂而又诙谐风趣，在 47 岁时看起来更像是一个继承祖业的博物馆理事，而不是一个从贫穷的牧场男孩成长为的律师。他在谈到与他人间的交往时无所不谈，但当我想和他谈谈亲密关系时仿佛遇到了"禁止擅闯"的牌子。他变得像一匹踌躇不前的马，不太合作且唐突，一直到我转到稍微轻松的话题。

在他 18 岁时，格兰特研究的内科医生记录他是"身体极其健康。"这一点也未改变。47 岁时，弗罗斯特从没住过院，也没因病耽误工作。在 30 多年间，他对自己总体健康的描述都是"非常棒"。他也并不疏忽，按时参加体检，也从没检查出比痔疮更严重的疾病。一个人隐藏自己感情可能带来的危险也不过如此。埃本·弗罗斯特在一生中从没找到，也从不想要，一个可以信赖的人。

在弗罗斯特 47 岁时，我认为他的适应性在格兰特研究中可以排前三分之一；后来他在"十项指标"中的得分也高居前十分之一。据他自己所言，他的人生就像丝绸一样顺滑。"我在律师工作中也没什么压力，我当初选择了一个没有紧张感的工作。"他随后又用他一贯高傲的冷静说道，"我是世界上最没压力的人。"

在一次中年期的评估中，弗罗斯特抱怨了对自己律师职业的不满，并觉得自己"注定要失望"。他表示希望自己是一个创造性的艺术家。但一如既往地，他知道如何安抚自己的失望。他设计了自己的房子，还成了所在教区家长会的会长。6 年后，他转变了自己的职业生涯，以得到他所渴望的人际间的关怀。

他现在负责对年轻同事的培训，也能带着热情告诉我："我的工作令我兴奋。"

然而，尽管他一再宣称自己是"世界上最容易相处的人"，他的家庭可并不顺滑。他报告称自己的妻子"热衷于一定程度上的唠叨"。当他们休假时，她待在海滩上，而他则去打高尔夫。他清楚地认识到，自己对互相依赖的逃避实际上对双方来说都是损失，而他婚姻中最沉重的压力就是"她因为我不愿让她走进我心里而产生的失望"。然而他自己却并不渴望那种亲密。他知道她有时会感觉被拒之门外，但却认为她让烦恼"没必要地越来越大"。

他不喜欢弱点。关于自己，他说道："我最大的弱点就是不依靠任何人。"洞察力一直是他的特长之一，但这并没有改变他。作为对比，弗雷德里克·奇普在这个年纪时，又一次被问道如果因某事心烦了会怎么做，他的回答是："到我妻子那儿去，和她谈谈。这非常自然，简单又有效。我当然不会自己藏在心里了，她可是我的密友。"

弗罗斯特的一个女儿写道，她父母在一起的这些年当中，她从没见他们吵过架；同样揭露问题的是，她也从没见过他们真情流露过。她还说自己的老爸对孙子孙女比对子女更为慈爱。他另一个女儿则总结道："弗罗斯特家的人从不对自己的孩子说'我爱你'。"但那些不拥抱自己同龄人的人也会抱起小狗，还有孙子孙女。

在弗罗斯特退休后我对他进行了一次访谈。他告诉我他整天都不在家里待着，而且从不"回家吃午饭"。当我问到他和妻子如何相互依靠时，他解释说自己的妻子"自给自足，有着不同的兴趣"。他也是如此，无论是在娱乐还是在关系上。除了偶尔一起度假外，"我们不参与彼此的活动"。他喜欢艺术，但"我对她对交响乐的爱好不感兴趣"。

他在谈到自己妻子时没有丝毫的温情或关怀。而他妻子在和我短暂的谈话中，也没有对格兰特研究抑或是她丈夫在其中参与的 50 年表现出兴趣。用他后来的话来说就是"没有什么在分离我们的婚姻，但我们也没绑在一起"。

这样的故事能引起人们强烈的反应。就像离婚一样，它能唤起人们许多个人的联想，有些联想还是矛盾的。对于年轻和认真的人来说，这听起来像是一种激情减退的悲剧。对于那些年老和厌倦的人来说，这听起来则像是那些从未实现的梦的可怜反映。而对于那些陷入婚姻的战争泥潭中的人来说，这听起来又像是一种恩赐的解脱。但个人的反应不应掩盖从弗罗斯特婚姻中学到的重要教训。

首先，即使在被挑选出的健康人群中，如大学生群体，亲密关系的快乐也不是一项可以预测的发展成就。亲密关系的快乐与某种童年之间没有清晰的关联，而它也并不是非黑即白、非对即错。

亲密婚姻的能力是亲密友谊能力的近亲，而我们已通过让受研究对象描述自己最亲近的朋友的方式进行了验证。几乎所有女性都能描述自己亲密的朋友，而且是多个，但有些男性却一个都没有。就像音乐天分一样，对于亲密的天分也存在于一个连续体上：在乐盲和绝对音感之间有着很长的距离。

在某种程度上，亲密的技巧和快乐可以练习和学习，约翰·亚当斯就学到了。但不是每一个人都能成为亲密的大师。而正像埃本·弗罗斯特那样，也并不是每个人都想成为。

埃本·弗罗斯特以一种彼得·佩恩和阿尔杰农·扬没有经历过的方式达到了埃里克森的亲密阶段。但他对其他形式的亲密没有兴趣。与之相反，戈弗雷·卡米尔孜孜不倦地寻求亲密，亲密是他一生的追求。约翰·亚当斯也一直在尝试建立一种可以得到亲密的感情。当他获得后，他又为之付出了心血——这就是他婚姻中一种适应性。对于弗罗斯特来说，正如他自己清楚表示的那样，亲密并不是一种必需品。而他自始至终也享受着自己的生活。

像弗罗斯特的那样舒适有效而又持久的婚姻可不是一般的成就，对于那些不渴望强烈的亲密情感的人，这可能是最好的方式。这段婚姻持续了50年而没有怨恨和遗憾，给双方提供了各自所想要的最低限度的陪伴。就算帕特丽夏·弗罗斯特偶尔会抱怨自己丈夫想要的亲密程度与自己的不一样，她在自己女儿们的报告中也是一个喜欢距离感的人。

但是，弗罗斯特夫妇的婚姻让我（还有他们的女儿们）感到一点难过。情感亲密的能力并不是一种美德，没有这种能力既不是罪恶也不是失败。但这是一种恩赐。弗罗斯特夫妇这种婚姻能够提醒我们，那种寻求亲密而不得的感觉是什么样子的。

另外一个棘手的问题则是依赖在成功婚姻中的地位。现如今，"依赖"成了一个禁忌词汇，而"互赖性"尤甚。但"互相依赖"还不致如此，格兰特研究的数据显示，病理学适应中的某几种互相依赖实际上是有治愈效果的。正如我在上一章中所说，**依赖性最强的成人有着最不幸的童年。**

我们也已经看到（例如在亚当·纽曼和萨姆·拉弗雷斯的故事中），婚姻无论多么的不完美，都是一个机会，可以减轻早期生活不幸所带来的孤独感。结果显示，80 岁以后的幸福婚姻与温馨的童年，抑或是成年早期的防御机制都没有关联。也就是说，你不必在一开始就"长大成人"才能最终享受稳定的婚姻。

就算不需要这种治愈效果，互相依赖也能带来特有的快乐。在格兰特研究中，关于婚姻幸福的受研究对象的访谈记录都洋溢着对互相依赖的赞美之词。就像凯瑟琳·奇普在一次访谈中所说："能有一个可以一直依靠的人可以让人非常坚强。"埃本·弗罗斯特的故事则说明，过度抵制依赖会阻碍亲密的发展。

值得一提的是，婚姻中的友情和互相依赖在生命晚期能得到加强。这主要有三个原因。第一，所谓的"空巢"，与其说是一种负担，倒不如说是一种恩赐。第二，由年龄引起的荷尔蒙变化可以让丈夫"女性化"，让妻子"男性化"，从而为身体和情感提供一个更为公平的竞争环境。第三，身体的虚弱能让双方都明白，互相依赖是一种优势，而不是弱点。随着婚姻走向成熟，婚姻依赖的加强似乎与主观上幸福感的提升时期相一致。稍后再对此进行详述。

婚姻的好坏：统计上的差异

表 6.2 所示为格兰特研究中的变量与婚姻结果之间的一些关系。其中大多数不言自明。在酗酒和不负责任的人群中，离婚是最为常见的结果。而在抑郁和童年不幸的人群中，不幸福的婚姻也能长久。那些婚姻不幸但又没有离婚的受研究对象多是抑郁症患者或曾使用抗抑郁剂或镇静剂。

正如纽曼和亚当斯的故事所示，虽然不幸的童年可能带来成年时期的许多问题，它并不妨碍建立（或者有幸遇到）一段可以有助于治疗曾经痛苦的幸福婚姻。

表 6.2　各变量与婚姻结果好坏之间的关系

	变量（n=159）*	幸福婚姻：n=50	不幸但持久的婚姻：n=48	以离婚收场的婚姻：n=61
A 幸福婚姻	慈爱的父亲	38%（显著）	21%	16%
	"十项指标" >5	41%（非常显著）	7%	5%
	成熟型防御	42%（非常显著）	16%	11%
	传承性	74%（非常显著）	46%	38%
B 不幸婚姻或离婚	缺少目标与价值	12%	11%	35%（显著）
	70 岁时社会支持不足	2%	47%（非常显著）	50%（非常显著）
	婚内酗酒	4%	46%（显著）	57%（非常显著）
	重度抑郁	2%	27%（显著）	20%
	服用镇静剂 30 天以上	12%	38%（非常显著）	31%（显著）
C 出人意料的	父母婚姻明显稳定	78%	54%	57%
	父母婚姻明显不稳定	14%	19%	24%
	深度的宗教参与	20%	20%	24%
	不幸的童年	16%	38%	30%
	父母为天主教	14%	13%	10%

　　* 表 6.2 中的 N 为 159，而不是表 6.1 中的 242，因为不包括婚姻不好也不坏的 73 个，从未结婚的 7 个，以及数据丢失的 3 个。

婚姻与性

　　很明显地，格兰特研究的资料集缺少了一部分，那就是受研究对象在成年时期的性行为。我们知道他们在大二时的一些性观念，因为这些是早期研究人员所非常关注的。一半以上的受研究对象都曾向格兰特研究的心理医生表达过自己对手淫的焦虑："它让我长出了青春痘，而其他人都能看出来""我害怕自己会发疯、阳痿或是弄坏自己的阴茎""这是我生活中最大的难题"。

　　按现在的标准，这些受研究对象接受的两性关系培训（或者缺少这种培训）看起来非常压抑。我们也知道，1938 年时，大约三分之二的受研究对象都强烈反对婚前性行为:"一想到性关系就让我恶心""根本不可能,太令人作呕了""这会影响我的性格的"。

我们当然对成年时期的性适应非常感兴趣,但格兰特研究人员很快就发现,那些太详细地打探受研究对象性生活的问卷回复率都特别低。因此,多年以来我们唯一系统收集到的这方面信息就是对一个简单且略程式化的问题的答复:该受研究对象对自己的性适应感到"非常满意""满意""没想的那么好"还是"不满意"。

我们发现,对性的明显恐惧比婚姻的性不满足更能预示心理问题。毕竟,婚姻的性适应十分取决于另一方,但对性的恐惧却与个人对整个世界的不信任息息相关。那些不幸的终身婚姻中的受研究对象,在问卷中表达出对性关系感到不适或害怕的概率是那些幸福婚姻中的受研究对象的六倍之多,也是那些曾离过婚的受研究对象的两倍。不过,在许多良好的婚姻当中,夫妻一过 60 岁,性适应度也变得不甚理想。但是我们不能赘述其原因,或者生物学所扮演的角色。

除此之外,我对报告这些受研究对象的性生活兴趣不大。但不得不提一件不可思议的事,正是这种不可思议使得寿命研究如此不可预料,由此令人神往。

在受研究对象 85 岁时,我们问他们最近一次性生活是什么时候。仅有 62 名(约三分之二)回复;其中 30% 仍处于性活跃阶段。在这个小样本中,能预示长久的性活跃期的因素有:60 岁和 70 岁时的健康,65 岁后良好的总体适应度(之前的并非必须),以及没有血管风险因素。奇怪的是,那些我认为可以防止过早阳痿的因素,如祖先的长寿、防御机制的成熟、80 岁时的健康以及婚姻的质量等,并没有显著影响。

我按照事后概率定义了一个复合变量,称之为"文化与不实际的",将1938 年时被认为不重要的 5 条"多愁善感"特性总结到一起,即"创造型 / 直觉型""文化型""观念型""内省型"以及"敏感型",并减去其中大体上值得称赞的两个实际特性:"务实型"与"实践型 / 组织型"。

我之所以选择这几项,是因为它们和性活跃期的长久至少有着微弱的关系。其结果不仅与长久的性活跃期有着显著联系,还能将格兰特研究的受研究对象在政治上惊人地戏剧性区分来开。(第 10 章会进一步叙述,包括政治观念与性活跃期的神奇关系)

对离婚的再度评价

在离婚的重要性上，35 年前的我的观点很大程度上是错的。现在的我能清楚地意识到，离婚并不一定反映达到埃里克森亲密阶段的无能，甚至是不能享受感情上的亲密。离婚往往是其他因素的综合征。从根本上来看，一个男人能够珍爱自己父母、兄弟姐妹、孩子、朋友以及至少一个伴侣，比起年轻时寻找真爱所做出的错误选择更能预示心理的健康和传承性。

有明确的证据表明，患有任何一种心理疾病的人群中离婚率都要高一些。但离婚本身并不意味着心理疾病。正相反，当一段婚姻处于长期的不幸当中时，只有离婚可以使一段新的更美好的婚姻成为可能。

当身边的朋友正在考虑离婚时，我们当中的大多数心中也在进行一场内部的辩论。离婚能唤醒我们对自己感情关系安全的所有个人焦虑。它能破坏我们家庭稳定的感觉，还能使宗教的誓言破裂。它还鲜能使孩子们幸福。但它也能让我们从陈腐的社会礼仪、长期的配偶虐待或单单一个糟糕的决定中解脱出来。所以，将那些离过婚的受研究对象的最终婚姻与那些仍停留在第一段不幸婚姻的受研究对象的婚姻做比较是非常有意思的。

离婚的原因曾是阿利·伯克（Arlie Bock）在第一次提出格兰特研究时的基本问题之一；他早在 1938 年就认识到，这个问题只能在一生的背景下得到答案。

一个选择留在不幸婚姻的受研究对象写道："我们的婚姻会持续下去，即使仅仅因为我们是两个不肯面对离婚的后维多利亚时代老古板。"另一个则写道："婚姻是靠决心而不是靠欲望连在一起的，如果你能接受这一点，那么你的婚姻就是稳定的。"还有一个写道："离婚简直是不能想象的，所以我选择毫无抱怨地忍受……我们的婚姻可能在 15 年前就结束了，但因为宗教和孩子，一直持续到了现在。"宗教和孩子是那些选择留在不幸婚姻的人们常常提到的两个原因。

这两个群体适应社会的风格也彼此不同。那些留在长期不幸婚姻中的受研究对象与寻求离婚的受研究对象相较，在生活的其他方面也往往比较被动，与那些最后幸福地再婚的受研究对象比起来，则不善于运用幽默作为应对机制。他们的精神健康也不太乐观，因为他们更多地求助于心理治疗或服用调节情绪的药物尝试自我治疗。他们过去有温馨童年或者在老年享受丰富的社会支持的可能性都要小。

然而，有些不幸婚姻的持续则好像包含了对抑郁或者酗酒的伴侣的忠心。在 49 对终身的幸福婚姻当中，没有一位丈夫，仅有两位妻子有酗酒行为，而且仅有一位丈夫是精神病患者。但是在 48 对终身的不幸婚姻中，11 位丈夫和 9 位妻子都酗酒，抑郁的丈夫也有 9 位。

这些婚姻当中，有些是出于互相依赖才坚持了下来（正如拉弗雷斯的第一段婚姻），有些婚姻当中其中一位伴侣充当了另一位的照顾者（正如阿尔伯特·佩因的最后一段婚姻）。而且婚姻中的不幸也不是一以贯之的，这些丈夫中有 3 位的报告中，他们至少享受过一段美好的婚姻时光。又或许这些婚姻中都有难以根除的希望。我们曾见识过，希望的能力并不是三言两语可以解释清楚的。

能长久地爱一个人是有益的

关于婚姻、亲密和心理健康，格兰特研究的 75 年又能教给我们些什么呢？首先，它很明确地告诉我们，卢埃林·霍兰德是正确的——重要的是"能长久地爱一个人是有益的"。为什么呢？第一个原因就是我最开始的时候说的，这种感觉很好。

我们当中的大多数在能获得爱的时候都很享受。但是从发展的眼光来看，亲密和心理的健康都能反映用同感能力代替自恋的过程，这种由爱和社会智力组成的进展混合物，在成熟的防御机制以及最佳的适应能力的发展中必不可少（参见第 8 章）。

第二，格兰特研究也清楚地说明，人们并不是因为自己婚姻的不幸才喝酒，而是喝酒让婚姻变得不幸。在 28 名受研究对象中，幸福的婚姻都是从自己或伴侣开始酗酒而恶化的；仅有 7 名受研究对象的婚姻是在酗酒出现前失败的，而且在这些案例中，有些"婚姻失败"明显是为失去对酒精的控制力找的合理借口，而不是直接的原因。尽管普遍观点并非如此，但酒精是一种非常不明智的镇静剂。

第三，我们还能对 70 岁后幸福婚姻比例上升的原因有所了解。对一般人群的研究显示，离婚率随着年龄和婚姻长度的增长而急剧下降。关于这种现象的解释有很多，包括脆弱婚姻在时间的优胜劣汰中被剔除，年龄增长使得承诺更为坚定并更加拒绝改变，还有可能就是共同财产的增加使得离婚的成本更高。

离婚率的下降和婚姻幸福的提升并不一定是一回事，但我们的数据所显示的正好是幸福的提升。在 20 岁至 70 岁这段时间里，整个样本的婚姻双方中只有 18% 报告称自己的婚姻幸福至少持续了 20 年。而到了 75 岁时，健在的受研究对象中有一半这样报告。等到了 85 岁，幸福婚姻的比例已经增加至 76%。这种情况改善有一部分无疑与劳拉·卡斯滕森（Laura Carstensen）的社会情绪选择有关，即随着年龄的增长，人们更容易记住那些好的回忆。有一部分则要归功于随着年龄增长而对互相依赖更加容忍；正如乔治·班克罗夫特在思忖自己失去曾心爱的驾照时所说："你得让你的妻子了解你……"

当然了，随着受研究对象越来越能把互相依赖看成是机会而不是威胁，他们所表达的对自己的婚姻的感觉就越为积极。离婚或丧偶之后成功的再婚也是一部分因素。

格兰特研究还有一个没有预料到的发现，那就是第一次婚姻关系在晚年也会改善。在时间没有这么长或者没有如此全面的研究中很有可能不会发现这一点。在 70 岁后，这些受研究对象好像发现自己的婚姻更加珍贵。"在简和我现在的年龄来看，我们一起的生活所剩下的日子就像一场美好假期的最后几天。"一位受研究对象在 78 岁时说道，"你会想着好好利用假期的最后几天，我们现在也想着好好度过我们团聚的时光。"

最后，格兰特研究还指出了除寿命研究之外不可能看到的一些微妙但重要的差别：譬如说阿尔弗雷德·佩因那种肤浅的乐观（参见第 7 章）与博特赖特和亚当斯两夫妇那种对世界的一生信任之间的差别。前者仅仅是闪闪发光的，但后者才是真金。"互赖性"可能是"互相依赖"的一个假同义词，但正是"互相依赖"的能力让奇普夫妇可以享受到有能力但缺乏热情的弗罗斯特夫妇不能给予彼此的那种温暖与舒适。

此外，约翰·亚当斯等受研究对象颠倒了我对婚姻的看法，这就再次提醒我们一个值得注意的现实，那就是人们始终在变化，始终在成长。曾有访谈者问玛格丽塔·米德（Margaret Mead）把自己三次失败的婚姻归咎于什么。"我不明白你的意思，"她答道，"我有 3 次成功的婚姻，它们帮我实现了生命中不同的发展阶段。"

07 活到 90 岁

人们认为，我们可以通过研究在世的长寿老人来了解长寿的秘密，但这样的想法是错误的。我们确实要研究他们，但我们也要研究和他们同一阶段出生的人在童年、成年以及老年生活早期的特征。

——M. 布里，A. 霍姆，《90 岁以后的生活》

对于老年生活爱情、喜悦与关系的理解，我曾经忽视了在世这一理所当然又十分重要的因素。生理健康对于老年生活的成功就和社交健康与情绪健康同等重要。2011 年，格兰特研究以及对洛锡安区 1921 年出生组进行了研究，这是我所了解的世界第一例有关 90 岁年龄段老人生理健康的前瞻性研究（洛锡安区出生组在爱丁堡于 1932 年成立，包括 8 万多名 11 岁的儿童，他们中的很多人都得到了持续的研究观察，直至 90 岁）。

本章将关注格兰特研究中截至 2012 年 3 月的 68 名在世者，我也会提及在研究过程中离世的研究对象。这些研究多次改变了我早年的认知，有的认知甚至拥有一些确切数据的支持，具有说服力。一些研究让人惊讶和震惊，因为论据和理论是永远不够的。我们需要大量资料与证据。在长达一生的研究中，这意味着长期的追踪调查，对重要假设进行系统性的重新实验——这些实验不是一两年能够完成的，而是需要几十年的时间。哈佛大学成人发展研究中所得出的最重要的经验，同时也是其他经验的前提是：生命在继续，人们的发展也在继续。对高龄老人的研究才是最恰当的样本。

1980 年，斯坦福大学内科医生、流行病学家詹姆斯·弗莱斯发现，现代医学并没有延长人类的预期寿命，但是生存曲线在发生改变。越来越多的人活到 85 岁甚至 90 岁时仍然身体健康，然后很快去世，这就类似奥利弗·温德尔·霍姆斯在诗中所提到的马车理论，那架完美的马车在长达 100 年里性能良好，突然在一瞬间，所有的部件同时解体报废。

弗莱斯将这一现象叫作"疾病压缩理论"。1900 年，因为大多数人的死亡比预期更早，人类的生存"曲线"是一条斜线；现在这条曲线更像一个长方形，尤其在身体没有风险因素的时候（图 7.1）。

2040 年，85 岁的人数将是 1990 年的 10 倍。并不是因为人类的平均生命周期长于过去，而是因为越来越少的人会在 80 岁之前逝世。80 岁以后的生命周期几乎没有增长。医学的进步，例如抗生素的使用、癌症治疗的进步以及肾移植技术，都能够减少早于生命预期的死亡。但是正如马车理论那样，医学无法使大多数人活过 100 岁。

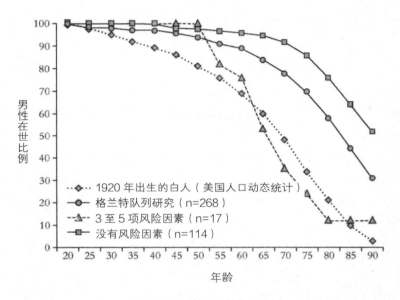

图 7.1 各年龄段男性在世比例

2012 年，格兰特研究中受试生理健康研究的男性寿命水平显著超过历史。然而只有约 3% 的 1920 年出生的白种美国男性能够活到 90 岁。研究中的 268 名男性中，有 77 名（占 28%）活到了 90 岁或以上，7 名（占 3%）男性 89 岁，即将度过 90 岁生日。他们的预估离世年龄比 2009 年出生的白种男性还要长 4 年（对比发现，即使是具有长寿天赋的特曼人，也只有 18% 能活到 90 岁）。因此，本章的宗旨之一，是给读者提供未来展望，终将有一天，活到 90 岁并不难。

有人会问：我们想要活到多少岁呢？我们的社会将高龄老人塑造成脆弱、多病、不幸的模样。没有人希望自己会常年无助、意识昏迷或是痛苦地待在养老院。不可否认，衰老意味着损耗。我们的身体从 30 岁开始进行漫长、缓慢地衰老；70 岁的我们辨别味道的能力只有 40 岁的 50%。我们的视力也不断衰退，到了 80 岁，我们几乎无法在夜间安全驾驶汽车。格兰特研究 90 多岁的在世老人中，甚至有 25% 出现了认知缺陷。

但这一结果同时说明，格兰特研究 90 多岁的在世老人中有四分之三仍然认知正常。虽然我们经常听说，大脑在 20 岁开始衰退，到 70 岁时我们将失去脑细胞的 10%。现代脑成像技术的结论则没那么悲观，认为正常的脑衰退没想象的那么严重。目前的预测也能够反映大脑特定区域出现破坏性病变——老年痴呆症、创伤、酒精中毒的普通个体的行为。

此外，我们可以推测，有的脑细胞受损是由于大脑有意识地"修剪"掉那些早已不活跃的细胞。毕竟，正是得益于这些"修剪"，我们的大脑在 21 岁时拥有的突触数量少于 5 岁时的一半。因此，我们不必感到那么绝望。

此外，老年人的内心生活也不是我们想象的那么贫瘠。40 岁以后，对死亡的恐惧慢慢减少，更多的人相信来世的存在。多个研究中心对于流行病的观察表明，老年人情绪低落的情况并未增加。事实上，近期的研究显示，年龄越大，成年人情绪低落的情况越少，负面情绪越少，更加坚定自信，拥有积极的情绪。特曼的一位曾祖母说过："我讨厌我的腰线，喜爱我的灵魂！"格兰特研究大部分男性在过 85 岁生日时，都为他们的年龄感到自豪。

目前关于老龄生活最权威的研究来自麦克阿瑟基金会。其研究结果在罗和卡恩《成功的衰老》一书中有所总结。该研究反对妖魔化、凄凉化养老院的生活。研究表明，活到 85 岁的男性平均生前只会在养老院待 6 个月，而活到 85 岁的女性则会在养老院待一年半。数据显示，活到 100 岁的人们通常在 95 岁时仍然积极活跃。

在格兰特研究中，研究对象似乎在很长时间内都没有出现认知能力下降的问题，因此我们直到 80 岁才开始测试他们的认知功能。经过测试，这一年龄段 91% 的受研究对象都处于认知正常阶段。

在 70 名已经活到 90 岁的男性中，58 名在 90 岁仍然认知正常，在 41 位认知状态的电话面试（简称 TICS，我之后都会以 TICS 提及）中，他们在 80~90 岁之间的 10 年平均只衰退了 1 个百分点。格兰特研究中 90 多岁的人们中，几乎四分之三的人认知水平都和以往一样，或者仅稍有迟缓。似乎大部分人都无法给出副总统名字的全称："我知道他是来自特拉华州的参议员……"没错，记住全名对于 70 岁以上的老人可能是一个问题。在停车场找到自己的车也是一个问题！

麦克阿瑟研究支持了弗莱斯的观点，认为我们的寿命越长，身体上失能的时间反而越短。布里和霍姆斯的报告表明，长期痛苦从 85 岁的 28% 减少至 95 岁以后的 19%。虽然痴呆症对于患者及其家庭仍然可怕，但是在格兰特研究中，41 位男性中仅有 10 人在 89 岁之前患有痴呆症，并且他们在检测出病症后仍然活了 5 年以上。此外，部分流行病学家认为，老年痴呆症在 95 岁以后发病率会降低。

　　显著的体能下滑是衰老不可避免的一部分，但是体能下滑的快慢却因人而异。40% 的人在 85 岁之后身体各方面功能仍然完善。这是一个很难确定的标准。但是表 7.1 显示，格兰特研究中 85~90 岁之间的人约 55% 都能达标。其中只有 9% 的受研究对象行动受制于家中或轮椅之上。

表 7.1　87~89 岁工具性日常生活活动（样本量为 60*）

没有减少	12%
可以连续走 2 英里不停歇	41%
仍然参与有难度的体育活动：慢跑、徒步旅行、砍木头、移动沙发	46%
没有减少主要活动	61%
没有停止主要活动	52%
仍然可以移动轻型家具，或在机场搬运手提箱	74%
无须费力就可以去往市区	67%
仍然开车和 / 或使用公共交通	75%
可以在不休息的条件下爬 2 段楼梯	79%
穿衣、生活自理不需要人帮助	90%

*60 份问卷被回收

　　受访者中最有活力的男性在 90 岁（或左右）返回了问卷，并讲述了他们生活中的一些趣事。第一位男性离婚 4 次，他给第五段婚姻的幸福——第五段婚姻持续了 20 年——打了满分。报告显示他进行体力活动的能力并没有降低，除了不再夜间开车以外。他精力充沛；他仍然打网球。

　　第二位男性在 87 岁时仍然每年挣 6 万美元，每周参加 30 小时的志愿活动。他给自己的婚姻生活打了满分，在 90 岁时，他仍然拥有性能力。

　　第三位男性每周锻炼 15 小时或更久，他也仍拥有性能力，并给婚姻打了 6 分（总分 7 分），他参加了 4 份志愿工作。

两种生活

阿尔弗雷德·潘恩的生活

受研究对象的健康现状以及他们对自己健康的主观认知并非总是吻合。良好的自我照顾、高昂的斗志、亲密的朋友、健康的心理状态都可以使受研究对象在生病时并不感到不适。因此，我想谈谈衰老频谱两端的微妙区别，首先讲讲阿尔弗雷德·潘恩根据我上述对有区别的定义，他又生病又虚弱。他最大的优点在于从未抱怨，最大的缺点在于不了解自己。他不承认自己酗酒或沮丧。

在抑郁症状的主观量表中，潘恩在学习方面取得了最好的成绩之一。他从未寻求过心理治疗。他的医生都不曾提到他有心理问题。在问卷表中，他认为自己和孩子相处亲密、身体健康。只有单独采访他、和他的妻子聊天、检查他的病历卡、看到他孩子的问卷中体现了对他的不满，以及最后——读他的讣告时，我们才能完全理解阿尔弗雷德·潘恩的遭遇。

潘恩的祖先是杰出的新英格兰快帆船船长。其中一位祖父是商业银行家，另一位是纽约证交所主席。他的父亲毕业于哈佛大学，母亲毕业于时尚的寄宿学校。潘恩来到哈佛的时候，还拥有可观的信托基金。但是研究表明，在他的童年成长中，很少得到来自男性的温暖。至少在格兰特研究中，父亲的社会阶级不能保证成功的衰老。潘恩的故事表明金钱同样无法保证成功的衰老。

在大学，潘恩恋爱经历丰富，但是研究人员发现，对潘恩而言，似乎恋爱仅仅意味着有人照顾他。根据他历任妻子们的说法，他的多次婚姻都不幸福。部分原因是他酗酒（他对酗酒予以否认），部分是他惧怕亲密关系。

潘恩将其 68 岁时的身体健康水平描述为"非常好"，但客观而言并非如此。他过于超重，由于长期吸烟，还患有阻塞性肺疾。到 70 岁时，他患上胆结石，还进行了结肠憩室炎的回肠造口术，加重了他的医疗负担。我曾在他 73 岁时采访过他，他显得比他实际年龄还要年长 10 岁——像是待在养老院的老人。他牙齿已经掉光，肾和肝脏开始衰竭，由于一次汽车酒驾事故，他有轻微的痴呆。他需要吃两粒治高血压的药，两粒治糖尿病的药，一粒治痛风的药，一粒治抑郁的药。毫无疑问，他的身体也出现残疾。

潘恩的"十项指标"分数为零。在 75 岁提交问卷时，他拒绝填写问卷中的生活满意度表。很明显他过得并不幸福。倾听人们如何热情地应对困境是令人兴奋的事情，但是采访潘恩让我难过。

在他的问卷当中，他曾提到关于孩子的快乐回忆。但是当我问到他从孩子身上学到什么的时候，他暴躁地回答："没学到什么，我很少见到我的孩子们。"他的一个女儿在问卷中提到，她每三年才能见一次父亲，另一个女儿一年见他一次，认为他的生活"感情贫乏"。阿尔弗雷德·潘恩唯一的儿子觉得，他从未与父亲有过亲密无间的感觉。

潘恩的第三任妻子对他爱护有加，但是潘恩并不尊重她，也不关爱她。我曾问他如何与妻子合作，他回答："我们不合作。我们过着平行的生活。"如果你不让自己感到爱的存在，就很难拥有被爱的感觉。

潘恩 73 岁时，我曾让他描述认识时间最长的朋友，他咆哮着说："我没有这样的朋友。"他爬楼梯会有困难，走 100 码是很困难的事。他无法在夜间开车，他不得不因为痛风而放弃打高尔夫球。他的妻子和他的医生都觉得他身体糟糕。然而，在他最后一份问卷中，75 岁的潘恩将自己的身体描述为"非常好"并表明他在体育活动方面一切正常。

就在第二年，他住进了养老院；一年后，他的多重性疾病使得他离开了人世，那时，研究对象的三分之二的人仍然在世。潘恩解决问题的方式是视而不见——这与喜欢亲力亲为的鲍莱特和亚当斯形成了鲜明对比，他们喜欢以乐观的态度看待世界，但保持乐观主要是为了保持良好的战斗能力。

丹尼尔·加里克的生活

我从未见过丹尼尔·加里克，虽然我在他 81 岁、86 岁和 90 岁时 3 次给他打电话，测试他的认知能力。他在 86 岁比 81 岁表现更佳，让我印象深刻。我中途给他打电话，加里克告诉我，我很幸运在他休息日找到了他，因为他另外 6 天都要工作。

他非常兴奋，因为他刚在三藩市艺术博物馆教授他的第一门课，课程有关美国画家，他使用自己的幻灯片讲课。我以那些通话记录为基础，选择他作为阿尔弗雷德·潘恩早期衰老和晚年不幸生活的对比，是因为我知道，在他 95 岁时，他是在世的研究对象中最年长的一员。然而，我不太了解他 80 岁之前的生活，因此我需要重新阅读他的记录。

加里克是 6 个孩子中最年长的。他在大萧条期间长大，在他的家庭中，人均年收入仅有 400 美元——也就是说，8 口之家年收入为 3200 美元。他的父亲是个高中学历的会计，经常失业，不能理解他儿子为何要先上戏剧学校，到了25岁再去哈佛上学。加里克的父亲非常保守，只读《读者文摘》，但是他的妈妈非常敏感，在艺术上倾向于自由主义，丹尼尔按照她的性格塑造了自己。研究的评估者认为他的童年是温暖的。

丹尼尔是奶瓶喂养长大的，他曾被家人训练过如何如厕。最开始，他是个"好脾气的""十分友好"的小孩。在学校，他被年长的孩子欺负，完全不擅长体育活动，代数不及格。

但在九年级时，他在学校演出中取得首次成功。他喜欢掌声，从那时起，他就潜心钻研校园戏剧，并且取得了不错的成绩。高中毕业后，他进入了戏剧学校。他放弃了纽约放浪不羁的生活，不再吸烟喝酒，他每逢7月都参加夏季剧团的演出，只愿出演莎士比亚和易卜生之流深度剧作家的作品。

他有一个愿望，希望能邀请大众（也许主要是他庸俗的父亲）享受美学的魅力，因为他和母亲都非常享受美学。作为演员，他无法在大萧条时期的纽约养活自己，最终他勉强得出结论，虽然他对戏剧饱含激情，但在情感上过于封闭自我，因此不能成为杰出的演员。

加里克投身于舞台事业，在一些小型学院管理和教授戏剧。为了这一目的，他在没有家庭帮助或奖学金支持的情况下仍然进入哈佛读书。私人精神医院给他提供食宿，感谢他作为精神病学护理人员在墓地轮班。他从下午六点睡到半夜，然后值班（他有时间做功课），然后骑行5英里，于早上8点到达剑桥，以节约车费。这位壮汉的故事让我怀疑锻炼使人长寿的真实性，可能事实正与之相反。有的人可能生来就有活到95岁的精力。这种精力使得他们成为积极的锻炼者。

加里克虽然身强体健，但他的大学生活过得十分艰辛，他每年只有5美元购买衣服。没有时间社交——不跳舞，不约会，不运动。他总是疲劳，无法取得比C更好的成绩，直到大四结婚成绩才有起色。那时，他年轻的担任夏季剧团演员的妻子帮助他解决生活开销，他才有精力获得荣誉学分。

研究人员并不全都了解加里克。他收到了研究中"全面发展"和"自我激励"方面的最高评分。一位观察者很欣赏他，称他为"认真的男人"。但他26岁时，研究的精神病学家这样描述他："他被选为研究对象，是因为他展现出良好的健康状况和稳定的性格状态。他在工作领域所展现出来的能力有限……虽然他富有远见，并开始逐渐了解自己，但他并不完全了解自己，可能永远无法拥有保持人生快乐所必需的领悟能力。"

格兰特研究也并不能总是很好地了解艺术家——甚至拒绝研究诺曼·梅勒和雷昂纳德·伯恩斯坦！虽然加里克取得了多重成功，他在"十项指标"中只获得了平均分 3 分。

在加里克加入研究十年之后，他在性格稳定方面只取得了"D"，心理和血管系统健康方面取得"D"，预期寿命取得"B-"。克来克卫生将他的健康水平评定为"一般"。讨论者不关心加里克分享文化快乐的愿望，认为他的愿望不过是"受到声望驱动"而炫耀，另外一名研究人员认为他"性格混乱"。当时的研究人员期待人们以商业、法律、医学为职业，自然对于艺术型的职业存在盲区。

加里克 33 岁时，当地的话剧团破产，当时的他写道："我的神经都被撕扯成碎片了。"他仍然把自己的情感局限在表演领域，放弃了剧院的高压工作，回归了一个更加安全的目标。40 岁时，他认为自己"中庸，没有想象力"，但是他也取得了必要的博士学位，在他想象中的"小学院"教授戏剧和剧场史。

我在阅读到这一点时，开始担心自己记忆混乱。难道我错误地回忆了 10 年前愉快的电话聊天么？难道我 90 多岁的榜样真的是一位郁闷的自恋者么？我还不知道他的博士论文已经发表并获得了奖项，或者在他 88 岁时，对他怀有感恩之情的学生以丹尼尔·加里克教授之名赠予了所在学院一份厚礼。

我在文件中所看到的加里克有着消极的未来。我和加里克自己的想法相同，认为他的人生充满失败。

我的焦虑使我不能再慢慢阅读他的记录。我直接打开了研究中有关他的近期文件夹，看到的第一件物品就是一份剪报。事实上它不只是一份剪报，而是《旧金山纪事报》周日艺术版面的整个头版。大标题醒目地写着：89 岁的丹尼尔·加里克，总是高朋满座。我长舒一口气，然后回头继续按时间顺序研究他的故事。弗洛伊德曾经说过："那些创造性艺术家的问题，是没什么好分析的。"显然，我与早期研究的调查者拥有更多相似点。我需要他人提醒，艺术家需要时间走向成熟。另一个纵向研究的原因是……

加里克在中年时期经历了一系列职业和婚姻的不幸。因此，我和其他研究人员都把他当作一个失败的例子。他放弃了职业选择，选择了次优的生活。53 岁，他与第一任妻子离婚，他有段时间性生活障碍，因而投身箭术以期实现个人价值的升华。

结果表明，那些退步只是暂时的。加里克在长时间的工作生涯中，后半时间在一家又一家的著名戏剧公司工作。在 80 岁时，他中止了练习了很长时间的箭术。

很多 55 岁的老人都嫉妒他富有激情的婚姻。丹尼尔·加里克并不是格兰特研究中唯一一个在中年时期重新发现童年缺失的饱含情感的生活。至少就最近而言，有的女生经过社会化，在月经初潮时就放弃了远大抱负。有的男生在初中时受到鼓励，为了发展左脑的理性能力而忽视了右脑的感性能力。如果他们足够幸运，这种趋势会在成熟后发生改变，从而有意识地塑造富有情感的生活。我想在此引用 E.M. 福斯特的名言："唯有把散文与激情连接起来，两者才都会提升。"

随着加里克年龄变大，他不再对情感进行封闭，作为年轻演员，自我封闭给他带来了诸多纷扰。神经系统科学家弗朗辛·贝尼斯表示，随着大脑的执行中心前额叶成熟，它与情感中心大脑边缘系统结合得更加牢固。

在他 50 岁出头时，加里克辞去了"白天的工作"，放弃他所任职的戏剧教授的职位，成为西部的一名带薪莎士比亚话剧团演员。此时的他才真正打下了事业基础，虽然他早已在非百老汇戏剧界的《李尔王》剧中收获了经久不息的掌声。关于那次表演，一位评论家写道："加里克是我能想象的最好的李尔王扮演者。他似乎就是主角本人，完美地表现了李尔王的傲慢、暴躁、害怕、迷惑。这场演出是一次非常难忘的经历。"

丹尼尔·加里克已经心理成熟，现在他能养活自己，不仅会分享观点，也与观众分享他的感受。他不再将自己与观众隔离，像年轻人那样具有防御性，也学会了如何玩乐；我想到马龙·白兰度这位半退休的神父，他在花园里开心地追逐孙子。

55 岁时，加里克第一次度假。在常年久坐的教学生涯后，他开始慢跑，长时间骑自行车。这里又面临了先有鸡还是先有蛋的问题。是因为他在 55 岁仍在单车骑行，才拥有非同寻常的健康吗？还是正由于他拥有非同一般的健康，才进行单车骑行？

在 76 岁时，加里克再次结婚，拥有长期的伴侣。当他 86 岁时，莫伦·巴特敦写道："加里克有思想、睿智、温暖、有自知之明、谦逊、有好奇心、身体力行、富有情感、热情、诚实……他在爱情和事业上都非常成功。他与雷切尔的婚姻非常深沉、快乐，不仅能够维持他的日常生活，还给他带来惊喜，让他怀着感恩之情流泪。这段婚姻非常成功，因为他们给予彼此自由，以实现独立——他们每个人拥有自己的空间、自己的朋友、兴趣和社交风格，同时他们也非常享受彼此的陪伴和彼此的身体。"晚年时期还能拥有性爱是非常不错的事情，尤其是他们 80 岁以后的性爱仍然富有激情。类似的发现需要我们进行纵向研究。

巴特敦继续说道："在很多方面，这似乎是丹尼尔·加里克最好的时光——他享受自律带来的益处。他在爱情上散漫，在工作上富有激情，他保持心智和心灵开放，参与决策，结交新朋友，享受兴趣爱好，从过去的经验中汲取真正的营养，允许自己在低沉的悲伤和巨大的快乐中自由沉浮，他关注对他重要的事物，坚忍地适应衰老带来的身体不便。"

自 80 岁起，加里克的情绪达到了最高水平。由于身体多处疼痛，他在 76 岁时放弃了单车骑行。在 86 岁时，他唯一的药物是按需服用的"万艾可"——他声称是一周两次。他能感受到自己年纪大了，但是接下来的 5 年，他一直与一家大型莎士比亚戏剧院联络，为其提供演出服务，背诵自己的台词，不断排练，始终担任当地艺术博物馆的讲解员与教师。

加里克的儿子在他 95 岁时注意到了这一改变。"我的父亲身体开始衰退，认知能力比在问卷中的表现衰退得更厉害：在过去的 8 到 10 年里是逐渐衰退，但从 2006 年演艺事业退休后，认知能力出现了陡然下滑。由于关节炎和记忆衰退，几年内他都很少工作。最终他不再工作，坐在椅子里，读书、看电视、听音乐、订阅更多的书目和音乐，几乎不锻炼。他在剧院的工作给他提供了定期的社交活动，并不断激励他分析剧本和角色，以创造出好的表演。如今，他很少进行社交活动和自我激励。"

很难保证衰退是由于缺少社交和身体活动的结果。反过来说当然也成立。更合理的解释是像马车理论那样，马车在使用很长时间后会突然解体报废。加里克快到 100 岁时，放弃了社交和锻炼身体。事实可能介于两者之间。直到他去世时，加里克也只服用两种药物：治疗关节炎的萘普生和改善睡眠的安必恩。

90 岁时，他的 TICS 成绩显示出边缘性衰退，91 岁时，他曾经服用安理申（一种减缓记忆衰退的药物）。94 岁时，他的妻子身体非常衰弱，搬去了老年生活助理中心。

一段时间内加里克精神旺盛，但是 95 岁时，他的身体给他带来了诸多问题。他的儿子感到担心，于是搬来与他一起生活、购物、计算他的税收、为他付账。加里克意识到他的生活已经慢了下来——在最后一份问卷中列举了日常活动："阅读，看电视，打瞌睡。"他似乎没有因为这些变化而过度烦恼。丹尼尔·加里克在 96 岁时去世。

记住，加里克只是这些男性中第一个活到 95 岁的人，很多思维敏锐的研究对象很有机会超过他。要记住，我们每个人都有终将离去的一天。从 60 岁到 90 岁，加里克的人生是漫长而成功的。

我们是否能从丹尼尔·加里克的生活中学到有关如何优雅老去的经验？或者什么成就了他的长寿？他显然没有遵循大多数传统长寿规律。他的父母并不长寿。（事实上，**数据显示父母的长寿水平并不能影响孩子**。）

他到快 60 岁时才开始锻炼。20 年来，他每天都要抽一包烟，之后的几十年每天抽 9 只烟斗。在他 60 多岁时，他喝酒过量，他和他后来的妻子都为此担心。传统观点表明，我们通过与人为善保持年轻，但是他不参加任何社区服务活动，只在 86 岁时在艺术博物馆担任讲解员。

加里克每天骑 100 英里自行车，这是他精力充沛的原因么？还是他天生的活力使得他能长距离骑行？还记得在大学时候，加里克在通宵熬夜后仍能往返骑行 5 英里，并且在"全面发展"和"自我激励"方面获得了最高分。在研究中，这两项都与长寿有关。

成年伊始，加里克就有着不服输的特点。也许这是他能长寿的真正原因。格兰特研究中没有人和他一样，为获得大学教育，等待如此长的时间，如此努力。大部分没有资金支持的学生会拥有奖学金，但加里克没有。大部分认为自己拥有事业雄心的男性能够在距 50 岁还有很多年时就实现理想。但是在加里克从教学岗位退休时，他仍然用业余时间表演。他从未一蹶不振，也从不放弃希望。

通往健康衰老的道路

有时，癌症和心脏病就像是来自凶神的造访，老年生活似乎是由残忍的命运决定的，或者说是由一些残忍的基因决定的。衰老的过程让人如此无能为力，因此当我们收集的大量数据显示，成功的衰老可行的，或者我们可以找到减缓细胞老化的方法时，我感到大为宽慰。

20 年前，研究老年病学的领导级专家保尔·巴尔特斯意识到，研究还没有到达新的阶段，能实现有诸多因果关系的（与"相关分析的"相对）证据能够预测健康的衰老。诚然，很多著名的长达 10 年到 20 年的关于身体衰老的前瞻研究给人们提供了有关衰老的积极理解。但在这些研究中，调查人员很少能够了解他们成员 50 岁之前的事情。只有华纳·沙耶研究其受研究对象长达 25 年以上。早期影响长寿的因素还不明确，但是人们仍然抱有强大信念。

例如，我们经常被要求节食，健身，或者食用营养品养生，这些行为能保证我们持续拥有好的健康状态。但是这些规律很少经过长时间的佐证，规律也时刻在改变。20 世纪 40 年代服用的鱼肝油换成了 70 年代服用的抗氧化剂，10 年前，抗氧化剂又换成了鱼肝油。

有段时间人们认为吃鸡蛋养生的方法已经过时了，人人反对食用红肉，崇尚吃水果。但是为数不多的研究 90 多岁老人的结果表明，90 多岁老人中，80% 的人一生规律地食用红肉，仅有 50% 每周吃水果。或者，我和节食倡导者一样，只展示了个人偏见。无论何种研究方法，专家们都会告诉我们，生存并不简单地等同于健康。人们认为包治百病的节食能抵挡一些风险因素，这些风险因素并不是分散的实体，而是复杂交错原因的具体体现。

我自身对抗长寿不确定性的经验是在 12 年前的波士顿科学博物馆，如果游客在博物馆的电脑中输入他们所有的坏习惯，电脑会显示他们的剩余寿命。我告诉电脑，我每天吃 0.5 磅黄油，抽 3 包骆驼牌香烟，很少吃绿色蔬菜，每天晚上喝五分之一瓶杰克丹尼酒。离开沙发只是为了去远一点的地方换电池。电脑思考了一段时间，计算着每个危险因素应该给我减寿的年份，然后告诉我我已经去世了。

现在我承认，对于一个将生命中许多时间用于搜集生成问卷并采访分析数据的人而言，这不是让我们举止规范的好方法。如果格兰特研究中男性说谎的频率只有我的十分之一，那么结果会更好……此外，在真实的人生中，仅仅将多重风险因素叠加起来和让这些风险因素以复杂的方式相互作用是截然不同的，对此我们拥有正式的解释。

　　哈佛在校庆 350 周年时，赞助了一个关于衰老的讨论会，有 4 位专家受邀描述他们有关风险因素的研究。一位专家谈到锻炼，另一位谈到肥胖，第三位谈到吸引，我谈到酗酒。我们都只谈了我们所提及的那个因素的重要性，而没有谈论三个因素，更没有谈论四个因素同时作用的后果。和电脑一样，我们仅把自己所阐述的因素当作影响最大的因素。

　　在本章中，我尝试不去孤立看待每个因素，并重新叙述 4 个研究的发展过程。在这些调查中，我们审视成功的衰老与长寿的决定因素。每个因素都让我们有了新的发现，说来话长。

四个有关衰老的研究

　　研究一，1978 年：精神健康和生理健康。

　　1978 年，我才 40 出头，这些男性已经 55 岁。我认为他们已经开始走向衰老，因此适合成功的衰老的年龄研究。这不是夸张，我认为他们正接近精力最旺盛的峰值，最好在漫长的衰老开始前多做研究。

　　我的第一次研究——研究 40 岁到 55 岁之间的健康衰退原因——我研究了 189 名活跃成员，他们 40 岁时非常健康。其中 88 人直到 55 岁仍非常健康。我好奇，他们和另外 101 名到 55 岁时得了轻微慢性病（66 人）或严重慢性病以及死亡（35 人）的区别在哪呢？在 1979 年，我认为表 7.2 给我们提供了答案。

表 7.2　55 岁之前导致身体健康下滑且不可逆转的因素

	在 55 岁前的显著性（n=189）
A 心理健康变量	
高度使用调整情绪的药物	非常显著
抑郁症	显著
暗淡的童年	非常显著
30—47 岁间差劲的发展	显著
47 岁时差劲的关系处理	非常显著
不成熟的防御	显著

B 身体健康变量

大量吸烟	不显著
滥用酒精	非常显著
祖辈是否长寿	不显著
教育	不显著

非常显著 =p<0.001；显著 =p<0.01；NS= 不显著

　　记住，当时我是精神病学家，不是内科医生，也不是流行病学家。我希望问题有一个直截了当的答案：精神健康对身体健康的影响是什么？我检测出一些之前评估心理状况的变量：黯淡的童年生活，依赖调整情绪的药物，抑郁症，看精神病医生的次数，中年差劲的关系处理能力。尤其是在 30—47 岁之间缺乏好的成人发展（也就是好的工作、恋爱、娱乐能力，并且不需要进行心理疾病治疗）。

　　在表 7.2 中显示，所有 6 个心理学上的变量都与接下来 55 岁时糟糕的身体状况呈现强相关。到那时，49 名童年黯淡的男性中，有 17 名（占 35%）已经死亡或患有慢性病。与之相反，44 名男性中只有 5 人（占 11%）拥有温暖的童年——这是非常重要的区别。另一方面，到 55 岁时，66 名不吸烟男性中有 6 名（9%）男性、48 名重度吸烟者中有 8 名（占 17%）男性患有慢性病——这一区别在数据上不够显著。

　　我已经阐述了我的观点，心理疾病在加速衰老方面起着重要作用。每隔 5 年，我都会引述这 6 个变量，重新计算，来检测他们在影响身体健康方面是否仍然重要。15 年中，他们依旧非常重要，到目前为止一切顺利。但是，和科学博物馆的电脑一样，我不能完全控制其他重要的风险因素。我们要花几十年才能分离 55 岁之后健康下滑的数据和 55 岁之前健康下滑的数据。回顾过去，这似乎是不需动脑的事情。但是纵向研究的另一优点在于他们发现了一些先前的思考是草率的。

　　研究二，2000 年：55 岁到 80 岁之间健康的下滑。

　　随着研究对象年龄超过 80 岁，我开始设想寻找与痴呆症有关的因素。事实上，这一可怕的情况通常伴随血管因素，因此我提出了 5 点血管风险因素：抽烟、滥用酒精、高血压、肥胖和 2 型糖尿病。

　　我第一次系统性而非单独地考虑这 5 个因素，叠加风险因素能增强预测的准确性。当这些因素与痴呆症显著关联时，我放任研究人员考虑更大范围通常意义下的身体健康，这也导致我们得到一些惊喜。

这次，我跟踪调查这 177 名男性，他们在 55 岁时仍然很健康，或者仅有一些小病痛，我的跟踪研究直到他们 80 岁。我震惊地发现，这些男性 55 岁时的健康状况非常明朗，但是他们之前心理和生理健康的关系不再成立。

表 7.4 中阐明，男性在 55 岁到 80 岁之间健康状况下滑与血管风险因素有着十分显著的联系，和心理健康风险因素完全没联系。在 189 名 40 岁仍然健康的男性中，103 名没有风险因素，86 名患有一种或多种风险因素。另一组中有 65 名（占 76%）患有慢性病，或在 80 岁之前去世。在没有风险因素的男性中，仅有 45 名（占 44%）去世或残疾。这是一个非常显著的区别。

但是早期心理健康风险因素无法预测 80 岁时的健康状况。似乎这些风险因素在他们 80 岁之前就给他们造成伤害。过去的疾病给他们带来的影响仍在继续，并且当控制了酒精、烟草、肥胖与祖辈寿命的作用时，数据上仍呈现显著影响。时间在流逝，糟糕的心理健康没有给这些男性造成进一步的影响。随后的数据表明（见表 7.3），在 55 岁之前以及之后，血管的风险因素非常重要，这一事实起初对于年轻的精神病学家是毋庸置疑的。成熟同样能够增强研究者的洞察力。

表 7.3　不同年龄段导致身体健康下滑且不可逆转的因素

	55 岁前是否显著	55 岁到 80 岁之间是否显著	80 岁到 90 岁之间是否显著
A 精神健康变量			
频繁使用调整情绪的药物	非常显著	不显著	不显著
抑郁症	显著	不显著	不显著
黯淡的童年	非常显著	不显著	不显著
30 到 47 岁成年发展不佳	显著	不显著	不显著
47 岁社会关系糟糕	非常显著	不显著	不显著
不成熟的防御机制	显著	不显著	不显著
B 身体健康变量			
血管风险因素	非常显著	非常显著	非常显著
a 抽烟	不显著	显著	不显著
b 滥用酒精	非常显著	非常显著	不显著

c 50 岁时舒张压较高	非常显著	非常显著	显著
d 肥胖	非常显著	非常显著	不显著
e 2 型糖尿病	非常显著	不显著	不显著
祖先的寿命	不显著	不显著	不显著
教育	不显著	显著	不显著
80 岁时的认知能力	不显著	非常显著	非常显著
癌症诊断	不显著	非常显著	非常显著

非常显著 =p<0.001；显著 =p<0.01。

研究三，2011：活到 90 岁。

随着男性年龄增长，我继续确认这些变量。这些变量使得他们中的一些人成功活到 90 岁。我一直关心血管风险因素。并且再次看到许多曾经重要的变量随着时间流逝失去了数据上的意义。

当男性处于 80~90 岁之间，我们分析了诸多血管因素共同作用的情况，结果表明这些因素仍然非常重要。因为很少有重度吸烟者和酗酒者能够活到 90 岁，然而，这两个因素单独来看，重要性在 80 岁以后就有所下滑。

在研究的 45 名重度吸烟者中，只有 16 人活到 80 岁，4 人活到 90 岁。依赖酒精的人中只有 3 位活到 80 岁，没有人活到 90 岁。但是另一项血管风险因素所得出的结果有所不同。它们能持续产生影响，使得男性能在 89 岁以后保持认知敏锐；在 80 岁以后，痴呆是健康下滑的一个主要因素；对于没有血管风险因素的男性而言，有 50% 活到了 90 岁，超过了预期的 30%。在伴随 3 个或 4 个风险因素的 17 名男性中，除一人外，其他人都在 90 岁去世。

表 7.3 总结了这 3 个研究的结果；第一栏指的是 55 岁时的原始分析数据，后来我进行了重新评估，这些评估分别对应着血管和基因风险。每一栏的 N 指的是在世的人；前瞻性研究中数据紧密关系发生改变的原因之一是特定的风险因素，例如无法适应环境的寄生虫会杀死他们的宿主，结果自身也没有可以寄养的生物。

研究四，2012：如何获得永生。

2012 年，我写道，格兰特研究活跃的男性中有 68 人仍然健在；50 人认知功能正常。我想尽可能地学习多年来导致身体健康和心理健康的因素。理想情况下，这一研究会在十年后会再次进行，那时我们能确切了解每位男性去世的时间。但是现在需要临时汇总数据，因此我根据过去的经验，做了关于这些男性还能活多久的最佳估计。如果一位男性仅有轻微的健康问题，我会在这个男性现在的年龄上加上 7 岁作为他的寿命，如果他患有慢性病，则加 5 岁，如果他患有残疾，则加 3 岁。显然这里有投机行为，但是 90 岁以后，这一猜测的错误性有限。之后，我研究了所有男性的生命周期，研究了在其他环境下重要的因素，来看看这些因素对长寿的影响。表 7.4 就是结果。

没有血管风险因素的男性平均活到了 86 岁。仅活到 68 岁的男性数量为三位或以上。这些因素的共同作用使得男性的预期寿命减少了 18 年。有着非常长寿和非常短寿祖先的男性的寿命差为 7 年——前者为 84 岁，后者为 77 岁，这是一个显著的区别。但是它不同于血管风险因素预测的结果。令人惊讶的是，父母的社会阶层带来的寿命影响小于一年。在 47 岁成年发展最好和最糟的人分别活到了 85 岁和 77 岁——寿命差达到 8 年，这一差异十分显著，但是和血管风险因素带来的差异相比仍不够显著。

一个好奇：样本中 16 位在第二次世界大战中暴露在战争最多的人比其他人显著去世得更早。他们死于非自然原因（例如谋杀和自杀）的概率是普通人的 6 倍，在 80 岁之前去世的可能性是普通人的 2 倍，这是另一个意料之外的结果。未来几年，这一结果可能有助于发现一些意想不到的重要线索。

在弗里德曼和马丁于 2011 年出版《长寿计划》后，我发现了一个有趣的独立预测，有关于一个人在大学里能否保持坚持不懈和自我激励（研究早期的术语中叫作全面发展和自我驱动）。这些特征与长寿紧密相关。在大学中两类特征并存的男性有 23 人，他们比一个特征都不具有的男性更可能多活 10 年（见表 7.4）。

表 7.4 长寿相关因素 （去世平均年龄 81.5；人数为 237）

	人数	平均年龄	数据显著性
A 显著缩小寿命的因素			
依赖酒精	18	67.6	非常显著
3 种以上血管风险因素	17	68.3	非常显著
重度吸烟者	40	73.0	非常显著
好斗	16	75.3	显著
既没有全面发展 也没有自我激励	83	78.8	显著
仅有本科学历	81	79.0	非常显著
祖先寿命为后六分之一	36	77.1	显著
B 显著延长寿命的因素			
没有血管风险的因素	113	86.4	非常显著
从不吸烟	77	84.7	非常显著
30—47 岁之间发展良好	58	85.1	非常显著
50 岁时舒张压低	66	85.9	非常显著
祖先寿命为前六分之一	44	84.3	显著
既全面发展又自我激励	23	89.3	显著
研究生学历	153	83.3	非常显著
C 没有显著影响寿命的因素			
最温暖的童年生活	57	83.0	不显著
最黯淡的童年生活	61	80.0	不显著
胆固醇超过 253 毫克 / 分升	57	81.1	不显著
胆固醇低于 206 毫克 / 分升	57	82.9	不显著
很少锻炼（20 到 45 岁之间）	79	80.4	不显著
频繁锻炼（20 到 45 岁之间）	25	85.0	不显著
父辈社会阶层：上层	80	82.4	不显著
父辈社会阶层：蓝领	14	81.6	不显著
没有身心疾病	50	82.0	不显著
2 种以上身心疾病	48	83.7	不显著
不肥胖	212	82.2	不显著
肥胖（体质指数大于 28）	23	79.3	不显著
成熟型防御方式	39	84.0	不显著
不成熟防御方式	34	78.4	不显著

| 社会高度支持 | 54 | 84.1 | 不显著 |
| 社会低度支持 | 59 | 80.1 | 不显著 |

怎样避免早亡

大多数 55 岁前的事实都与男性无法控制的因素有关。我们不能选择父母，或者控制导致抑郁症的基因。然而，在 55 岁以后，血管因素在离世中占有重要因素，这又是一个不同的故事。血管因素已被广泛认为是 80 岁之前的死亡原因，这一点我们已经可以确认，我们使用多重回归分析（不同于波士顿自然博物馆的电脑）来分析 5 个因素中每个因素在另四个因素中的情形，并发现每个因素对于健康下滑和死亡有独立的影响。

如同表 7.3 所阐述的那样，这些因素与格兰特研究中男性健康状况不可逆转的下滑有非常显著的联系，在格卢克贫民区队列研究和特曼有天赋的女性队列研究中也同等重要。但是不同于之前提到的精神健康因素，血管因素是导致过早死亡的原因，而很大程度上，我们对于过早死亡是可以干预的。

经过全方位的考量后，50 岁之前良好的自我照顾——停止抽烟，倡导 AA 制，留意体重，控制血压，都能改变男性在 80 岁和 90 岁的健康状况。

说到健康，教育是另一个能够确认的因素；教育对于贫民区样本的健康状况影响尤其重要（对于格兰特研究的受研究对象重要程度一般，因为他们的受教育水平更高）。未接受研究生教育的普通大学男生寿命预期为 79 岁，拥有研究生文凭的男性寿命预期为 83 岁——这是一个非常显著的差异。长期的教育和影响血管健康的 5 个因素的减少紧密相关。对于贫民区的男性尤为如此。这一话题将在第 10 章更详细讨论。

我们无法控制？

然而，证据间相互冲突的一个有趣之处表明，我们仍然需要考虑一些重要因素。最近托马斯·波尔斯和其同事的一篇关于 800 多名百岁老人的队列研究表明：对于 100 岁以上的寿命，基因和生活方式同等重要。在《优雅的衰老》一书中，我曾断言，祖先的寿命对于预测 55 岁到 80 岁的生存状况并不重要。

但是要想活过 80 岁，似乎祖辈的寿命再次有着重要意义。另一点值得注意的是只要研究对象仍然在世，跟踪研究就要一直继续下去。

癌症也是 70 岁之后的离世越来越重要的因素，这也是男性寿命评分中的另一个因素——如果你希望将之概括为基因因素也是可以的。除了肺癌与吸烟紧密联系以外，格兰特研究中的癌症似乎意外地独立于精神健康和血管风险因素。然而在更大的样本中以及在关注具体癌症的研究中，环境、饮食、性行为和是否滥用酒精也是重要的因素。

年龄和认知

我们使用电话访问进行认知状态的研究也叫 TICS 研究，用于检测目前没有痴呆症的参与研究者的认知能力。

在格兰特研究中，与高 TICS 最紧密相关的因素似乎是较低的血管风险因素、良好的视力、大学时的智商、成绩排名、60 岁时的锻炼情况，以及让人惊讶的年轻时与母亲的关系是否温暖。这是另一个奇妙之处所在。

随着实验的进展，我发现童年与母亲温暖的关系——而不是母亲对子女的教育——和男性的语言考试成绩、高薪、在哈佛的成绩排名、"二战"后期的军衔显著相关。在这些研究对象的第 25 次聚会时，我感到出乎意料，似乎研究对象与母亲关系的质量对整体中年发展影响较小。

然而，45 年后，再次出乎我意料的是，数据表明，受研究对象与母亲间的关系越亲密，出现认知能力下滑的概率就越低。在 90 岁时，与母亲关系不好的男性中 33% 得了痴呆症，与母亲关系良好的男性中得痴呆症的仅有 13%。

痴呆症和关节炎一样，是不利于长寿的因素。90 岁的关键衰老状态显著取决于持续的认知能力，保持认知能力的最佳办法就是减少血管风险因素。然而，老年痴呆症是一个特例，它是 80 岁以后健康下滑的主要因素，但是不同于纯粹的血管性痴呆，出乎意料的是，老年痴呆症的成因独立于我所列举的因素。

80 岁之前的死亡可以通过生活方式的明智选择得以规避，但目前该研究没有提供方法阐明如何避免 80 岁以后导致完全残障的最严重最可怕的两种因素——癌症和老年痴呆。

有关衰老什么不重要

祖辈的寿命

科学家们缺乏对人类终生寿命的研究，但是研究了果蝇的衰老过程。人们每年可以繁殖和研究几代果蝇，似乎它们的寿命十分依赖基因。因此，研究中的首要考虑的变量之一就是祖先的寿命。

祖辈寿命会遗传后代这一谜题很难证明，因为大多数人要么年长到无法回忆起祖父母去世的具体年龄，要么过于年轻，他们的父母仍然健在。我们至少需要研究两代人，才能从研究对象的父母处得知研究对象祖父母去世的时间，然后跟随采访研究者，直到了解他们父母最后一个人去世的时间。（在格兰特研究中，研究对象的父母中的最后一位于 2002 年去世，此时距离格兰特研究开始已经过去了 65 年，也就是三代人的时间。而这些受研究对象又不能准确提供自己祖父母和外祖父母去世时的年龄。）

对于本科学历的男性来说，我们计算了祖辈的寿命，方法是算出第一学位的祖辈（包括父母和祖父母）母系和父系中寿命最长的人去世时间平均数。

我注意到，44 名寿命最长的第一学位祖辈比 36 名寿命最短的祖辈的寿命要长 7 岁。这一差异十分显著，但是数据较少。此外，让我惊奇的是，在 80 岁时拥有最好和最糟精神和生理健康的男性，他们的祖先平均寿命相同。同样在贫民区的样本中，男性父母的寿命似乎与他们自身在 70 岁时的老年生活质量不相关。

果蝇当然不总是研究人类衰老的最好范本。显然，特定的基因对于特定减寿疾病的预测是很重要的，促进长寿的特定基因也会很快得以发现。但是同时，麦克阿瑟的双胞胎研究和使用瑞典双胞胎登记处数据的调查人员也肯定了我们的研究结果，即寿命的变化不能简单地归为基因遗传。

身心压力

研究刚开始的时候，身心医学非常流行。汉斯·塞利向人们展示了压力的致命性，情绪在内科疾病中作用的精神分析学说也非常流行。该学说把消化性溃疡的成因归为压抑自己或对爱的渴求。内科教授花了几十年才接受十二指肠溃疡最普遍的原因是螺杆菌属革兰氏阴性细菌。

此外，很多人确实由于压力产生了生理上的疾病。他们头痛、失眠、胃痛、发痒、不停上厕所。这种现象支持了一个吸引人的假说，在 20 世纪 60 年代，经历过中年身心压力的人在老年生理健康很糟糕，这点我非常同意。我在 1966 年加入格兰特研究，那时我因拥有前瞻性研究数据而欣喜若狂，也认为自己能够证实这一假说。

身心医学的第二个假说我也同意，它认为每个个体拥有特定的"目标器官"，人们通过这些器官感受压力。这一观点基于一个现象——一个人在受到压力时的躯体征状和另一个人的征状截然不同，这一观点在我的实习期得到了强化。理论家们期待感受压力的器官和显现身心疾病的器官会是同一个。

第三个假说，我认为自己一定能证明，这是一个隐含的假设，认为身心疾病的发展（例如结肠炎、哮喘、高血压）反映的更多是精神病理学而不是"真正的"疾病（例如糖尿病、心肌梗死和骨关节炎）。确实，很多 20 世纪 50 年代和 60 年代的精神健康筛查检测今天仍在使用，例如明尼苏达多项人格测验。这些筛查将压力下的多个生理症状作为情绪病的指示剂。

20 世纪 70 年代，我分析了数据，来检测我和其他足不出户的投机者都支持的这三个身心假说。我的意图在于展示：（1）身心疾病会导致衰老的加快；（2）压力的"目标器官"（胃、肺等部位）真实存在，并且随着时间推移保持稳定；（3）身心疾病是可靠的心理疾病指示剂。但是，纵向研究否定了以上三个假说。

（值得注意的是，随着时间推移，支持这一假说体系的数据已经从回顾数据中分离出来。此外，数据来自多次接受医疗看护的病人——他们更有可能患有精神健康的问题。另一方面，格兰特研究是对明显不是病人的研究对象所做的前瞻研究。）

几年来，研究对象都会系统性地被问到一个问题，他们身体的哪一个部位受到过情绪压力。几十年的跟踪研究显示，这一位置随着时间推移发生较大变化。稳定的目标器官这一概念（假说 2）不成立。

50 岁前，在压力之下所产生的生理症状数目无法预测 75 岁或 90 岁的生理健康。几十年后，人们通常会从身心疾病中康复。事实上，80 岁时，伴有多种显著身心疾病研究对象的生理健康比没有身心疾病的男性要好，但数据也许不够显著。假说 1 因而也无法得到证实。

假说 3，身心疾病与精神健康之间存在某种联系的这一假说并没有另 2 个假说那么受到认可。我们仔细研究了男性从 40 岁开始的客观生理健康。40 岁时，男性的身体状况仍然很好，我们研究跟踪这些男性直到现在或到他们去世。50 岁时，研究中半数以上的男性需要进行药物治疗，因为内科医生认为他们得了身心疾病：高血压、呼吸道过敏、溃疡、结肠炎，以及慢性骨骼肌肉疾病。诚然，这 5 个因素并没有为身心疾病做出精确的定义，但这是一个良好的开端。

经过几乎 30 年的观察，在这些研究对象 47 岁时，研究者对他们做了情绪健康排序，并发现情绪健康与身心疾病的数目没有关系。男性患有的身心疾病数目无法预测 60 岁或 80 岁时的精神健康。作为身心医学的坚定拥护者，我对此深感失望。

我们也发现，在压力下生理症状较少和没有身心疾病的男性的童年在盲评中的得分并不比患有诸多身心疾病的人高。我注意到，在有关衰老的第一份研究中，精神病理学发病前与长期（真实的）生理疾病早发有关，但是只影响到 55 岁。

研究中有的中年男性经常造访医师，每年请病假 5 天或以上。他们的行为为精神健康的研究提供了最有特点的标志——喝酒、进行心理干预、使用镇静剂和抗抑郁剂等——在这方面，他们类似旧式回顾性研究中的自选人群。换而言之，有精神健康问题的人拥有更多各式各样的疾病——无论是真实的还是想象的——他们通过这种方式以引起医学界的关注。

1970 年，我第一次在国家身心医学会议上展现研究结果，迎接我的是愤怒和怀疑，他们认为我是动力精神病学的叛徒。如今，我的结果被认为是平庸的。在过去 40 年里，身心医学的医学模式取代了之前的模式，部分是因为螺旋杆菌故事和精神分析在精神病学学术领域式微。我的研究和格兰特研究都跨越了两个时代。

胆固醇

杂志如果过多谈论对健康影响重大的风险因素——例如维珍妮牌女士香烟和冷酒器，将失去有价值的广告收入，可能还会失去读者。但是谈论胆固醇还是可以接受的，因为黄油和鸡蛋的游说团体没有在《时尚》杂志上投广告。此外，电视广告告诉我们，即使你不节制饮食或加强锻炼，你的胆固醇可以通过他汀类药物得以降低。因此对抗胆固醇的战斗似乎是一个三赢的局面——对于病人，医生，制药业都是如此。

很多研究表明，高密度脂蛋白和低密度脂蛋白的比率非常重要，减少低密度脂蛋白水平对心脏有益。但是在大学本科样本和贫民区样本中，男性 50 岁时胆固醇平均水平无法将活到 90 岁以上的男性和 80 岁以前去世的男性区分开来。格兰特研究中胆固醇水平低于 206 毫克 / 分升的 58 名男性预计死亡年龄为 83 岁。57 位胆固醇水平高于 254 毫克 / 分升的男性预计死亡年龄是 81 岁，在数据上两者没有显著差别。这一结果得到了更大规模更具代表性的研究确认。

这样的情况使得我们想起在波士顿自然电脑博物馆的经历——不是为了娱乐，而是为了警示我们，要想了解长寿，我们需要一系列纵向的图片，而不是一张张快照。奶牛越神圣，就越需要进行纵向测试。这是我们能做的测试之一。

黯淡的童年

我们不能选择自己的家庭。未经允许，父母就遗传给我们他们的基因。他们同时也给予了我们温暖和财富——或者带来情感和财富上的匮乏。我在第 4 章阐述过，童年的诸多方面对于衰老非常重要，但大部分无法预测寿命的长短。父辈的社会阶层，父母婚姻的稳定，童年时候父母的去世，以及智商（至少在我们的样本中，对智商设置了两个不同但是有限的范围）对寿命都不重要。童年生活最温暖的男性只比童年生活最黯淡的男性长寿一年半，这一差异在数据上并不显著。

在社会关系中"带来活力"与"易于相处"

这两种性格特质是早期的研究人员最为看重的。对于哈佛队列研究而言，这两种性格特质与在大学和成年初期好的社会心理发展紧密相关。但是，它们同样无法预示以后健康的老龄化。

如何活到 90 岁

经过 75 年对衰老数据的搜集、分析与再分析，我们从中学到了什么呢？首先，我们一次又一次地被人提醒，二者之间的紧密联系并不一定代表着因果关系。雪花和冬天有紧密联系，但是雪花并不能带来冬天。重度吸烟和致命的汽车车祸紧密相关，但并不是因为司机不看路面，寻找打火机才造成事故，吸烟和车祸之间的联系是第三个因素的结果——酗酒。酗酒会同时显著增加重度吸烟和致命事故的可能性。

格兰特研究70多年的经验十分宝贵，使得我们能够划清因果和联系的界限。例如，运动和生理健康之间有显著联系，很多人对此的理解是运动会促进身体健康。但是，是否反过来说也行得通呢？

健康的人们喜欢锻炼。在大学本科样本中，与55岁时的锻炼相比，60岁时的锻炼水平与80岁时的健康关系更密切。50岁时的健康情况能够非常显著地预测80岁的锻炼水平，60岁的健康情况显著预测了80岁的健康情况。也就是说，健康情况预测了各年龄段的锻炼水平，但是锻炼水平不能预测晚年的健康情况。

诚然，30岁的锻炼水平显著预测了55~60岁的健康情况，60岁的锻炼水平预测了70~85岁的健康状况，虽然后者不够显著。大概健身专家不应该完全消失吧。但重要的是要记住——因为科学电脑博物馆没做到——每件事都会影响到其他的事件，有的事情是马，有的事情是马车。当谈到生理衰老时，酒精滥用和教育越来越像马。

表7.3让我感到伤心，30年来，我以农场作为赌注，断定防御机制的成熟（我在下一章节将会阐述这一无意识的应对机制）是让我们探索晚年生理健康的马，纵向研究证明我是错的。试图通过数据佐证研究的人，自身的结论也被数据否定。

来自社会的支持通常在成功的衰老中都扮演因果角色。然而，在社会学家詹姆斯·豪斯的经典证据回顾中，他意识到，人们几乎不把社会支持当作因变量。社会支持可能是变量所引起变化的结果。在格兰特研究的长期展望中，70岁时的社会支持与表7.2中55岁前的保护性健康因素有紧密联系，但是与长寿仅有较弱的关系（表7.3）。换而言之，好的健康能够预示好的社会支持，并非好的社会支持能预测未来健康。确实，好的老年社会支持可能很大程度上是早年保持生理健康的习惯的结果。

50岁前没有重度吸烟酗酒与70岁时好的社会支持之间有紧密联系。确切地说，格兰特研究中酗酒或重度吸烟的受研究对象中有的得到了很好的社会支持。有的受研究对象社会支持较若，却没有重度吸烟或酗酒。在这些不对称的对照组中，具有风险的酗酒和重度吸烟习惯就是马，社会支持是马车。

在拥有具有风险的习惯的受研究对象中，拥有好的社会支持的受研究对象和拥有较弱社会支持的受研究对象健康状态一样糟。在拥有好习惯的受研究对象中，缺乏好的社会支持的受研究对象和拥有好的社会支持的受研究对象健康状况也一样好。

此处，我的观点并不是说爱和锻炼没有好处。对于大多数人来说，我们在老龄生活时拥有更多的社会支持，就会更加开心，我们锻炼更多，就会感觉更好，成长得更好。我想强调的是，成功衰老的背后有着许多不同的因素，而自助书籍和跨学科研究不一定能涵盖这些因素。

此外，格兰特研究表明，如果你跟踪研究的时间足够长，健康发展的风险因素会发生变化。有的年龄适合研究心理和生理疾病的关系，有的年龄不适合研究。在有的年龄，人们会诅咒关节炎，有的年龄，你会感谢关节炎，因为它是你活到能参加孙女婚礼年龄所要付出的代价。

请注意，作为调查人员，我在第 1 章曾阐明，爱是一切幸福的根源，但在研究中我也得出了对立的结论。我相信并且多年来尝试证明心理健康会带来生理健康。天啊，我要放弃我的第二个说法了。

和其他人一样，我自身的世界观对于纵向跟踪研究的巨变影响微小。但是我不会轻易退缩，也不愿乞求他人。我比科学博物馆的电脑更明智，因为我清楚地知道，在健康的衰老中，每件事都与其他事情有着联系。幸福的老年生活需要生理健康和心理健康。

对于心理健康而言，爱是必要的，活着是必要的，思路清晰也是必要的。我们需要在生理上和认知上都具有竞争力，才能在之后的生活中建立给予我们爱和支持的社会环境。正是爱和支持鼓励我们好好照顾自己，保持健康，即便碰到困难也爱护自己。毕竟"扣紧你的外套"这种话目前仍然有效。

格兰特研究中 90 多岁的老人们悉心照顾自己，照顾对他们重要的社会关系。在生命的大部分时间中，他们对存活于世感到非常开心。

08 应该如何应对这个世界

防御机制的作用就是避害。无可争议，防御机制能够很好地避害，值得争议的是，个体是否能在发展过程中不使用防御机制。

——西格蒙德·弗洛伊德

由此在佛罗里达的游乐园，我看到许多乘客（包括我孙子）在做翻滚式过山车。他们加速前进，扫过曲线，在最顶部倒着悬挂起来，激动地晃着手臂。我可以看到对他们而言，这样的经验令人狂喜和愉快，同时也是一种释放。但似乎对我而言，他们的兴高采烈，像愤怒和抑郁的贝多芬创造的《欢乐颂》那样，反映了深深的否定。

对我而言，在那样的经历下，甚至连遥远的令人心情舒畅甚至都达不到。想想吧，压力会使得胃部内层容易得溃疡，影响冠状动脉壁，并损害我的免疫系统，带来大量皮质类固醇。这样的一次经历恐怕会让我折寿几年吧。但是我的孙子却欣喜若狂。

是什么点金术使得那些开心的乘坐者的脑袋变得欣喜若狂，但会给我带来痛苦和恐惧？并不是我们对危险的理解有所不同，至少在认识上没有不同。毕竟，我知道，大部分时间，游乐园不会发生什么坏事。并不是外部生理压力源对于他们的压迫比对我的压力少，将脑袋悬挂在十层楼之上。有意识的压力管理风格也不能对此做出解释；也没有时间对此做出解释。差别在于个体大脑工作方法的不同，将具体的情况转为兴奋或恐惧的经验。那么到底谁理智谁疯狂呢——是兴奋的年轻人还是谨慎的祖父？

格兰特研究的第二个教训，可能也是对我而言最宝贵的经验是：想要解释积极的心理健康与精神病理学之间的联系，就得先理解适应性应对机制。正如咳嗽、脓、疼痛让我们想起令人不安的日常生活。疾病的过程和治愈的过程让人吃惊地相似。

在这章中，我将交替使用术语适应、恢复力、应对和防御；同样也使用无意识的和不自主的。心理学适应机制在我加入格兰特研究之前就开展数年。在一个更早期的纵向研究中，我已经学会去欣赏，一些人们尝试从精神分裂症和海洛因上瘾中实现持久舒缓的方式，但是我感兴趣的不只是在于恢复力。恢复力来自寻求社会支持，设计有意识的应对策略。我们都拥有恢复力，并且了解他们。我对不自主的应对感兴趣，这类似于我们的凝血机制，让白细胞去对抗感染。或者将恐惧进行转换，像我孙子在过山车上做的那样。

正是精神病理学与适应性之间的模糊界限，使得关于防御机制的研究如此令人着迷。在 19 世纪，医学现象学家认为脓、发烧、疼痛和感冒是疾病的标志，但是不到一个世纪以后，他们的同事学会发现，这些"症状"是身体无意识的应对机械的或传染性的欺侮。类似的心理上的防御机制所产生的行为可能对于他人是病态的（甚至偶尔对我们是病态的），但是事实上，这反映了大脑做出努力来应对内部或外部环境的突然变化，而不产生大量的焦虑和沮丧。

我们在生理学方面依赖多重精巧的体内平衡体系，体内平衡的任务是缓冲突然的变化。例如，我们在快速站立时不会眩晕，因为我们的身体能根据新位置的需求调整血压。心理学上的自体调节系统，也就是我所说的不自主的应对体系，是缓冲突然的心理冲突所造成的变化，心理冲突有四个来源：关系，情绪，道德心，外部现实。

防御机制对于舒适的有效的运作极其重要，类似我们其他的自体调节系统。但是它们很难研究，它们类似催眠后的恍惚状态，因为它们的使用改变了内部和外部的事实认知，可能会让认知的其他方面也妥协。

甚至在我加入研究后，有关无意识的应对的调查成为其研究活动的中心关注点，我们从未申请 NIMH 拨款来调查这一现象。事实上，从 1970 年到 2000 年，防御在我们所要资金时处于次要地位。自从精神分析学家在影响 NIMH 的研究议程时，时代就发生了变化，到 1970 年，防御对于 NIMH 的支持过于不合时宜。然而在研究中，我们发现防御性的风格预测了未来，至少比我们拥有的其他变量预测的更好。

当年科学界将防御机制作为（现在已经过时的）精神分析形而上学的剩余物而不予理会，此举并无可厚非。然而防御机制是足够真实的。它们确实比较难以捉摸，但是不同于精灵、雪人和不明飞行物那样的难以捉摸，以及鬼火这样总是想逃离人类照相机的物质。防御机制更加类似彩虹、闪电和海市蜃楼——它们转瞬即逝，但是它们可以被拍下来，复制，并且最重要的，可以得到解释。

正是很多年对于格兰特研究的详细研究，例如一位中立观察者的连续拍照或手抄本，使我们去确认经常为用户所看不见的实际的行为应对措施。这是必要的，因为防御是无意识的和不自主的。如果我说："你在将自己的缺点投射在我身上。"你可能会（可能很生气地）回答："不，你才在投射！"于是辩论开始了，局外人甚至也无法解决。格兰特研究的一个主要贡献是，也是最值得欣赏的结果之一，就是让防御的科学研究可以接受。

什么是防御机制

在 1856 年，法国生理学家、实验医学创始人克洛德·贝尔纳开始让我们理解如何应对压力。那时，他写道："如果我们将病理学的解释和普通重要现象解释分离，我们不会有医学方面的科学。"脓、咳嗽和发烧显然让人不快，有时会给人带来危险。但是它们也可以救命；正是这些表面病态的对生理应激做出反应的体内平衡机制在很多情况下使我们生存。

1925 年，现代美国精神病学创始人、格兰特研究早期顾问阿道夫·梅尔认为，没有心理疾病，只有应对压力的特有反应。他认为，虽然心理反应的模式有否定、惧怕，甚至会投射类似疾病的病态特征，它们可能事实上说明了伯纳德的"常规、重要的现象"，促进适应、治愈，甚至是心理上的暂停。正如同发烧、凝血和炎症会使用机制，这些机制会破坏普通的体液平衡，来进行它们的治愈工作，因此防御机制能通过对普通心理过程特定的破坏机制进行治愈。

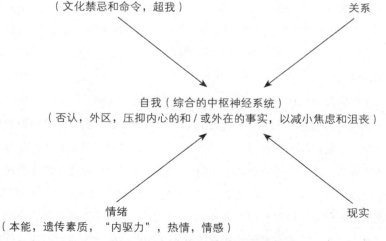

图 8.1 内心冲突的四个来源

如同表 8.1 所概述的那样，防御改变或否定情感强度或生理强度的骤增，例如挑衅的升级和青春期的性意识。精神分析学家将这种冲突的来源叫作遗传素质，基要主义者将此叫作罪恶，认知心理学家将此叫作热认知。神经解剖学家将它定位在大脑下丘脑和边缘区域。

防御使得个体减轻内疚的突然高涨，例如孩子将父亲或母亲送入养老院，可能会产生内疚之情。精神分析学家将冲突的来源叫作超我，人类学家将其叫作禁忌，行为主义者将其叫作条件反射，而我们将其叫作良心。神经解剖学家将内疚的部位定为大脑额叶和大脑左右半球的杏仁核。良心不只是我们在 5 岁前听取了来自父母警告的结果，甚至还可能带有文化认同；它也是进化的结果，有时候是极大的创伤带来不可逆转的习得。

防御可以减轻重要人物的突然冲突，无论在世与否，并且保护我们免受亲密关系中突然变化所带来的弱点和紧张。如果一位商业伙伴退出、接受了求婚、挚爱的小孩诊断出了绝症——这样的情况会让我们感到焦虑、兴奋或沮丧，让我们无法忍受。在青少年渴望获得身份认同的时候，曾经可以毫不矛盾地接受的父爱或者母爱，都有可能在一段时间内被曲解，以为心理分离的发生留出空间。

最后，防御使我们拥有一段休息时间，如果必要的话，能够让我们掌握无法避免的不能立即融入的现实，防御提供了心理的暂停时期，缺少这样的暂停，个体会变得极其焦虑和沮丧。因此，如果我不慎和我孙子一起坐上了过山车，我就会变得极其焦虑和沮丧了。"9·11"事件大规模地反映了这一动态；截肢导致的自身形象则是较小规模的例子。

40 年来，弗洛伊德发现了我们今天所知道的大多数的不自主的应对机制，并发现了它们 5 个重要的内容。

· 防御是减少激烈情感和认知失调痛苦影响的主要手段。

· 它们是无意识的。

· 它们彼此是分立的。

· 虽然它们看起来像心理疾病——有时候像严重的心理疾病——防御是动态的不可逆转的。

· 它们潜在上是适合的，甚至有创意的，因为它们是病态的。

我将在弗洛伊德的名单上加上最后一个特性：

·对于使用者，防御是隐形的；对于观察者，防御经常以奇怪的举止出现。

1971 年，格兰特研究提供了研究中从精神病型到升华型的防御机制等级。在 1977 年和 1993 年，我们有能力展示，但是还不能阐述，防御机制是如何工作的。在最近的 20 年里，克莱姆、斯库道尔和佩里回顾了多次实证研究，研究调查了从弗洛伊德的遗忘中探究防御机制所获得的临床价值。

作为结果，美国《精神障碍诊断与统计手册》第四版（DSM-IV）最终将防御作为与我们类似的相对的精神病理学的等级制度，并且正式将其作为可选择的诊断轴。

防御等级

所有的防御可以有效地减少冲突、压力和变化的精力，但是它们对于长期社会心理适应性的结果差异很大。这里它们的组织分为四个级别，从最少到最成熟的。

精神病型防御包括妄想性投射、精神病性否认、精神扭曲。它们包括对外界事实的强烈否认和扭曲。它们在年轻孩子和梦想家中十分普遍，在精神病人中也是如此。为了改变它们需要改变大脑——通过成熟，通过唤醒，或者通过使用神经松弛药。

不成熟的防御机制包括付诸行动、自闭性幻想、分离、多疑病、被动攻击和投射。不成熟的防御将责任具体化，并且建立了性格障碍的阻碍。从外表看，这样的人和我们中的大多数人相似。不成熟的防御机制类似拥挤的电梯中的雪茄——它们可能对于使用者而言是无辜的，但是观察者经常认为他们是故意惹人生厌和挑衅的。这种类别的防御很少会响应口头的解释。

中间的防御机制包括替代（踢狗而不是踢老板）、情感隔离或理智化（将一个想法和伴随它的情感分离开来）、反应形成（把另一半脸颊转过来），以及压抑（将情感可见化，但是忘记导致情感的想法）。中间的防御可能会出于意识而威胁想法、感受、记忆、愿望或恐惧。它们与焦虑症有紧密联系，但是它们也是日常生活中精神病理学熟悉的一部分，它们可能在临床上记忆缺失，并且出现一些错位的现象，例如恐惧、强迫、迷恋、躯体化。中间的防御对于他们的使用者是不舒服的，使用者可能会因此而寻求心理帮助，他们对于心理疗法的解释比较低水平的防御反应更为一致。中间防御对于从 5 岁直到死亡的所有人都很普遍。

成熟的防御机制包括利他主义、期望、幽默、升华和抑制。通过允许装满焦虑的感觉和想法来保持有意识，他们提倡在复杂的情形中，实现有冲突的动机和最大化满足感可能性最佳的平衡。利他主义者（用自己被对待的方式来对待别人），期望（始终觉察未来的疼痛），幽默（尝试不把自己看得太重），升华（寻找满意的替代事物），抑制（保持坚定沉着）这些事物组成了积极的心理健康。虽然他们可能看上去拥有有意识的控制，不幸的是，他们不能仅仅通过意志力来解决；只能在要求时才真正有趣。此外，他们的部署必须得到他人的帮助，让他人提供移情、安全感和例子。如果甘地生活在希特勒的年代而不是生活在丘吉尔的年代，他可能会成为受害者，而不是英雄。

甚至成熟的防御改变感受、良心、关系以及适应服务的现实。但是他们的扭曲过程优雅而灵活。观察者尝试将适应性防御作为美德，将这一过程作为移情的体验；他们的成功取决于与他人的敏感连接，这一点可以在幽默和利他主义者中轻松看到。不成熟的防御根本就不是美德，经常是作为自恋的表现展现出来。

识别防御性风格

我们不能看到我们牙齿里残留的菠菜，也很难识别我们自身的防御。这意味着评估防御的自我报告测量中很少有可信性。甚至当一个人一致地和正确地意识到他是富有防御性的时候，他可能仍会错误地识别他使用的这类防卫行为（那就是，他可能贴上了不正确的标签）。此外，"防御机制"，类似"性格特征"，是抽象的改变。区分成熟或移情的应对机制的意义何在（"好"的否认）和不成熟的或自恋的／不移情的应对（"坏"的否认）？

试图客观地确认并且评价防御的观察者必须在现有行为、主观报告和过去的事实中形成三角平衡。例如，一个女性为受虐待妇女发现了庇护所，另一个女性发怒打断了她学步儿童的胳膊。防御是无意识的；第一位女性可能将她的利他主义行为归功于出租她的房子的需要；第二个可能将她在愤怒中所做的伤害归为"意外"。

只有这次我们才了解到，30年前以来的社会中介工作揭示了这两位女性在两岁时都受到了酗酒母亲的身体虐待，因此他们两人的行为中防御性的本性都很明显。三角平衡为本来令人费解的行为的防御性/适应性的本能带来透明性。你需要中介记录和他们母亲的解释，以及两个切实的行为，才能正确地为这些不寻常的行动贴标签。

格兰特研究为防御评分的方法可以通过医学类比最好地理解。一个症状就是身体的不适。可能病人自己意识到，或者他的一位朋友做出了评论。这个病人可能理解或者可能不理解发生了什么。但是当他去核对时，他会被广泛地问及对于身体的不适他感觉到了什么，对于身体不适的环境他注意到了什么。他会被检查身体；任何相关的试验都会实行。他的自我报告与他的病历和近期病情检查的客观信息有关。最后，症状可以得到适当地确定，并且放入语境中，有关于可能的原因和机制。

如果有的事情让我们感到奇怪，或者超出我们的意料，防御行为（包括防御症状或甚至创造性的产品）也会类似地吸引我们的关注，一旦我们注意到奇特性，我们就需要在主角说了什么，我们对于他现有情况了解什么，和关于他的历史的生物和传记事实。

但是，关于心理健康客观的文件材料比关于生理健康客观的文件材料更少见、也更难得到。因此，如同心理健康其他很多面一样，不自主的应对机制的可靠的识别需要纵向的研究。这一点在我的《自我防御机制：临床医生和研究人员的指导书》中有更详尽的阐述。

在格兰特研究中，我们拥有上百万页关于受研究对象自我报告的资料，也拥有相当多观察的、历史的、客观的其他人的资料。我们测量这些资料，以评估防御性的风格。当这些受研究对象47岁时，我们筛选掉报告中我们（或别人）认为奇怪的行为案例，选择那些主角的行为方式最具特征性的案例。

我们将这些材料与众多研究人员在数十年中的观察结合起来，并以我们拥有的历史信息、广阔的研究跨度以及这些年间的其他资料作为背景。审查与选择防御机制的过程被编制成为100字的小片段。我们为每位受研究对象提供平均24个小片段。然后我们要求盲选评估者按照以上的等级，确认并指出防御性风格的小插曲。我们确定了要检验评估者的可靠性——也就是，去保证评估者能得出类似的结论——然后我们根据他们的成熟程度给产生的防御打分。

安娜·弗洛伊德对于理解适应性的伟大贡献之一是，她认识到你可以通过观看孩子玩耍而不是（像她父亲那样）聆听自由联想和做的梦来更好地了解孩子们的防御性风格。这正是我们所做的：很多上过本科的受研究对象都享受白天的工作，更多地把工作当作玩乐而不是苦差。

我们的探索中有两个不足。我们分析了受研究对象中仅仅 200 人的防御机制；这是一个极其费时间和劳动力的工序，我们在完成对另外 68 人分析的任务前就花光了资金；在分离层次我们评估者的可靠性也不太好。然而，几乎五分之四的受研究对象，对于除了一个之外的所有防御机制，我们都有了广泛可靠的性格防御风格识别。

表 8.1 阐述了不同年龄段适应的小片段的成熟阶段。研究表明，青少年将不成熟机制当作成熟机制使用的概率是成年人的两倍。年轻的成年人将成熟的防御机制当作不成熟的防御机制的概率超过两倍。在 35 岁到 50 岁之间，受研究对象个体选择成熟的防御机制的概率是他们在青少年时期的四倍以上。

表 8.1 一生中成熟的防御机制

	不同时期的适应种类		
	不成熟	中间 / 神经性的	成熟的
青少年时期	25%	61%	14%
19—35	12%	58%	30%
35—50	9%	55%	36%
50—75	6%	32%	62%

小片段是从受研究对象的经历中所选取的适应性应对机制的剪短片段，随后对这些片段进行确认和评价。

我们发现防御机制的风格与养育相对独立，这也并不惊奇。从定义上来说，适应性的机制是自我应对恶劣环境的自我矫正；它的适应能力展示了它能解决的困难以及它所拥有的财富。正如戈弗雷·卡米尔一样，随着个体成熟，他们变得越来越能适应环境。民间智慧也对此有所体现：珍珠是牡蛎应对刺激的产物，没杀死你的会让你更加强大。受过创伤的孩子在成长中会发现独特的方法，来补偿早期的损失。西北大学教授迈克亚当斯将这一事实称作"自我赎回"。

防御风格的成熟与父母教育或社会阶级无关，并且和所测试的智力、体格或身体对压力的反应没有任何关系。使用成熟机制与反应精神健康和温暖的人类关系的变量高度相关。我们发现不成熟的防御机制和遗传的缺陷（也就是说，患抑郁症、酗酒，或寿命较短的祖辈人数）之间有非常显著的联系。

患抑郁症和酗酒的人更有可能在生命后半段时期使用不成熟的机制。10位双亲出现心理疾病的男性中有50%的男性拥有不成熟的防御机制，55位双亲没有心理疾病的男性中仅有9%拥有主要的不成熟防御机制。当然，这一发现也可以被解释为认同（猴子看见了什么，就学会了什么/有样学样）。

防御风格仍然重要吗？

我们曾经学会用可靠的方式来给防御机制的成熟性打分，接下来的问题在于：机制的选择真正重要吗？男性的应对机制是否比他们的笔迹更能告诉我们他们的生活如何？要回答这个问题，对于三个队列研究中的任何一个，18个经常使用的个体防御机制被归类为我在前文所提到的4组（精神病的，不成熟的，中间的，成熟的）。研究成员防御机制的成熟性以及其他有关成功的成人发展的指标之间的关联。

表8.2表明，这一关联给人留下了深刻印象。从20岁到47岁之间所测量的防御机制，表明男性在70岁到80岁之间的"十项指标"指标关联度为0.43，非常显著。无意识的防御机制的选择显然非常重要。此外，防御机制和心理健康的正相关，和我们其他成熟评分一样，和社会阶级、教育和研究成员的性别无关。

我现在不再谈论抽象的事，而是展示真实生活中防御风格的等级。这里是两位男性的生活故事，他们也出现在了《如何适应生活》一书中。虽然，开始的一些词语有关于你将在这里所遇见的男性的主要适应机制。

表 8.2 防御机制的成熟和成功的成年发展措施方式之间的关联

变量	特尔曼女性 （n=37）	大学男性 （n=186）	贫民区男性 （n=307）
60—65 岁之间生活满意度	0.44 显著	0.35 非常显著	无数据
社会心理成熟度（埃里克森阶段）	0.48 非常显著	0.44 非常显著	0.66 非常显著
DSM-IV Axis V	0.64 非常显著	0.57 非常显著	0.77 非常显著
47 岁事业成功	0.53 非常显著	0.34 非常显著	0.45 非常显著
47 岁婚姻稳定性	0.31 显著	0.37 非常显著	0.33 非常显著
47 岁工作享受	0.51 非常显著	0.42 非常显著	0.39 非常显著
受雇佣的生活百分比	0.37 显著	无数据	0.39 非常显著

非常显著 =$p<0.001$；显著 =$p<0.01$。

升华、抑制、理智化、压抑是四种应对渴望和不可接受的、危险的冲动的四种不同方法。在升华中，给这些愿望助力的情感的能量同样也参与其他可接受的（经常是拥有社会价值的）目标中。在抑制（通常叫作斯多葛哲学）中，欲望和情感的能量汇聚成意识，他们所产生的焦虑或沮丧要么容忍或忽略，直到找到一种方式安全、合适地追逐他们。

在智力化（有时叫作情感隔离），被禁止的想法仍然在意识当中，但是与情感强度分离。在压抑中，无法接受的渴望和冲动被排除在意识之外，同时被排除的也有他们的构思过程。但是情感仍然按以强大的能量呈现出来，而不会为近期或长期的满足感做准备。正如本章中所有的防御机制，这四种防御机制的使用不是故意的，甚至都不会被意识到；他们的使用是自发的，无意识的，类似于面对感染人体会发烧。

压抑是应对感情生活中复杂和矛盾的短期方法。我们的欲望和冲动要小心处理，但是将他们大规模地与意识隔离相当于隔离掉了大量的情感活力。因此，压抑是让我们远离冲突和混乱的一种休息方式，是一种暂时的应对困难的行动，直到我们准备好寻找更为持久的方式，使我们不会被情感所淹没。

理智化也有很多类似之处，它允许被禁止的思想和欲望保持意识上的情形，但是不能带有热情的情绪效价。理性化考虑到头脑的满意度和有些时候非常宝贵的理解能力的提升——一个格兰特研究中的男性在他的实验室中将母亲的癌症进行了组织培养，但是很有可能要承担与情感经历隔离的风险。

升华和抑制是两个满意度更高的长期适应性方式。升华——找到激情的出口——是给予艺术家的礼物，允许成功的艺术家将自己融入我们的骨髓中去。一般而言，我们不希望自己哭泣，但是当马勒、威尔第、普拉思、莎士比亚和耶稣这样做的时候，我们赞美他们将自己生命中的毒药转化为救赎生命的万灵药。

相较之下，抑制和迈克卡车一样迷人。可能抑制没有其他三个那么神秘，这也是适应机制的一个重要主力，也是非常成功的一个主力。在所有的防御机制中，它是与大学中全面发展最紧密相关的机制，30 年后，在"十项指标"中取得了卓越的成绩。升华尽管非常优雅，也与成功或快乐的联系较少。贝多芬也说过，艺术家并不会因为没有得心理疾病而出名，只会因为给他人带来快乐而出名。

寻求心灵的愉悦是一种应对现实喧嚣的方式。格兰特研究的几位从事教学工作的男性使用这种升华的方式，来作为成功的应对方式。他们似乎会选择生产力高的卓越职业，例如丹尼尔·加里克和狄伦·布莱特（如下）。然而，彼得·佩恩这样的教授非常依赖理智化来作为他们的主要应对机制，似乎要体验他们的工作和他们的婚姻，他们展现了更多有关情感问题的证据。

狄伦·布莱特：用竞争精神应对世界

狄伦·布莱特教授很好地展示了升华的应对潜能。虽然他和研究中的普通人相比，智力上天赋欠佳，但是他的生活却充溢着兴奋与光彩。我一进入他的办公室，他便把脚放在桌上，并开始说话。

他看上去更像一个职业拳击手而不是英语教授。我被他的情感丰富给打动了。但是最初，我不确定他喜欢我。他对我面试问答的第一反应是："天啊，这毁了我一个下午！"

他的侵略很少被驯服，并且接近粗糙，只有他的魅力使我不会将这次相遇视为一次激战。他生动地描绘他的担忧，然后咆哮地说："如果这些事儿让别人知道了，我就打碎你的牙。"

布莱特是足球前锋，也是摔跤冠军，后来，他又成了诗歌教授。在高中，他尤其喜欢运动员的激情，而不是教室里的可怕世界；他是一个叛逆的、拿 D

的学生，曾经几乎要被劝退。然而，他的校长认为布莱特的信念"充满生气和热情"，研究人员认为他是"渴望的，热情的，有魅力的，外向的年轻人"。

布莱特的强烈竞争精神，他最终将这种竞争精神用于学业生涯——也就是，升华——这种竞争精神从未熄灭。他的能量，他能获得亲密朋友的能力，以及他能获得令人兴奋的享乐的文化的记忆，使得他成为研究中最戏剧化的人物之一。

不同于抑制和期望，升华的使用和快乐的童年无关。和贝多芬类似，布莱特成长于一个充满苦难的家庭。他的父亲是一个情绪不稳定的酒鬼，很少在家，喜欢打猎。狄伦看着自己父母的婚姻被打架所毁掉，早年，他尝到了（在角色中）代替他父亲地位的胜利与危险。

他的母亲是一位精力旺盛的女性，甚至在儿子成年后，仍比他的儿子高3英寸。她的魅力得到了几位研究观察者的欣赏，但是从一开始，她就教育狄伦要小心本能的快乐。在他第一次过生日之前，他就被教育不能再吮手指、尿床、将大便拉在身上。两岁时，他母亲要他穿戴着手套睡觉，因为他有着"特别令人恶心"的手淫行为。作为学生，他认为上帝"俯视着我，准备好用雷电敲击我的头部"。

在他一生征服恐惧的过程中，当狄伦·布莱特离开母亲后，他成了蛮勇的准流氓。作为年轻人，他比研究中的其他人遭遇过更多的脑震荡——这是提供给你的数据！但是随着时间推移，他的优势变得越来越优雅。18岁以后，他开始关注学习他所谓的"有担当的冒险的事情"，此后也没有继续受伤了。

他在高中三年都是足球前锋，然后成为一位竞争力超群的大学摔跤选手。他为了血性而打网球，避开双人打而享受一个人的比赛。大学毕业后，他对网球和摔跤的热爱变成了对诗歌的同样热情的爱，他仍然步步为营。他以最高的分数从耶鲁大学研究生毕业。他为了声望接受了普林斯顿大学的任命，几年后，他因年纪轻轻就获得了学术终身职位而狂喜不已。

布莱特刚开始没有用创造性的、移情的方式来对待自己的情感。然而，随着他和他的自我意识成熟，他将付诸行动（他的失职的反抗）替换为反应形成（对某些不能接受的情感冲动采取恰恰相反的反应形式）。例如，他突然发现和他睡过的第一个女孩"令人恶心"——无意识地选择他母亲在谴责他婴儿时期的性体验时用过的词——并且放弃与他的下一任女友性行为，因为当时他实行禁欲主义，"想看看自己是否能够禁欲"。

在大学里，曾经失职的布莱特认真地考虑执法机关的工作。作为普林斯顿大学年轻的、精力充沛的英语教师，他对执行学校的规则的执着让行政人员感到惊讶，也让学生感到恼怒。甚至在中年时期，布莱特教授将自己的成功归功于严格控制自己。"如果一个人没有自律的能力，"他警告我，"这个人很快就会生锈。"

布莱特没有考虑他的严格自控可能事实上并没有保护他，或者说，可能引导他过着一个空虚的生活。但是，这仅仅是他年轻时的反应形成替换成了升华，他才激起了热情。他将业余时间用于准备参加表演赛，却通过参加小提琴课程将非法费用"神圣化"。

在他 19 岁禁欲的时候，他转而选择了亲密而兴奋的学术友谊，并第一次发现了自己对诗歌的喜爱。他努力成了研究生班级上的第一名，但是他放缓了自己的野心，博士论文的主题是雪莱的诗歌。

布莱特 35 岁的时候，他的妻子从那段非常亲密的婚姻中离开他。同时，他意识到他的奖学金虽然足够让他在普林斯顿拿到终身职位，但是不会让他获得国家级的荣誉。

这是一个关键时期。他经历过两次失败，他曾经将自己沉浸在酒精以及不负责任的风流韵事中，房车比赛之中——这位诗歌教授退回到了青少年时期的付诸行动机制。但是他很快将短暂的不良行为转换为更能让人接受的、富有生产力的追求刺激当中。他与一位好朋友在爱琴海进行蛙潜，并有了新的发现，使他能够重新解释荷马的《奥德赛》中的一句。"啊，"他说，"这是一次兴奋的体验。"

布莱特的适应性反应事实上非常有其独创性。对性行为的禁欲（这次是在他离婚之后）再次带他进入了一段亲密关系中，她是他的一位优秀的同事，也是他终身的朋友。

他从学术竞争中抽离出来，因为在竞争中他屡次失败，并且他投身到其他的活动中，使得他能够以最小的风险掌握危险，并且同时，带着真正的兴奋来麻痹他的悲伤。升华比仅仅促使他有效地表达他的天性，也使布莱特不会被别人认为是"神经质"和"患有精神疾病"。他曾经描述自己为"一个爱笑的男人，我只是让事情从我的后背滑落"。但是他没有一直将自己的烦恼放在酒精中消解，或者抓住机会进行自我毁灭，或者像斯佳丽·奥哈拉那样使用模糊不清的否定口头禅，"我明天再去想这件事。"

他的升华能力使得他能够改变生命的期限。他继续驾驶这辆马车，控制自己初期的酗酒行为。他的第二次婚姻非常成功。他能感受到自己的情感，并且用兴奋、笑声和与人交往来软化自己的情感。

如果问他是否看过精神病医生，他会谈到他的第二任妻子和他最好的朋友："与他们的陪伴相比，专业的精神病援助会显得苍白无力。"和艺术一样，爱是一种创造的行为，但是作为一种治疗情感痛苦的良药，爱比艺术的作用要大得多。布莱特在 62 岁时去世。18 年的重度饮酒和 45 年的一天两袋烟的习惯使他得了肺癌。但是类似万宝路香烟盒上的男人一样，他死的时候也穿着鞋子。

弗兰西斯·德米尔：压抑的防御

弗兰西斯·德米尔在哈特福特的城郊长大。他从来没见过他的父亲，父亲是一位商人，在他出生前就离家而去，然后不久后离世。他的父亲的亲戚没有抚育他长大，德米尔的家庭中只包括弗兰西斯，他的母亲和两位未婚的姑姑。从 1 岁到 10 岁，他的生活中主要都是和女性交往，他把一个游戏室作为剧院，鼓励他自己独自在这个舞台上演出；事实上，他的母亲非常骄傲地告诉研究人员他"从未与其他男孩一起玩耍。"

弗兰西斯·德米尔在 1940 年加入格兰特研究，那时他的年龄已经足够让他上大学了。但是他的面色看上去和小女孩一样稚嫩，除了他笔直的车厢以外，几位观察者都认为他十分柔弱。他在"女性"体格中排到前 8%。但是他也给其他研究人员留下了有魅力的印象。他的行为非常开放、好胜、直接，他在剧院中以一种富有教养的活泼的态度谈论他的兴趣。

研究人员中的精神病学家感到惊异,19 岁的德米尔"还没有考虑过性经历。"事实上，弗兰西斯只是一个大学学生，令人震惊地"忘记了"要享受性的愉悦、攻击性的冲动以及离开母亲独立。他也不能很好地回忆起他做过的梦，据说他"令人痛苦的情感反应很快消逝"。他没有在大学中约会，完全否认拥有性紧张情绪，他温和地进行了观察，"我绝对不是富有攻击性的"。他是压抑机制的典型代表。

在回顾中，很难理解德米尔如何被纳入研究中正常发展的一员。似乎是戏剧的技巧让他成为研究中的一员。研究成员可能会对他忽视性生活感到好奇，但是他们仍然将他视为："多彩的，富有动力的，亲切的，可以适应的。" 弗兰西斯在大学戏剧中扮演着积极的愉悦的角色；研究人员认为是他的母亲将他推向剧院，但是弗兰西斯似乎没有意识到这一点。那些使用压抑作为主要防御机制的人们，他认为他更喜欢"情绪化的思考而不是理性的思考"。

和很多行为者一样，德米尔也很会使用分离的防御机制，或者是神经性的否认。他发现将自己通过在戏剧中成为另外一个人，从而从压抑中解救出来是"令人兴奋的"，从而能"宣泄我的感情"。虽然事实上研究人员担心他内心并不开心，但是在精神病采访中，他似乎"经常充满快乐的情感"。什么，我很忧愁吗？阿弗雷德·E.诺伊曼同样也擅长分离的防御机制。

当德米尔中尉尝试在第二次世界大战时期，在情感和地理位置上都站在他母亲一边时，研究的内科医生开始担心他会经历终生的神经疾病。这个海军带他从哈特福特出发，但是没有比带到比康涅狄格州的格罗顿的潜艇基地更远的地方了。但是在海军处，随着德米尔的不断成熟，他的压抑最后开始瓦解了。

开始，这是令人不安的，也是非常能够引起焦虑的。他意识到自己缺乏性欲，担心自己可能是同性恋。他在研究的问卷中讨论了这个问题，和很多压抑的人一样，他在问卷中写下了一个令人印象深刻的笔误。"我不知道同性恋是心理还是精神上的问题。"这说明，他的无意识行为是正确的；他的男性能力在生理上没有问题。后来，他成了三个孩子的父亲。

在可控制的剂量中，焦虑会促进成熟，随着时间的推移，德米尔开始用升华替代你压抑和分离。他告诉研究，他总是反抗海军，拥护他个人和他的兄弟们。他自己的行为报告可能会让我们将此看作是被动的侵略——一种不成熟的毁灭性的防御机制。但是他的军事效率记录给他在"道德勇气"和"合作"方面打了官员效率评分的最高分。直到这时，这一顺从的男性至少将一次造反转换为真正的艺术工作，使得军队都非常欣赏。

到27岁之前，德米尔无须再担心自己可能是同性恋了。"我喜欢与女生一起工作！"他高兴地宣布。他在瓦萨找到一份教授戏剧的工作，从哈特福特搬到了不远的波基普西，因此满足"我对于脱离家庭的强烈需要"。3年后，他破坏了母亲的支配地位，方法是娶了一位演员。这位女演员曾经在他的业余戏剧团队中受他指导。他今天的婚姻可能不是研究中最好的，但是高于平均水平，并且维持了 50 年以上。

德米尔也越来越了解到他将压抑作为防御机制了。在有关于他婚姻性生活适应情况的问卷中，他回答道："我一定对问卷有心理阻碍。我不愿意返回问卷，似乎比普通的耽搁更为严重。"他的性适应能力有冲突，他也有所了解。他的工作也出现了冲突，在那份问卷中，他也展示了他有着努力工作挣钱的渴望。他现在能够意识到一方面，他需要感受到他没有很贪婪地追逐金钱，但另一方面，"我没有正确地对待职业问题"。

然而，一旦无意识的应对机制变得有了意识，他们就不再"管用"。和洞察力随之而来的是抵抗，这是研究人员最不希望从德米尔处所听到的。他在这段时期从未看过精神病学家。但是在他拥有升华能力的同时，他为业余戏剧组写了一个成功的喜剧，叫作《救我，卡尔·荣格，我溺水了》。在他返回研究中，他展示了接下来的几种独创的方式，使得他运用自我升华了金钱和攻击性的问题。

如果德米尔比他想象的更加唯利是图，他应对冲突的方式则是投身艺术。在他 20 多岁的时候，他发誓自己不会再进入"美国商业的怪圈"之中。但事实上，他离开了瓦萨，回到了他母亲的城市哈特福特，在这里保险业的发展十分兴旺。虽然他对戏剧有浓厚的兴趣，但他也在企业中取得了很大成功。

他所在行业的整体氛围并不以向外表达自我而闻名，他找到了一个广告行业的小众市场商机，使他拥有很大的自主权，高昂的管理费用，以及应用他戏剧能力的机会。然而，他也花了很多努力来让我放心，保证他在市场上的成功不会威胁到任何人，以及他不会"过于富有侵略性。"他说，"在大型公司中存活花费了我所有的能力。"只有在他的社区戏剧团体中，他才能够不害羞地享受扮演侵略性的角色。

在 46 岁时的面试中，德米尔分享了一个新鲜的生动的回忆，是关于一位男子汉气概十足的叔叔，这位叔叔是他在青少年时期的重要榜样。在那次面试中，他回忆了他所失去的爱人，这次经历再次软化了他早期所抑制的严厉的男性形象，这次改变没有使用心理疗法。

在我们开始面谈 5 年之后，德米尔再次讲到了这位叔叔的经历，他认为这位叔叔是"唯一对他产生了稳定影响的男性——起到了非常大的作用——这样的男性形象是我早年所不愿面对的"。但是似乎并不完全如此，他拥有烟斗、花呢夹克、皮革家具、身边有恶犬，中年年龄的德米尔现在似乎更类似他的叔叔。他能够富有魅力地宣泄情感的青少年时期已经过去。现在他会将情感隐藏在列表、秩序、粗野和高度男子汉气概的外表中。

"在大学里，"他说，"我处在波西米亚风格的边缘；但是我25年前就开始改变了。可能我身体里有一个发条装置，让我沿这条路走下去。"可能这一新发现解释了为何几年前他放弃了母亲的宗教，而且"突然被他不了解的父亲的主教派所折服"。他曾经希望他的儿子们从未发现他们的父亲曾经留过长发；然而在1970年前，德米尔完全否认了他留过长发。人们都是会变化的。

德米尔60岁时，他的妈妈去世了，他提前退休，很高兴地从公司生活中解放出来。但是在他离开哈特福特郊区，去往乡村的佛蒙特州时，他被授予城镇"一等公民"的荣誉，他为这个城镇层级付出了16年，最后他成了城镇历史上的董事会主席。

他曾经在佛蒙特州定居，是公认的守护者。他的社区服务只增不减。退休15年以来，他带了一个又一个的成功的筹资者。他重建了小的社区教堂，建了新的图书馆。他在城镇的暑期剧院进行过写作、导演并且出演剧本。面对生活的苦难，他采取镇静的态度，并且承认他并不是一家之主，而是让他的妻子去管理所有的税金和账单。但是他仍然评论自己为"对于我不想记住的事情来说，我的记忆是空白的。"

"有的时候，伪装和现实会发生混淆。"他不得不在47岁时承认。德米尔经常把自己置于可以通往舞台的位置上，但是却没有完全按规则演出。作为一个孩子，他更喜欢游戏室而不是校园；在保险代理公司，他为自己创造了特殊的职位，在这里他可以做想做的一切。当然，他也建立了一个图书馆和一个教堂，该地从未有过这两种建筑。并且，在三个不同的社区，他是城镇的历史学家，他对过去的记忆——诚然，是有关其他人的过去——能够有利于未来的发展。

退休后，他致力于戏剧，这对他不是一个问题；事实上，他还为此获得了酬劳。他没有寻求演出李尔等悲剧的角色；而是适应现实，（为了换一些零钱）演出《金色池塘》的主角角色。作为剧作家和导演，他可以随心所欲地创造生活，结果也是真实而非虚幻的。对于加里克而言，演出是为了谋生也是热情所在；

对于德米尔，演出是应对机制的一种。

德米尔没有开始"削减"直到他75岁，那时，他仍然进行7英里的远足，并且是社区明星。80岁时，他看到自己的生活"非常的棒"，但自此之后他开始走下坡路，他的步行里程仅能达到一英里。他的妻子在他85岁时去世，之后他患了痴呆症。他活到了90岁，但是在养老院中他不能走路。

成熟机制能影响我们对于衰老的感受，但是却不能保证我们可以快活地活到100岁，然后像马车一样骤然解体。格兰特研究花了25年时间告诉我，丹尼尔·加里克事实上已经非常幸运了。

等级的前瞻性证实

成熟的防御是否真的能让人们更容易地找到生活的乐趣？或者，是否生活的乐趣能让我们享用奢侈的成熟防御？我想知道，成熟的防御风格是否有预言的有效性，以及表8.2所示的一致地正相关。预言的有效性意味着联系不仅仅在数据上拥有显著的巧合，并且可以——也就是术语所意味的那样——可靠地预测未来。

我们用这种方式来回答问题。不熟悉研究中读过大学的男人50岁之前生活的评分者测试他们在工作中的愉悦度，他们在50到65岁之间接触精神病学家和使用镇静剂的情况，他们婚姻的稳定程度，47岁以后职业生涯情况（在职业中晋升或后退与否）。这一评估与防御机制的评估存在相关性。对上过大学的男性20~47岁之间成熟防御机制的评估能够显著预测他们65岁时出色的适应能力（见表8.3）。

防御机制得分（20~47岁间测得）在下四分位的30名受研究对象中，仅有2名在65岁时达到了适应性的上四分位。而这30位受研究对象在80岁时的"十项指标"平均得分仅有1.4。拥有最成熟防御机制的男性"十项指标"分数高达3倍以上（4.6），这是一个显著的区别，在37位男性中，仅有一位男性在65岁时的适应能力处在四分位数底部。

然后，我们将23位上过大学的、在成年生活的某些时刻出现过重型抑郁障碍的男性的防御机制与70位痛苦最少的大学男性（也就是，在三十年的观察中，既没有使用镇静剂，也没有见过心理医生，也没有受过精神病方面的诊断）

进行对比。

表 8.3　大学生队列研究中 20~47 岁的成熟防御机制对晚年生活的影响

N=154 *

I. 客观证据	防御机制的适应
收入（50—55）	非常显著
社会心理的适应（50—65）	非常显著
社会支持	非常显著
"十项指标"（60—80）	非常显著
心理健康（64—80）	非常显著
良好婚姻状况（50—85）	非常显著
II. 主观证据	
生命中的愉悦（75）	非常显著

非常显著 =p<0.001；显著 =p<0.01。
样本大小反映了我们并非对所有男性所有变量都拥有数据。

表 8.4 大学样本中最抑郁的和最不抑郁的男人中使用防御机制的情况

防御	使用每种防御机制作为主要应对方式的比例		
	最沮丧（n=17）	最不沮丧（n=59）	显著性
抑制	18%	63%	非常显著
利他主义	0%	19%	不显著
反应形式	28%	2%	显著
分离	59%	25%	显著
投射	24%	3%	非常显著
最成熟	0%	31%	非常显著
最不成熟	53%	9%	非常显著

非常显著 =p<0.001；显著 =p<0.01。

两组在防御的整体成熟性方面显示出了非常显著的差别。

如表 8.4 所示，61% 最不抑郁的男性和仅 9% 最抑郁的男性展示了总体而言较为成熟的防御机制；53% 最抑郁的男性和仅 9% 最不抑郁的男性一致地偏向较不成熟的防御机制。虽然利他主义这一成熟的防御机制被很多童年不幸福的人在成年生活中使用，但上过大学的男性中最抑郁的那些人从未持续使用利他主义，未将其作为主要的适应机制。无论他们对外人发火还是对自己发火，最抑郁的人更有可能使用反应形成和被动侵略。

当然，简单的相关性不能保证存在因果关系。不成熟的防御机制与滥用酒精和大脑损伤相关，但是前者不会导致后者；相反，滥用酒精和大脑损伤会导致防御机制成熟的退化。类似地，不成熟的防御机制与抑郁的关系并不简单。在一些人身上，严重的抑郁可能会导致适应机制的退化，成熟机制也会退化，一旦他们在成年发展中被人超越，这些机制又会开始显现。在其他方面，抑郁和不成熟的防御机制可能都是应对无法管理的压力、混乱的脑化学，或者两者皆有的出口。不成熟的防御机制可能会使得有的人更容易抑郁。我们需要更多的证据，来理清情感障碍和防御机制成熟之间的关系。

对我而言，可能最迷人的问题是：在年轻的成年时期评估防御机制是否能预测未来的身体健康？在我加入研究的头 20 年中，我热心地相信因为防御机制减少压力，成熟的防御机制会比不成熟的防御机制带来更好的身体健康。在这方面，我错了。在男性的防御机制记录 10 年以来，并且在 47 岁评估时，拥有成熟防御机制的男性的健康状况下滑没那么快。

我在第 7 章中也提到，不成熟的防御机制是在 40 岁到 55 岁属于一种心理健康变量，能预测 40 岁到 55 岁之间身体健康的下降状况。然而，到 65 岁，能带来良好健康的成熟防御机制无法识别出来。再次，延长的跟踪调查破坏了基于理论的理念和短期的证据。

防御机制的种类，性别、教育和权利

我认为，格兰特研究的主要努力在于仔细分析动态平衡的心理机制，在这种心理机制的作用下，人类在面对社会文化的挑战时，能拥有恢复力。在生物医学方面，任务更加简单。血液凝结是无意识的体内平衡的外在表现，但是罗曼诺夫家族在年轻时由于血友病而去世，他们的农民却没有患病，说明这不是阶层因素；反之，这是基因的社会阶层的胜利。凝血因子是均等分配的。

我们可以这样想，生物在分配应对机制方面，是和分配凝血因素和免疫机制一样民主的，但是仍然有怀疑的空间。心理健康的很多方面是教育功能、智商、社会阶级和 / 或社会性别偏见的体现。

因此，重要的是防御性机制的成熟似乎不会被社会经济地位、智力能力或性别所影响。事实上，读过大学的学生样本似乎比贫民区的样本在这方面结果更好（主要使用不成熟的防御机制的人数分别达到11%和25%）。但是这一点可以通过最初的选择程序得以解释；上过大学的男性会因为心理健康因素而被选择，而贫民区的男性则并非如此；事实上，他们是特意和行为不良的人所联系起来。心理健康和防御机制是紧密相关的。

关于防御机制风格特点的影响的更正常的观点在于，可以通过组内对比研究其影响——即，通过比较组内的成员进行研究。通过这种方式，可以规避最初在选择时所存在的偏见。表8.5研究了三组人员中社会阶级、智商和教育对防御机制的成熟的不同的影响。联系并不显著。甚至是良好的童年环境对防御机制成熟的影响也小于人们的预期。

表8.5　防御机制的成熟和生物心理社会影响因素的联系

背景变量	特曼女性（n=37）	上过大学的男性（n=186）	贫民区的男性（n=277）*
父母的社会阶级	不显著	不显著	不显著
智商	不显著	不显著	不显著
受教育的年份	不显著	—	显著
与父亲的良好关系	不显著	显著	不显著
良好的童年环境	显著	显著	不显著
与母亲的良好关系	不显著	显著	不显著

非常显著 =p<0.001；显著 =p<0.01。
*30位智商小于80的男性被排除在外

文化多样性的影响在下列的行为中得到了检验。贫民区的男性中有61%父母在外国出生，但是这些男性都在波士顿长大，英语流利，在取样和学习方面采用同样的方式。因此可以在种族划分和抚养的文化中做出区分，同时保证其他人口统计变量为不变量。

在成年生活的很多方面，贫民区男性的父辈种族不同似乎会产生深厚影响。例如，我将在第9章中提到，盎格鲁—撒克逊裔白人新教徒男性和爱尔兰血统的男性滥用酒精的频率是意大利血统的五倍。但是在防御机制方面，文化的不同却鲜有作用。分离是唯一一种防御机制，是撒克逊裔白人新教徒男性比意大利男性显著使用的更多的机制。（分离也是评分者信度测验最低的防御机制。）

但是如果文化对防御机制影响较小，这在生物学方面并不正确。贫民区的男性的中枢神经系统已经被慢性酒精中毒所损伤。（在此我不是说急性中毒；

大部分的男性在采访时都非常清醒。)此外，一些男性可能出现了早期认知受损，因为有的人智商小于 80。这两组人在相比贫民区的男性，成熟的防御机制显著减少。在这两人组中，出现不成熟防御机制的概率是认知未受损的样本的2~4倍。

关于防御机制的结论

实证调查为研究有关无意识的应对机制的三个主要问题提供了明确的答案。首先，防御机制的成熟可以得到可靠的评估。第二，防御机制的成熟展示了未来心理健康的预测效度。第三，防御机制的成熟独立于社会阶级和性别，但是会被生物所影响。

防御机制不仅仅是心理分析的另一途径。反之，大脑的无意识适应机制是社会和神经病学科学家认真学习的合适主题。但是，我们需要更长期更深入地去研究一生的发展的各个阶段。这也是格兰特研究最特别的纵向和自然的特点，能够认同本章的结论。我们刚开始在使用防御机制的同时对大脑的反应进行成像，但是科学家们可能得等到大脑成像技术取得进展之后，才能进一步证实假设。

09　酗酒要比你知道的还严重

记住，我们对抗的是酒精——狡猾、令人困惑而又强大。

——嗜酒者互诫协会

酗酒是阻碍进步的蛮横力量。美国有 6%~20% 的人在一生中会遭受到酗酒的困扰，比例的不同是由于人们对酗酒的定义有所不同。在美国，综合医院收治的人次中，有四分之一与酗酒有关；自杀、意外、凶杀和肝硬化是美国20~40 岁男性最常见的四大死因，而酗酒则是这四大死因背后的主要元凶。

酗酒不仅伤害嗜酒者本身，还会伤害到家人和朋友——而这种伤害影响到了三分之一的美国家庭。人生之路并非一条齿轨铁路那么安全，人并不是出生踏上铁路上的火车，死亡时到站下车，其间一路平安，路上可能发生脱轨，颠簸也是不可避免。无论我们是含着金钥匙出生还是出身于困顿家庭，我们的命运状况是可以改变的。这也是研究六得到的结论，我们研究得到的大部分内容来自对饮酒和酗酒的前瞻性纵向研究。

格兰特研究参与到酗酒有关的研究中，带来的不仅是一线光明，缓解了我们长久以来对资金不足的焦虑，更带来了供继续研究的资金。没有格兰特研究的参与，我就不会花上过去的 10 年来重新审视婚姻、离婚以及发展亲密关系等话题。但是，对这些话题进行重新审视的结果，不仅挑战了我所珍视的个人假设，更是挑战了在我参与到格兰特研究之前就有的研究假设，甚至几代人的普遍看法。

对人的一生进行追踪调查的这类研究就像是无心插柳。你不可能一开始就知道自己所要收获的全部是什么。但从另一个方面来讲，一些发现可能在几年之后价值连城，即便你当时可能不了解这些发现的价值。对酗酒的研究就是这样的道理。

判断一个人是否酗酒并非易事。迄今为止绝大多数对健康的纵向研究大型项目（如马萨诸塞州的弗雷明汉心脏研究和加利福尼亚州的阿拉米县研究）研究时只考虑酒精的摄入量，而不考虑酒精滥用。不幸的是，正如我之前所说的，用人们报告的酒精摄入量来判断酒精滥用，准确性几乎像用人们报告的食物摄人来反映肥胖一样差。相反，格兰特研究关注的一向是与酗酒相关的问题。就酗酒而言，重要的是人们做了什么，而不是他们说了什么。

我们对哈佛大学、贫困地区这一伙人的研究是世界上对酒精滥用进行的最长、最全面的研究。这项研究为七个重大问题提供了答案。

1. 酗酒究竟是一种症状还是一种疾病？

2. 酗酒是环境造成的还是遗传的？

3. 在酗酒症状出现前，嗜酒者和非嗜酒者有所不同吗？

4. 戒酒治疗的最终目标是滴酒不沾吗？

5. "真正的"酗酒者有可能再次安全地饮酒吗？

6. 如何避免故态复萌？

7. 通过嗜酒者互诫协会来康复是例外还是常规？

在某些情况下，该项目的长期研究得到了同有声望的有代表性的研究结果不同。

在我们付出不同寻常的努力，试图用科学来取代观念的过程中，该研究项目的独特结构带来了三个优势。第一点，我们跟踪调查了这些男性的整个一生——这种调查很少见，但又是必需的；因为酗酒是易复发、逐步恶化的疾病。第二点，该研究在量化酗酒时，并未使用人们汇报的饮酒量、饮酒频率，而是使用了酒精相关问题的客观数字。第三点，在长达几十年的研究过程中，研究者同每一个研究对象进行了 30~50 次的接触，极大地促进了数据的收集。

关于如何对这些男性进行研究的几点说明。这些受试者每两年会收到调查问卷，询问他们本身、朋友、亲人、医生是否担心他们会饮酒，他们是否已经停止饮酒了，已经戒酒多长时间了（并非对照的证据，而是缺少对照的证据）。在面对面采访的过程中，酒精滥用或是不再饮酒的相关内容会被特别记录下来。

到了 47 岁的时候，87% 的这些男性受试者都参加了一项两小时的半结构性面试，面试中包含一份关于饮酒带来的终身困扰的详尽的 23 项部分的问题。受试者从 47 岁起，每五年接受一次体检。满足以下情况的人被归为酒精滥用者之类：之前没有被认定为酒精滥用者，但连续两次回答了"是"，或在四个相关问题中回答了两个或以上的"是"；在电话采访或面对面采访中承认了自己的酒精滥用；体检中检验出了酒精滥用。

受试者第一次满足《精神障碍诊断与统计手册》第三版（DSM-III）中对于酒精滥用定义时的年龄是利用所有可获得的数据中估算出来的：通过调查问卷，相关的法庭记录，社会保障数据，家庭采访等。

（在 1962 年，在贫民区的受试者加入哈佛成人发展研究之前，只要是存在的犯罪前科、精神病住院治疗经历的男人，有 95% 都得到了查找，这些人或者本身为酗酒高危群体，或是前两代人有酗酒史。这些数据很大程度上是不可替代的，因为最近的关于隐私的立法规定此类数据搜集是违法的。）

通过挖掘研究采访、临床数据、目标文件、受试者中参与过酒精治疗的人的自我报告，我们成功地建立了一个关于贫民区和哈佛学生这两类人的明确、三维尺度的研究。我们的分类尺度来自于 DSM-III，也就是 1977—1980 年的版本，即研究展开的时候。我们对三种饮酒进行了区别：第一类，社交性饮酒（也就是不存在长期性的酒精使用的问题），酒精滥用（有长期的问题，但没有心理上的依赖），酒精依赖（出现戒断反应，或者被强制住院戒酒）。在本章，我会使用酗酒来指代后面两种饮酒。

我们的判断尺度，也就是饮酒问题程度表（PDS），使用连续十六个权重相同的问题来判断饮酒问题的严重程度（类似于密歇根州酒精中毒筛选试验中采用的问题）。在 PDS 中，我们会询问酒精滥用所带来的社会、法律、健康、工作问题。问题中也包括失去意识、戒酒、寻求治疗、戒断反应、控制的问题。在 PDS 上得到 4~7 分，通常意味着满足 DSM-III 中对"酒精滥用"的定义；8~12 分通常意味着满足"酒精依赖"的定义。得分不到 4 分的男性通常被认为是社交性饮酒。

敏锐的读者会注意到本章中的数字和报告中的数字有所不同。这是因为在早期的分析中，我们包含了全部符合 DSM-III 中酒精滥用的研究对象（456 名贫民区男子中的 153 名，268 名原哈佛大学生中的 56 名）。然而，为编写这本书而对原始分析进行优化的时候，处于边界分数（3 或 4 分）的人，也就是滥用酒精不到五年、在余生中都进行社交性饮酒的人（13 个贫民区男性和两个原哈佛大学生）被重新归为社交性饮酒一类。

我们有很真实、很全面的死亡数据，包括所有被试者的死亡证明，甚至还包括除两名死于国外的人之外的所有退出研究人的死亡证明。无论是存活还是死亡，我们都通过国家死亡之书或信用机构进行查明并记录，具体采取哪种方法在于哪种方法可行。我们分析了死亡证明和近期的体检状况，并用这些数据作为依据推断主要的死亡原因。

我们评估了全部研究对象的饮酒状况，查看他们在过去是否是酗酒者，从他们20岁一直到70岁，研究人员每两年给他们发调查问卷，并用其他的材料进行验证。（由于格鲁克人在32~45岁之间的时候没有被亲自跟踪调查，那些年的数据我们只能依靠包括公共记录在内的历史纪录，其中包括逮捕纪录。）

我们把酗酒者分为以下几类：不饮酒者：每年的任意一个月内饮酒少于一杯（0.5盎司酒精）。重新有度饮酒者：原来是酒精滥用者，但是在三年中的某个月中饮酒超过一杯，但是没有报告出现问题。继续的酒精滥用：此人有明显的酒精滥用史，并且在过去的三年中有一个或多个被承认的问题出现。如果数据连续三年丢失，则每年的状态被评为未知。在（平均）长达60年的观察中，每个人的酒精滥用数据的获取次数为20~40次。

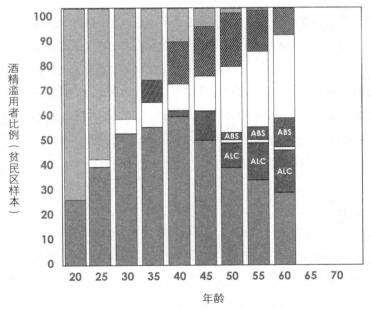

图9.1 饮酒最终结果状态

连续两次没有回复调查问卷的人都通过面对面采访或电话采访的方式进行了解决。有些男性要求退出研究或连续十年没有回复调查问卷、接受后续电话采访，就会被归为"退出"一类。

图 9.1 反映了这些男性在 60 岁时的酒精饮用状态。如 60 岁时状态为已经死亡或被收容，结果状态则基于死亡前最后三年在所居住的住所或所处于长期收容机构中的状态。

到了受试者 70 岁的时候（对于哈佛大学受试者大约 1990 年，对于贫民区的受试者来说约 2000 年），140 名贫民区的酗酒者中有 65 个（46%）和 54 名原哈佛大学受试者中的 19 个（35%）已经不在人世了。（正如之前我所提到的，"酗酒"指的是酒精滥用和酒精依赖两类人。）

在 2003 年，我们发现，18 个酒精依赖的哈佛大学酗酒者中，只有 3 个在 80 岁的时候还没有去世，而且他们的平均寿命比只社交性饮酒的其他哈佛受试者要短 17 年。

图 9.1 生动地说明了为什么酗酒者的比率随着时间而递减。问题并不在于"精疲力竭"（匿名戒酒会成员所描述的"彻底受够了疾病与疲倦"）；这种精疲力竭在嗜酒者中是很少见的。也不是对于这些受试者年老之后，病例不好找到了。而是因为随着时间的推移，嗜酒者戒酒了或者已经死去了。

还在大量饮酒的嗜酒者的死亡的速度是完全戒酒的嗜酒者的两倍之多，但是完全戒酒的嗜酒者的死亡速度还是比社交性饮酒者的死亡速度快上许多——通常是因为，嗜酒者即便戒了酒，也还是继续大量吸烟。正如我们将要明白的，只有在酒精滥用的头十年，诊断其是否为嗜酒是不明确的。以几十年为时间尺度来看的话，嗜酒是一种疾病。

七个问题

（1）嗜酒是暂时的症状还是长期的疾病？社会学家总体认为智力、饮酒习惯甚至视力都是连续的状态；医生很少有耐心来进行这一领域概念上细微差别的区分。两者谁的看法是正确的？两者都是正确的。对智力迟钝、酗酒、失明的定义很有可能取决于一系列独立的与环境相关的、人际的、有背后动机的因素。但是酗酒者是自己寻求帮助来解决自己承认的问题，而这一过程事实上花费高昂并且十分不便，因而问题究竟是什么往往有十分明确的定义。

　　酗酒的医学模型的建立是不可阻挡的过程。这一模型因为出现威廉·霍加斯的系列油画"浪子生涯"而变得十分流行。E.M. 耶利内克后来又将之用文字记录下来。匿名戒酒会又把它当作了自己的信条。然而，这一模型如何能适应不可预知的动荡，尤其是在细微的前瞻性酗酒者研究中可能遇到的动荡？

　　短期的前瞻性调查表明，在任意的给定月份中，大部分的嗜酒者是滴酒不沾或是饮酒但是不会表现出来症状的。在这点上酗酒是和吸烟、海洛因成瘾不同的。能否因此认为，酗酒的发展就是一个谜？什么时候可以说人们处于的醉酒状态（通常是自己把自己灌醉）成为长期问题饮酒（很大程度上是无意识的）的特点？我们的研究有助于清楚地分析这一问题。

　　在这项研究中的几乎每一个嗜酒者，无论酗酒历史有多长，都有过戒酒一个月或一个月以上的经历。事实上，有过戒酒经历是一个常见的被接受的诊断酗酒的标准。一个人越是有生理上对酒精的依赖，越是展现出酒精成瘾的症状，这个人越有可能之前试图戒过酒，通常尝试不止一次。正如我在其他场合说过，马克·吐温发现戒烟相当容易，他本人戒了 20 次之多。

　　这就是为什么只有统计酒精相关问题的数量和发生频率，才能真正定义酗酒这一临床现象。酗酒比流行性腮腺炎、发育迟缓有更加复杂、高等的结构。与腮腺炎不同，酗酒并不是由单一病原体引起的。相比，酗酒更像是发育迟缓的诊断，从某种程度上取决于医生如何设定标准。酗酒更加类似二型糖尿病、高血压、冠状动脉疾病，它是在相关基因推动下产生的不良习惯最终带来的恶果。

　　酗酒的症状可能去了又来，但从表现上来看，酗酒像是慢性病，一旦得上就无法摆脱。没有专门治疗，糖尿病会困扰你终生，直到你死去——通常是早逝。哈佛成人发展研究耗时 75 年，让我们记录下来这一现象：如果不坚持戒酒，大部分的问题饮酒者会持续受到酒精相关问题的困扰，也是直到早逝为止。有 72% 的社交性饮酒的原大学受试者活到了 80 岁，相比之下，原大学受试者中酒精滥用者有 47% 活到了 80 岁，酒精依赖人的存活率进一步下降到 14%——这是很显著的下降。

　　一方面，我们的这项研究表明，酒精滥用的不可控恶性发展只是在初始阶段如此。一旦饮酒者已经进入到"不可控"的程度，酒精饮用成了问题来源之一，此时，酒精饮用可能会伴随一生而不一定会发展成更为严重的早上就饮酒、失去工作、更加严重的戒断反应。有 7 个活到 80 岁的大学受试者是酒精滥用者，并且有几十年的酒精滥用史（平均大约 30 年），但是没有证据显示他们的症状恶化。类似的情况在香烟依赖中已有出现。

另一方面，酗酒并不会随着时间而有所改善。同样是那七个受试者，在那三十年间不断报告称，他们身上出现酒精有关的问题，包括对自尊、健康、家庭的影响。在这一点上，酗酒确实符合传统的疾病模型，在这里也同样类似于香烟依赖。一天抽上两包的烟民很少能够恢复到一天只抽半包的社交性吸烟程度，酗酒者一旦发展出典型的依赖性，他或她很难回到社交性饮酒或是酒精滥用的程度。在后面，我会马上再谈到这一话题。

因此，我认为把酗酒看作是一种疾病是合适并对研究有益的。这一诊断是经过慎重考虑而做的，因而社交性饮酒者不太可能被打上错误的标签。酒精滥用的表现形式虽多样，但是也没有多到让一个统一标准变得毫无意义的程度。把严重的问题性饮酒叫作疾病有一个好处；把自己贴上"生病"而不是"坏人"标签的酗酒者能减轻他们感受到的无助感；他们能感受到更高的自尊；他们更有可能去改变自我，更有可能寻求他人的帮助来改变自己。

把酗酒看作一种疾病的最后一点原因在于，酗酒夺人性命——每年有成千上万的人死于酗酒。以 80 岁为线，大学受试者中，酗酒者死在 80 岁之前的可能性是非饮酒者的两倍。在 70 岁的时候，有近一半（46%）贫民区受试者已经去世了，而非饮酒者的死亡率仅为 29%。

不可否认，从很大程度上来讲，上升的死亡率不能直接归因于酒精本身带来的生理影响，但是这确实指出，问题酒精饮用者的香烟消费量远远大于社交性饮酒者的香烟消费量。非酗酒者吸烟量为 14 包乘以年（相当于连续 28 年每天抽半包或连续 7 年每天抽两包）。但是酗酒者平均吸烟量为 27 包乘以年，酒精依赖者平均 50 包乘以年——是社交性吸烟者吸烟量的三倍还多。并没有证据表明大量吸烟会造成饮酒量的上升。

然而，截至 2010 年，有四分之一的大学受试者中的酗酒者死于心脏疾病。社交性吸烟者中，只有八分之一死于心脏疾病。有 3% 的大学受试者中的社交性饮酒者死于肺癌；而有 15%，也就是 5 倍之多的酗酒者死于肺癌。同样，贫民区受试者中，酗酒者是社交性饮酒者死于肺癌的两倍。

饮酒和吸烟两者之间的重叠并没有表明存在一种"上瘾的""口头的"性格，或是某种抽象的性格，这一重叠现象只是一个具体的现实，说明良心和判断力在酒精面前不值得一提。酒壮怂人胆，酒吧斗殴、汽车在醉酒者眼中都不算什么。他们对安全的性行为也毫不在意，他们当然也用不担心。死于肝硬化、意外、自杀、咽癌在酒精滥用者中很常见。我们在研究中得到的结论同其他地方进行的 8 个研究酗酒者早逝长期实验中得到的结论相似。

（2）酗酒是环境因素造成的还是遗传的？在 1938 年，也就是格兰特实验开始的那一年，美国最著名的精神病学家卡尔·麦林格发表了一个惊人的言论："老一代的精神病医科医生认为酗酒是一种遗传形状。当然如今几乎所有的科学家都不相信这一点。尽管这仍旧是一个十分流行的理论，酗酒不可能是一种遗传性状，但是，父亲如果是一个酗酒者，那么他的儿子很容易会学会如何实施报复，而这种报复在儿子看来是身不由己。"

麦林格错了。当我们谈到酗酒的时候，基因的影响是大于环境因素的。我们的数据显示，如果被研究人员有家族酗酒史，那么他本人成为酗酒者这个可能性会翻倍，即便对其他的可能因素（种族、社会阶层、家庭问题）进行严格的统计学上的控制。但是，如果孩子的继父继母是酗酒者，这些孩子不会因此更有可能变成酗酒者。从贫民区受试者中得到的统计数据比格兰特研究的数据更能说明这一点。

直到最近，大多数社会科学家才开始认为，不幸的童年是酗酒的原因之一。我们的数据表明，一个人幼年时期生活环境的不好会引起未来酒精滥用的可能性，同他的家长酒精滥用程度相关：也就是说，父母酗酒越严重，这种严重性就会更加明显体现在孩子的生活环境中，也就会导致这个孩子酗酒越严重。然而，与麦林格的想法恰恰相反的是，酗酒并不会导致一个孩子对不幸童年、酗酒的继父继母的态度。

事实上，生物学上的父亲是一个酗酒者，那么无论这个孩子是否和这位父亲生活在同一个屋檐下，都会增加这个孩子酗酒的可能性。没有童年时期生活环境缺陷但有酗酒父母的 51 个男性受试者中，由 27% 的人成了酒精依赖者。有童年时期生活环境缺陷但没有酗酒父母的 56 个男性受试者中，只有 5% 成了酒精依赖者。这就说明，酗酒的父母无须和孩子们生活在一起就可以把这种疾病传播下去。

　　遗传在比例中所起到的作用并不会让我们避免对于生孩子和养孩子哪一个更重要的讨论。尽管说出于遗传学上的原因,一个人的祖先如果有酗酒史,这个人更有可能发展为酒精滥用,但同时需要考虑到,祖先的酗酒也增加了这个人滴酒不沾的可能性,很有可能是出于环境因素。在格鲁克研究中的 48 个滴酒不沾的英格兰爱尔兰美国后裔中,有一半的人家中有一个酗酒的父母。

　　(3)酗酒者在发病前就和常人不同吗?这个问题在本质上研究的是酗酒到底是精神疾病的症状还是导致发病的原因。长久以来,人们广泛认为酗酒是精神疾病的症状。在格兰特研究开始的那年,罗伯特·怀特,一位奥斯丁格斯中心声名显赫的精神分析学家,就直言不讳地说道:"酒精成瘾是一种症状而不是一种疾病……总是会有潜在的人格障碍,表现为明显的情绪失调,神经质的性格特征,情绪不成熟和幼稚。"

　　在 1940 年,保罗·谢尔德,有四种疾病以他的名字命名的奥地利精神病研究员,表达了对这种观点的同意。"长期饮酒的人从他的幼年时期就生活在不安全的状态中。"20 年以后,E.M.耶利内克,耶鲁大学的著名酗酒研究学者写道:"尽管在酗酒者人格结构的研究中还有许多分歧,他们中的很大一部分人似乎很难忍受紧张情绪,同时,他们无力应对心理压力。"

　　同时,在 1980 年,精神病学家米歇尔塞尔泽在精神病学主要教科书中更广泛地写道:"尽管偶尔出现不赞同这种观点的人,但是酗酒者似乎并不是人群中的随机一群人。"然而,这些世界知名的专家都没有任何前瞻性数据来说明酗酒者在成为酗酒者之前是什么样子的。

　　有三种性格特点一再被提出,认为是常见的导致酗酒的性格:依赖者、抑郁者、反社会性格的人。格兰特研究没有证实任何一种性格可能导致酗酒的假设。在大学受试者这一组人中,同终生保持社交性饮酒的人相比,没有证据表明酒精滥用者在发病前显示出人格依赖障碍,而成为酒精滥用者的人中,58%是在 45 岁之后才对饮酒失去了控制。

　　还有一些人在年轻的时候展现出了依赖的特点,在一生中都有爱、毅力、不立即表现出喜悦的障碍。这些所谓的还停留在口唇期的人对于表达侵略性感到更加焦虑、抑制。然而,同其他普通人相比,这些特征在未来会成为酗酒者的年轻人中并没有更加普遍。但是,大学受试者一旦开始酗酒,口唇期依赖的特点确实会表现得更为常见。

　　同样，大学生受试者中的酒精滥用者报告出现重度抑郁的可能性是非酒精滥用者的五倍之多。而且，在31名出现明显抑郁状态的男子中，有14名（44%）表现出了酗酒的情况。在跟踪调查这些人25年之后，我得到了这样一种感受：这14人中很多人酗酒是为了缓解抑郁。但是，在1990年，对纵向数据进行的盲法分析表明，我的感觉是一个幻觉。

　　一位精神病医生在不知道这些人初次抑郁发病年龄的条件下，对每个人的全部记录进行了检查，并且估算每个人初次显现出酒精滥用迹象的年龄。第二个精神科医生在不知道这些人初次酗酒的年龄的条件下，对每个人的全部记录进行了检查，并且探索每个人初次显现出重度抑郁症状（或者可能的重度抑郁症状）的年龄。

　　14个案例中，有4个是被寻找初次显现出抑郁的那个精神科医生认为抑郁的症状是完全可以用酒精滥用来解释的。在另外6个例子中，评分者认识到，抑郁症的首次发生是发生在这些人满足需求标准后的许多年（平均为12年）。只有在4个案例中出现了酗酒者先出现了抑郁的状态，然后才开始酗酒。考虑在大学268名受试者中，酗酒和情感障碍本身就十分常见，因此，随机性本身就可以解释这4个案例，或许还有更多的原因出现在这4位身上。

　　至于说反社会的人格特性，酗酒者从某种程度上来讲会比没有症状的饮酒者更容易在发病前显示出反社会的人格。还有一些反社会的成年人在他们反社会的行为发生发展的时候才开始酒精滥用。但是，绝大多数的酗酒者并不是在发病前就已经反社会；他们的反社会行为出现在酗酒行为之后。反社会在酗酒中所起到的作用仍然不是很清楚，这一点我在其他许多场合也讨论过。

　　在三个被假定地出现在酗酒之前的性格特征中，有两个已经得到了完全的否定，第三个暂时还站得住脚，我们寻找了更一般性的发病前的因素来预测后来可能的酒精滥用。但是，从我们在大学受试者中收集的数据显示，惨淡的童年，童年时期所遇到的心理问题，（更积极的）在大学时期的心理稳定，都无法明确的区分未来的社交性饮酒者和未来的酒精滥用者。

　　令人惊讶的是，绝大多数的未来酗酒者就发病前的心理稳定性来说同未来的无症状饮酒者没有明显的区别。一个诸如此类的假设根本就不会得到认真地对待，直到有此类前瞻性的研究提供证据进行了证明，因为我们对我们的某种幻觉深信不疑，也就是不高兴、紧张的人会采用饮酒的方式来进行自我治疗。

这种幻觉如此强大，以至于抑郁和所谓的酒精人格对于酗酒这种失调来说只起到次要作用看起来不太可能。但是，大剂量摄入酒精既不是一种刺激，也不是麻痹；对于想刺激、麻痹自己的人来说，酒精起到的恰恰是相反的作用。而且，酒精摄入只会让失眠和抑郁变得更加严重。

表 9.1   酗酒和发病前依赖特征的关联

	依赖特征 N=95	酗酒 N=185
酗酒的家庭历史	不显著	显著
糟糕的童年环境	非常显著	不显著
糟糕的父子关系	显著	不显著
糟糕的高中社会适应程度	显著	不显著
糟糕的大学"心理健康状况"	显著	不显著

非常显著 =p<0.001；显著 =p<0.01。

在贫民区的样品中，3 个最有效进行预测成年时心理健康程度的童年时期变量——童年的温暖、摆脱童年情绪问题和童年时的能力——并没有成功的预测摆脱酗酒；同样，这三个变量中能最有力预测酗酒的——家庭酗酒史、种族以及青少年时期的行为问题——没有预测未来糟糕的精神卫生。酗酒以及糟糕的精神卫生无法被不变地整合在一起。

在排除这些因素，说明（不幸的童年、问题重重的家庭、抑郁、焦虑）这些因素并不是酗酒的主要原因时，我并不是说这些因素并不重要。这些因素总是重要的，并且会导致任何一种慢性疾病恶化。我只是想强调，在前瞻性实验设计中，诸如文化、家庭酗酒等一些显著的变量能够通过样本的选择得到控制的条件下，从数据上来讲，发病前的个人、家庭的不稳定并不能增加酗酒的风险。我也要重申，城市受试者中生父酗酒但是家庭的其他方面很健康的人发展成为酗酒的人是家庭中有多重问题但生父不酗酒的人发展成酗酒可能性的五倍之多。

我们的数据表明，只有在两个领域中，酗酒者在发病前同无症状的饮酒者不同。在成为吸毒者之前，未来的酗酒者能比对照组摄入更多的酒精，而不出现宿醉、呕吐、步履蹒跚等状态。这种差异至少从一个侧面反映了酗酒是有遗传成分的。

第二点的不同在于，未来的酗酒者更有可能来自于更容忍成年人醉酒、不鼓励儿童和青少年学习安全的饮酒习惯的环境中，而爱尔兰和美国就是这种环境的代表。未来的酗酒者则不太可能来自允许青少年在仪式、就餐时饮用低度酒，却又谴责醉酒的文化中，意大利就是这样的国家。

因此，我们样本中的酗酒者的父母、祖父母相比出生在地中海地区，有更大的可能性是来自于讲英语的国家。在控制遗传危险后，被研究人员中的爱尔兰人发展成为酒精依赖的比例远大于意大利人。这项研究一个非常有争议的结论是，相比立法规定什么时候可以饮酒，家长的模范效应，即应当如何饮酒，对酗酒的影响更大。

（4）应该把治疗的目标定为滴酒不沾吗？在格兰特研究开始的时候，我们对大多数癌症的博物学了解远超酗酒。即便是酗酒的临床过程我们都不甚了解。随着时间，酗酒者身上发生了什么——不仅仅是那些来到诊所的酗酒者，还有整个被治疗的、没有被治疗的酗酒者的整个群体？为什么酒精滥用的流行程度随着年龄的增加而急剧下降？是因为酗酒者都去世而"消失"了吗？（不是），还是重返没有症状的饮酒了（不是），还是稳定的滴酒不沾（是），还是高死亡率（是）？

另外一个问题是，一个戒酒者或者说重新开始有节制的喝酒的人坚持这种从酗酒中康复的状态才能叫作安全。在吸烟甚至癌症中，症状缓解通常需要持续五年时间，复发才被认为是不太可能。然而，在酒精治疗研究中，研究人员所说的"康复"通常指的是饮酒者在6个月或者半年没有出现症状。一个酗酒者如果还吸烟，那么他将再也不能回归到社交性饮酒的状态。

表9.2总结了148个大学受试者和贫民区人的结果状态，这些人都跟踪到了他们死亡或70岁。这也阐明了为什么随着年龄的上升，酗酒者的数量似乎是在下降的，以及为什么在70岁的时候只有四分之一的男性仍然在滥用酒精。有些男性已经是稳定的戒酒者（戒酒平均19年），有一些也已经回归到社交性饮酒了，但是没有那么稳定。然而，有一半的人已经死亡了。

一个有趣的发现：相比酗酒的大学受试者，酗酒的贫民区的人更容易戒酒。在大学受试者中满足酗酒判定标准的人中，只有九个人戒酒到达或超过了3年，然而贫民区的人达到这一标准的有51人。

（5）"真正的"酗酒者还有可能安全地饮酒吗？这个问题的答案是"可以，但是……"我的犹豫是基于四个因素的：一是从一般性文化中得到的，其他三个是来自于我们的研究发现。在 50 年的酗酒文化历史中，每个研究称发现有成功的案例，说某个人成功地返回到社交性饮酒（通常还会上晚间新闻），在 10 年之后的跟踪调查之后，都发现这是个错误。

    一个广为人知的警示例子是奥黛丽·凯诗琳，她在 1994 年成立了节制饮酒管理协会，但是在 2000 年 3 月，她在一起酒驾的事故中，驾车从车道中驶出，造成迎面驶来的小轿车中的两人死亡。

表 9.2   研究 70 岁或死亡时期酗酒者的状态结果

| | 大学队列 | | | | 贫民区队列 | | | |
| | 在社区 70 岁 | | 70 岁去世 | | 在社区 70 岁 | | 70 岁去世 | |
	N	%	N	%	N	%	N	%
稳定的禁欲（三年以上）	4	14%	5	26%	34	64%	17	36%
回归有节制的饮酒（三年以上）	5	17%	2	11%	3	6%	8	17%
长期酗酒	20	69%	12	63%	16	30%	22	47%
总计	29	100%	19	100%	53	100%	47	100%

    第二，我们的数据显示，那些成功回到社交性饮酒的人当中，绝大多数之前诊断为酗酒时只是勉强达到了酗酒的标准。这一点在贫民区和大学生样本中均是如此。第三，那些坚持三年或三年以上社交性饮酒的人中，有一半的人复发了或是转向彻底戒酒。第四，即便是成功的人（在最后一次跟踪调查时没有显示出酒精引起的进一步问题）也经常发现，他们很难回归到像社交性饮酒者那样进行自由的饮酒。

    1977 年是对贫民区受试者从 20 岁到 47 岁跟踪调查的最后一年。他们中有 21 个人实现了稳定戒酒三年或以上，有 22 个人实现了 3 年或 3 年以上有节制的饮酒。接下来的 1992 年的跟踪调查显示，有 18 个（86%）的 21 个稳定戒酒的人保持着戒酒到 60 岁或者死亡。这 18 个戒酒者已知的戒酒的时间从 3 年到 37 年不等，平均戒酒时间为 20 年。

    相反，22 个人实现了 3 年或 3 年以上有节制的饮酒的人中，有 7 个，约三分之一的人，复发并发展成持续酗酒，而他们声称的平均戒酒时间为 12 年。

22 人中有 3 人进行了持续的戒酒，有 4 人退出了研究，还有 3 个人，由于酒精滥用时间太短，被重新定义为非酗酒者。

因此，截至 1992 年或受试者死亡，22 人中，只有五个人被认为是真正的酗酒者，但是以一种节制的方式饮酒。图 9.2 说明了酒精相关问题数量和重回社交性饮酒可能性之间的相关性。

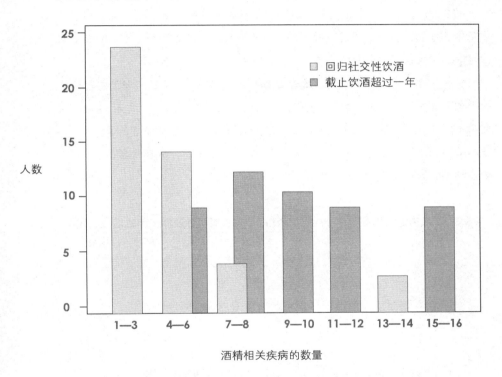

图 9.2　酒精相关疾病的数量和可能回归社交饮酒概率的联系

（6）我们如何预防复发？人性的研究者长久以来被一种现象所困惑，就是有一些个体会突然"皈依"了其他的宗教，或者突然改变他们的生活方式。我们的研究旨在探索在酗酒中这种突然转变的原因，是否是由于临床治疗（否）、意志力（否）、受够了"受够了"这种感觉（否）。或者某些能影响预防其他成瘾的已知非临床因素（是）。

戒酒通常是酗酒的证据，而不是康复的证据，正如节食通常是肥胖的证据，而不是苗条的证据。然而，无论是在酗酒恢复中，还是在肥胖中，延长复发预防是关键。因此，我们继续对两组酗酒 50 年以上的人，用一种自然的方式来揭开酒精能预防复发的因素是什么。

我们发现，对绝大多数的酗酒者来说，咨询、脱毒、甚至住院都可以是临时的救命方式，但是这些方式没有改变疾病本身的自然历史。至于说糖尿病和肥胖，从长远来看，永久的改变照料自己的方式是能够延长寿命的唯一途径。

图 9.3 涵盖了 4 个在预防任何成瘾中都常见有效的方法。稳定有节制研究成员中，他们第一年戒酒的时候，每 4 个人中有两个都能找到工作。约一半的戒过酒的男人找到酒精的替代品，许多人发现的还不止一个。

替代依赖性的有多种多样，有爱吃糖果的（5 人），苯二氮卓类的替代依赖例如喜欢安定或利眠宁的（5 人）；从不由自主地帮助他人（2 人）到依靠父母的（2 人）；从爱上大麻（2 人）到神秘的信仰，祷告和冥想的（5 人）；从强迫性的工作或爱好（9 人）到强迫性的赌博（2 人）；从暴饮暴食（3 人）到连续不断的吸烟（7 人）。

表 9.3 49 名未经过治疗的和 29 名临床治疗的贫民区男性戒酒一年或以上的因素

	未经治疗的戒酒 n=49	经过治疗的戒酒 n=29
强制监督	49%	34%
替代依赖	53%	55%
新型关系	32%	31%
鼓舞人心的小组形式（通常是 AA）	49%	62%

另一半的男人取得通过强制性的监督或行为矫正成功地预防了复发。我指的是独立于意志力，系统地改变酒精滥用的后果的因素的存在。正如 AA 成员说，通常来讲是缓刑和痛苦的就医经历，才能保证"记忆清楚"。

几乎有一半的男性采用了其他两个预防复发的手段。一是参与帮助组（在我们的例子中，通常为 AA）。第二步是找到新的关系；有时是爱的关系，有时是帮助有需要的其他人的机会。但是，这些关系总归是同在过去伤害过的人之间建立起来的，而酗酒者对过去的错误行径感到内疚。他们回顾了文献中关于烟草、食物、鸦片、酒精滥用的缓解，斯托和别尔纳茨基在这些中页找到了同样的 4 个因素。图 9.3 中的四个因素似乎是预防复发的最重要的因素；只有

30% 的男性在戒酒的第一年中不得不去门诊就诊或住院。

出人意料的是，没有酒精滥用的风险因素并不能就意味着成功缓解。让你爬出低谷的技能很可能和你陷入麻烦的因素相互独立。得到缓解的酗酒者滥用酒精至少平均 20 年，他们酗酒的严重性、遗传的脆弱性甚至比没有得到缓解的人还要严重。受教育水平有限也是酒精滥用的风险因素，却没有阻碍稳定的缓解。事实上，低学历内城的人明显比同行格兰特研究受试者更有可能成为戒酒者。虽然酗酒者的人均吸烟量是非酗酒者的两倍之多，但从数据上来讲，香烟滥用的严重性和最终是否戒酒并无关系。

（7）通过 AA 来康复是特例还是规律？　对于两类人来说，AA 的出勤和持续的戒酒有很强的相关性。图 9.3 中的所有四个因素都体现在 AA 程序和许多其他未正确命名为"自助"的恢复项目中，这些项目以类似的路线来组织。我称之为所谓的"自助"，因为 AA 的自助是和谷仓建造聚会一样的性质。在上述的两种社区活动中，成功的定义中，帮助他人和帮助自己至少是同样重要的。有 4 个变量在我们所研究的格兰特研究中的受试者加入 AA 有关联：酗酒的严重性、爱尔兰这一种族、对缺少母爱的忽视、却少温暖的童年时光。

在 9 个酒精依赖，但保持稳定戒酒的大学生受试者中，有 5 人（56%）参加了 30 到 2000 次的 AA 会议。其他两个酒精依赖的大学生受试者参加了 50 次 AA 会议，但是复发了。在贫民区 39 个酒精依赖，但稳定戒酒的男性中，至少有 14 个（36%）参加了 50 到 2000 次会议。

参照饮酒问题评价表，少于 30 次 AA 会议的酒精依赖的贫民区的人的评分约为 9。参加多于 29 次（平均为 400 次）AA 会议的人平均饮酒的评分为 12——这是很大的不同。通常来讲，一个人如果关节炎不是已经相当严重，那么他不会寻求痛苦的髋关节置换手术，同样，"跌到谷底"会增加一个酗酒者坐到教堂的硬板凳上，喝着难喝的咖啡，每周几次和大家分享自己痛苦的经历。在两种人中，稳定的戒酒者参加 AA 会议的次数是长期酗酒者的 20 倍。

表 9.4   问题 AA 如何运作？答案：AA 效果很好！

	大学队列		贫民区队列	
	戒酒 N=9	长期饮酒 N=32	戒酒 N=57	长期饮酒 N=44
平均戒酒时间	15 年	1 年	16 年	1 年
酗酒活跃时间	20 年	23 年	18 年	22 年
饮酒问题得分	9	6(VS)	10	8
AA 会议	137	2(VS)	143	8(VS)

非常显著 =p<0.001；显著 =p<0.01。

詹姆斯·奥尼尔：酗酒是一种疾病？

　　詹姆斯·奥尼尔的故事就说明了酗酒者是如何颠倒通常人们所说的因果关系；这个故事详细地说明了酗酒是生活中问题的来源，而不是生活中问题的结果。他在酗酒的时候表现得特别差，但是——我知道这很难让人相信——在1950 年的时候，也就是在酗酒开始之前，研究项目测试显示，他作为一个人，道德品格是"不合格"的但健康服务相当古板的主任曾形容他是，"直爽的、体面的、诚实的家伙，应该是一个不错的选择，对任何一个社会都是如此。"

　　直到 1957 年，也就是从哈佛大学毕业 13 年之后，他才得到了精神科的注意，那年，他第一次被送入了 VA 医院的精神科。这个时候，他已经是 36 岁了，是4 个孩子的父亲，之前还担任过经济学助教一职，他描述自己为"无论是作为父亲的责任，还是作为专业者的责任，他都没有履行，就是由于酗酒，甚至还忘了去上课"。他在悔过书中开篇写道，"目前，我的症状包括大量饮酒、失眠、愧疚、焦虑"，对他的诊断为"行为失调，个性不足"。

　　他向我们提供了以下资料，援引自医院的记录。在 1948 年夏天，他开始饮酒和赌博，当时他十分郁闷，因为读博士的表现很差。他在白天的时候饮酒，甚至忘记去上课。然而，他还是继续去教学并且保证了家庭的完整。他毫不费力完成了自己的博士学位，在 1955 年，他离开了西部海岸学校，去了一个南部的研究型大学。

　　在他被收容住院的时候，他对自己生命中重要的人表达了怀疑和愤怒，他声称，这些人全都对他很差。除了愤怒的情绪，他很少显示出其他的情绪，采访者是这样评价的："他持续的饮酒、不忠、赌博、不负责任的借贷，使他从自己的读书中意识到，自己患有精神病。我们知道，他给了自己儿子几本书去卖，其中包括4本大学图书馆的书；他被指控盗窃大学的财产，并且由于道德上的态度被开除了。他向医院的工作人员保证，他并没有有意地卖掉了图书馆的书。"

精神病记录继续写道："在整个那段时间里，他经常光顾酒吧，同赌博扯上关系，去酒店开房玩弄女性，即便是干这些事还总是用自己的名字。有趣的是，在不断进行这些不道德的事情的过程中，他还因为其他人知道他的教授的身份而感到洋洋自得……当他的母亲在1949年去世的时候，对于母亲的去世，他没有感到一点悔恨。他甚至都记不起母亲是哪年去世的。"

"鉴于他在1948年开始记载自己课外活动的时间，这种困惑或许是具有重要意义的。在他住院的8个月期间，这个患者……能够努力感受到、回想起许多对自己家庭的感受，尤其是对自己母亲的感受，对自己妻子的感受。该病人感受到强烈的敌对情绪和焦虑情绪……因为他的父母总是对他冷冰冰的……他隐藏了许多对于自己妻子的敌对情绪在心底，其中就包括，他觉得自己的妻子嫁给自己这样一个聪明的大学教授，妻子却不表示感激。她想要的，只是更多的钱、更大的房子。"

他的出院诊断是焦虑反应，表现在对家庭、父母和工作的矛盾情绪。这种不断沉积的压力被理解为是"患者母亲的死亡、长期酗酒赌博和负债"所带来的。他的天性是一种"在过去20年里具有情绪不稳定的性格"。有时候VA甚至称呼他"精神分裂症患者"。但是酗酒这样的诊断结果从未纳入考虑的范围。

但是根据格兰特研究记录显示，情况完全不同。在大学期间詹姆斯·奥尼尔是格兰特研究中健康和成绩都非常理想的典型代表。他是研究中最聪明的人，在进行了三年的观察之后，他的心理健康状态被评为A级。一位儿童精神科医生十八岁的时候失明了，他被要求去对比他儿时的环境和格兰特研究中同行们儿时的环境。她把它列在前三，并对他儿时的原始数据进行了如下总结：

奥尼尔出生时就遇到了麻烦。他的妈妈已经被告知不能再生更多的孩子了。他的父母是很靠谱的那种人，坚持而且偏执，同时也很具有奉献精神。他们对这一情况还是相对比较了解，他们并没有明确表明期望值，而是默不作声。对父亲的描述是容易相处，母亲则比较安静；没有酗酒的记录。有一些评论的内容是热情、体贴和对家庭的奉献。主人公说遇到困难会找父亲，但是跟母亲更亲近。报告显示他与周围人的关系良好，与父母很少甚至没有发生过冲突。

她继续预测到詹姆斯·奥尼尔"会成长为一个执着、努力、不酗酒的公民，可能会从事与法律、外交或者是教师相关的工作。他的智慧和语言能力将会对他的工作有很大帮助。他会结婚并且对他的子女坦诚相待。他或许会对子女有很高的期望"。

在奥尼尔30岁之前，其他观察者对他的总结都是比较积极的。大学期间院长办公室对他的能力评价是A；该研究的内科医生对他的描述是"热情、古怪、直接、自信、没有妒忌和怨恨，印象中他是个优秀的青年。"精神病医生对他的"温暖、活力、个性"印象深刻，并且把他列进了小组。他21岁的时候娶了儿时的小情人，他从16岁开始就坠入了爱河；1950年，结婚的6年后，他的婚姻看起来仍然是很牢固的。奥尼尔23岁的时候，他的指挥官对他的描述是一个责任感很强的人并且非常适合做军官。

根据预期日记也能够准确描绘奥尼尔对于母亲去世的感觉。这位儿童精神科医生对预期日记进行了评估，认为他与母亲的关系是被研究群体中最好的那一类。他母亲的医师评价奥尼尔说，在母亲生病期间奥尼尔付出了很多并且帮了很大忙，在1950年，他母亲去世6个月后，一位研究观察者写到奥尼尔深受母亲过世的影响。仅在加入VA7年后，奥尼尔对于母亲的感觉就消失了，并且埋怨母亲的冷淡造成了他现在的不快乐。经过一段时间，最终酗酒者产生了各种各样的怨气。

奥尼尔是我们研究中迷途最深的迷失的羔羊。在他住院治疗的很长一段时间就不再回复我们的调查问卷了。直到1972年，他才向我们提供了他生活进展的有关信息和他酗酒有关的信息。1948年，他还是在念研究生的时候就已经开始严重酗酒了，到了1950年，他就开始在早上饮酒了。

1951年，他妻子的舅舅，也是一个早就参加AA会议的人，指出，他可能是酗酒。他的妻子在奥尼尔本人已经不和格兰特研究进行联系的情况下还和我们联系，她坚持称，她的丈夫并没有滥用酒精。而且在1952年，也就是他本人第一次承认这一问题的时候，公共医疗卫生服务部门为他洗白了酗酒的经历，称之为参加战争带来的疲劳。然而，他的1946年部队纪录显示，在"二战"时期，他根本没有参与到战斗中。

在1972年，我采访了奥尼尔，他向我补全了长期以来的空缺。我们在他家见的面。他现在秃顶，蓄起了引人注目的胡子；他的衣服很旧但是很高雅。他给我感觉是一个很有精力的人，能很好控制自己的感情。在采访的开始，他对直视我感到很不舒服，看起来很紧张。他一根接一根地抽着烟，来回踱步，在一个床上躺了下来，又换到了另外一张床上。尽管他竭力避免眼神接触，但从感觉上来看，他明显把我当作是个人，我总是感觉到他是在跟我说话。

他给我的感觉，时而像一个自信的教授，时而像一个刚刚释放的战犯。正如他概括给我的："我超级容易激动，我是个性欲过度的人。这些感觉都在那，但是把这些感觉表达出来才是困难的。我的情绪波动总是不停地翻滚。在 AA 会议中，人们把我称作不平静博士。"

他自己承认，在 1952 年和 1955 年之间，也就是在写博士论文的时候，他就总是醉酒了，并且经常性地把学校图书馆的图书卖掉来买酒喝。到了 1954 年，他的妻子开始抱怨他的饮酒；到了 1955 年，大学校园中流言四起。但是，直到 1957 年，他第一次住院进入了 VA 医院，于 1962 年再次住院才第一次得到了诊断。在我们 1972 年访谈的时候，我感觉奥尼尔仍然不明白自己的痛苦和酗酒哪个是因，哪个是果。

在 1970 年，奥尼尔通过 AA 的帮助戒了酒。到了 1972 年采访的时候，AA 很明显成为除了他妻子之外生命中最重要的力量。他经常提到这一点：当我问他生命中最主要的情绪是什么的时候，他回答"愧疚感……我感到自己还是幸运。AA 中的大部分人都是这种感觉。"

即便是在完全戒酒了两年之久后，奥尼尔对我描述自己的时候，仍然把自己描述成为一个典型的反社会人，没有能力对任何人做出承诺。但是，他给我的感觉是一个十分孤独但十分友好的人。我从未感觉到他是冰冷或是沉迷于自我。如果非要解释，我认为他是太有良心了，而不是缺乏良心。要记住，经过酗酒并不能缓解失眠、长期的焦虑或是抑郁，但是酗酒是我们感到愧疚的最好解药。

正当我要离开的时候，我注意到在书架上有几本关于赌博的书籍。啊哈，我心想。这就是他所说的残余的反社会吗？然而并不是。一旦戒了酒之后，他也遏制了自己赌博的意愿。在路易斯安那州建立州彩票站的时候，他还给州长担任了顾问——对于一个经济学家来讲，这可比频繁光顾赛马场来挣钱靠谱的多了。换言之，随着他本人酗酒的缓解，奥尼尔自我的行为也变得成熟了；他没有屈服于自己对于赌博的兴趣，而是控制自己的兴趣，并转向了经济学博士学位，以一种对社会、对个人都有建设性的方式来利用自己的兴趣和学位。

在结束的时候，奥尼尔告诉我，他并不赞同AA把酗酒称作疾病的看法。"我想，我想要喝一杯，"他说道，"我感到了很多的羞耻、内疚、悔恨，并且认为这是很健康的。"我真心的不赞同这种看法；我怀疑正是这种羞耻感让他自我欺骗，在长达20年的时间里都不承认自己的酗酒问题，而AA通过把这种做法定义成疾病，拯救了他。不幸的是，奥尼尔在我们进行采访之后的两年后去世了，死于冠心病，而25年的大量吸烟无疑加速了这一致命疾病的发展过程。

弗朗西斯·洛维尔：可以被控制的酒精

弗朗西斯·洛维尔，也就是比尔罗曼的故事说明了在社会学家和医生眼中酗酒看起来是多么的不同。在这个故事中，这两类的观察者都是我一个人！我把同样一个人的故事讲了两遍，自己却完全没有意识到，虽然在15年前我曾研究过这个人，但是第二次的时候我却完全没有意识到这一点。

弗朗西斯·洛维尔是一个高效、挣着高薪的上层纽约律师。在1995年，我把他的生活作为例子，来说明酒精滥用就像严重的吸烟一样，并非一种疾病，而是一种生活方式的选择。考虑到他接受了足够的教育，有足够的意志力，有社会支持，并且有一份体面的工作，一个富有的饮酒人可以想喝多长时间的酒就喝多长时间的酒。

在大学的时候，洛维尔曾是一个十分严重的社交饮酒者，并且对于回答我们研究的试卷中关于他饮酒情况的了解显得十分的提防。到了25岁的时候，这个爱交际的人已经养成了从周五到星期日饮酒的习惯，但是，在一周的其他时候就不会饮酒。他在接下来的40年间都保持了这种饮酒的习惯。他在周末严重酗酒的情况有时会持续五天，并因此错过一到两天的工作。洛维尔从30岁起到70岁一直滥用酒精，但是他的身体健康和他的法律职业都没有受到严重的损害（他的大部分顾客是非常富有的人）。

洛维尔在自己30岁的时候就知道自己有饮酒方面的问题。对自己喝那么多的酒，他感到十分的愧疚；他的朋友对此也有微词；他做出承诺减少饮酒，但并没有履行诺言；当他饮酒的时候，他便躲开自己的亲戚。

在 39 岁的时候，他第一次因为酒驾而被捕；在 47 岁的时候，他第二次因酒驾而被捕。在 52 岁的时候，他接受了一生中唯一的一次脱瘾治疗，但是他的体检和肝测试都很正常。在 56 岁的时候，弗朗西斯·洛维尔这样评价自己："毫无疑问，我有些时候大量饮酒。"但是他从未戒酒，只在大斋节放弃饮酒。

连续好几周，他都只在社交的场合饮酒，且从不在工作日喝酒。对于这种稳定的酒精滥用模式的成功，他认为主要原因是他的胃不能忍受超过几天的连续饮酒。同时，他还说："我不想显得很自负，但是是一种家庭的责任感和圣保罗学校的责任感使得我控制饮酒……你不能就这样放弃一切。"

到了 59 岁的时候，弗朗西斯·洛维尔年薪达到了 20 万美元。他大量饮酒的毛病并没有影响他的工作，尽管在 60 岁之后他的事业也没有任何长进。饮酒也没有（太）影响他的关系；虽然他失去了最触及他内心里的女人，但是由于他保持了单身的状态，并没有造成更严重的后果。在 62 岁之后，他的医生鼓励他减少饮酒，在 66 岁的时候，他有了一次"有可能是酒精造成的"抽搐。

然而，在 70 岁的时候，他仍然每周工作 40 个小时，挣着令人艳羡的工资。同他的大学同学相比，他的身体状况仍然很好，而且他的肝脏检查也仍然显示正常。我在自己的第一部书中就写到了他："根据他自己的描述，在一生中他从未寻求戒酒，而且在周末的时候他仍然不断坚持每天喝上 10 杯。"总之，我认为他有长达一生的酒精问题，但并非一个"不断恶化的病情"。

比尔·罗曼：酗酒者的不稳定

但是，酗酒者有着不稳定的、像变色龙一样的特质。我已经完全忘记了我对洛维尔的最开始的描述，之后我又写了一位长期酗酒者的一生，我把这个人叫作比尔·罗曼。在 1983 年，我才突然发现我描写了同样一个人两遍，这时候，我采用是分不同的方式来看待同样他的生活，并且得到了非常不同的结论。

尽管时间仅仅过去了 4 年之久，也收集到的一些数据和跟踪调查，我对于罗曼的看法从他是一个社会学研究者转变到了他是一个医疗性的饮酒者。光具有波粒二象性，饮酒既是一种习惯，也是一种疾病。只有多年的调查研究才能让我们在同一个人身上看出这两种性质。比尔·罗曼是我们研究中最有启发性的一个例子，说明了酗酒的基因能让任何一个人的生活脱轨，无论这个人的前途在开始看起来是多么的光明。

比尔·罗曼的一生本来注定成就大事，他变成了一个悲剧的人物并不是因为我们应当对他嗤之以鼻，而是因为他的敌人是酒精，酒精强大得无法消解。在圣保罗学校，他曾担任大四的班长，并且担任足球队队长一职。他被挑选进入哈佛的俱乐部，并且以优等生毕业。大学对他的评价包括"不为自身的财富而宠坏""总是做好准备并且吸引人""很成熟"。

他的第二次世界大战记录也很典型。他赢得了三枚战斗勋章，因为他积极参与了突出地带战役、穿越鲁尔河和莱茵河。他的指挥官将他描述为"在大多数艰难条件下能够保持极度忠诚、镇定和冷静……幽默感也不会离他而去。"他首先晋升为中尉，然后是上尉。研究主管总结了 25 岁的罗曼的军队记录，评价他："这个男孩可以走得非常远。"

战争之后，罗曼去了哈佛法学院深造，并且拿到了班级前 10 的佳绩。他随后回到纽约，在一家有名望的公司负责公司法部分。他被选中加入了城市里最好的俱乐部，周末与其他会员一起打高尔夫和玩桥牌。30 岁时，他成了上层社会的足球队队长，做好了当巨星的准备。

但是他没有成为巨星。这是贯穿比尔·罗曼生活中的另一根线，在他大学时就可以看到这根线。他的周末都在饮酒。在大学中，他经历了持续三四天的"抑郁"时期——可能与酒精相关——饮酒时，他会认为整个世界都是"令人难过的地方"。大学的精神病学家认为过度饮酒的罗曼是"不值得信赖的，粗心的，以自我为中心的，爱逃避的"。同样在军队里，罗曼回忆起，他"大部分休息的时间都在饮酒和追女人"。

在法学院，罗曼只敢在周末饮酒——他已经认识到，他饮酒的时候往往还要放纵自己。到 30 岁时，他已经建立了一个重度饮酒的模式，从周五中午到周日晚上一直酗酒。他在工作日期间不饮酒，但是那几天往往身体不适。尤其是周一，他才从周末的宿醉中恢复过来。

亲密关系、事业有成和生儿育女不在比尔·罗曼的未来考虑之内。他在 20来岁的时候仅与一位女性坠入情网。在 30 岁时，他向她求婚，但是她拒绝了。她不愿意嫁给他可能是由于他的酗酒。他们在后来的 25 年里仍然频繁联系，他们都在周末与他们的母亲住在一起。当他 53 岁时，她的"独裁"的母亲去世了，她嫁给了另一个人。罗曼继续与母亲生活，直到母亲去世。他对他的法律生涯并不满意，感到自己不够尽力，也没获得应得的报酬。

我在比尔·罗曼 59 岁时采访了他。他没有安全感，不能和我进行眼神接触。不像研究中大多数成员中那样享受采访，罗曼看起来像个受到审问的不开心的青少年。"如果我知道研究要持续这么久时间的话，我就不会加入研究中了。"他抱怨道。

罗曼展示了一种普遍的悲哀。他的兄弟是研究中的另一位男性，后来确实成了巨星，在罗曼 50 岁的时候，他的兄弟悲伤地透露，比尔不再结交新的朋友。虽然比尔工资高，但是他从不让自己放假，也不参与公民活动，也没有和异性拥有激动的关系。他也没有可以倾诉的人。当研究人员问他在不开心的时候会找谁来安慰自己，罗曼回答："我自己安慰自己。"

在罗曼 65 岁时，研究人员问他："最让你满意的活动是什么？"罗曼回答："没有这样的回答。"研究中许多不开心的男性女性在不愿意融入社会的时候会强烈依赖自己的宗教。罗曼与他们不同，他一年只去一次教堂——在圣诞节和他母亲去。他在教会学校中被抚育长大。但是滥用酒精影响了他的精神慰藉以及他的世俗生活。

在采访之后，罗曼的酗酒行为继续恶化。到 65 岁时，虽然他健康状况还不错，但是曾经爱好社交的比尔不再愿意参加任何俱乐部了。他不再学习新的事物，不同于他的哈佛队列研究中的大多数成员，他甚至没有开始学用电脑。他的生活中逐渐累积了很多他的个人损失，他无法为这些损失找到其他的替代物；在他的朋友和亲戚中，不再有人能成为他的倾听者，让他倾诉他有过一段亲密关系。

毫不惊奇，他认为现在是他生命中最不开心的阶段。他说，开心的时候是战争年份。他的表述很难让人不为他担心。并不是所有人都认为突出地带战役的那段时间是让人感到闲适的时光。

罗曼的酗酒行为从未影响到他的肝脏，但是毁了他的一生。在他 30 岁的时候，他所爱的女孩就已经担心他的饮酒状况。在他 40 岁时，他的三次酒后驾车给他人带来了伤害，他的母亲、兄弟和警方都为他感到担忧。在他 53 岁的时候，他接受了第一次脱瘾治疗。但是 60 岁时，他仍然放纵饮酒，当时他连续 5 天每天都要喝掉一夸脱的威士忌。唯一能够阻止他酗酒的原因是他最终生病，虚弱得无法饮酒。65 岁的时候他第一次癫痫迫使他放弃饮酒。

　　此后，罗曼进行了多次努力，以继续驾驶他的马车，但都未成功，最终他在74岁时死于与酒精相关的疾病。那时，研究中其他的成员中有70%仍然在世。他并非在缺爱的环境中长大，但他去世时却无爱所依。

　　我相信，我的读者会注意到，在罗曼故事的两个版本中，重点甚至细节都进行了"无意识"的转移。我之前提过，个人的故事比数据更为生动，但是个人的故事比数据更能够影响作者的意图。事实上，洛维尔和罗曼的饮酒问题程度分数（PDS）都是11——在大学和贫民区样本中占到前10%。

　　几年来，我努力尝试从酗酒的冲突观点中理出头绪，冲突的两方都有着激烈的观点：酗酒是疾病还是职业生涯途径的一部分呢？在大多数时间里，罗曼的实验室测试和健康体检结果都很明晰。在他们生活中的大部分时间，他们的同伴和他们饮酒情况差不多。他的职业生涯也以自己的方式取得了好的结果。

　　我们可以看到，他们充分展示了为何很难给酗酒的"真正含义"下定义。直到他们的晚年生活显示，酗酒给他们的生理和心理确实产生了不良的影响。这也是进行终生研究的另一意义所在。酗酒行为是一只狡猾的狐狸。甚至在格兰特研究的严谨审查之下，酗酒的不良影响在罗曼的研究中仍然隐藏了很长时间。

　　我们都可以想想我们自己，无论是我第一次讲这个故事的时候，心中有一些否认，忽视了酗酒这一疾病，还是第二次讲这个故事的时候，我在扭曲事实，通过改变故事的描述让一个严重的习惯性饮酒者符合酗酒的模式。但是，无论我们如何解释，洛维尔和罗曼遭受的都是狡猾、让人困惑并且强大的困扰。酗酒最终也是致命的。

酗酒是原因而不是结果

　　前瞻性研究始终显示，酗酒是酒精依赖、反社会的、神经性的、好斗的性格失调的原因，而非结果。酗酒是不幸婚姻的原因，而不是结果。酗酒也导致了许多死亡，而且不仅仅是肝硬化、机动车事故——自杀、谋杀、癌症、被压制的免疫系统都可能成为酗酒这个连环杀手的帮凶。

　　能预防酒精依赖的关键因素，除了酒精依赖本身的严重性，就是（最好）找到一个酒精的非药物性替代性、强制性的监督（一旦复发，立即进行负反馈），新的恋爱关系以及参与到鼓舞人心的项目中。

更加延长的跟踪调查表明了两个根本性的悖论，预示着酗酒者的一生。社交上有障碍的男性，有家族酗酒史的男性，早期就显现出酒精依赖的人比其他男性更容易保持戒酒的状态。

相反，酒精滥用者，有着良好的社会支持、受教育程度高、有良好的健康习惯、很晚开始显现出对酒精的依赖——大学中的样本就是典型——更有可能保持长期的酒精滥用者的状态。如果他们酒精相关的问题真的很小，他们也有很好的机会重返一生的社交性（可控的）饮酒。简而言之，似乎是酗酒最严重和最不严重的人有更高的可能性缓解。

10　人生的意外发现

霍拉修,天地之间包罗万象,远多于你哲学中的梦想。

——莎士比亚

在整本书中我试图传达一点：纵向研究会建立内在矛盾与悖论。这种研究需要投资收集大量信息，才可得知整理的信息是否可以解答研究提出的问题。几乎可以确定的是，信息的大规模积累并不能解答任何问题。

但在大堆的数据中时有微光闪耀。有些只是金玉其外，而有些数据——它们提供了不同的视角、不同的背景，或是新的分析技术——却是真金白银。在每一项纵向研究中都有一些意料之外、莫名其妙、耐人寻味甚至稀奇古怪的发现，这些发现非常需要我们重新审视，以防万一。

哈佛成人发展研究当中也有这样的意外之财。假以时日，如我在第二章最后暗示，它们也许能揭开一两个长期未解的生命奥秘。

为什么富人比穷人活得久？

过去 50 年间，流行病学愈发明确了人类寿命有限的事实；人一旦活过了某个点，就千金难买寸光阴了。但是，穷人往往比富人短命。在美国，人们认为造成这种差距的是社会经济地位（收入、教育、职业、医疗待遇），而不是营养不良或疾病感染这些让第三世界国家人均寿命缩短的因素。

有人谴责社会医疗待遇不公，生活环境有毒，营养水平低下，教育质量低下，失业率高筑。也有人指责上述现象的受害者，因为他们年轻时辍学、犯罪、习惯不良、自理能力低下。虽然对提高个人健康的重视可能被人用来指摘受害者，但我在第七章已阐明，不能因为政治正确而轻视与健康相关的行为的重要性。

但《新英格兰医学杂志》前任主编玛西亚·安吉尔指出："尽管社会经济地位对健康很重要，但没人确切地知道其中的原理。它可能是最神秘的健康决定因素。"

就健康与社会地位之间的神秘关系，哈佛成人发展研究也拿不出有力的探究结果。大学组和贫民区组的受研究对象有着几个重要的共通之处：性别、种族、地域、无犯罪记录，以及在1920—1930年间出生。但两组采样都明显呈现出社会阶级和智力（根据智商测验）的两极分化，因为贫民区组对应的是智商测验得分低下的犯罪少年。如图10.1所示，贫民区组比大学组平均提前10年失去自理能力，提前10年去世。贫民区组的人预估平均寿命为70年，大学组的人为79年。

对于自我护理无效的疾病，两组对象的发病率相似：即癌症（不包括肺癌）、关节炎、心脏病和脑部疾病。但贫民区组中，罹患肺癌、肺气肿和肝硬化的人是大学组的2倍，罹患2型糖尿病的是后者的3倍。贫民区组人体重超标的概率是后者的3倍。但是，在贫民区组中大学毕业的人不存在上述的差异。

贫民区组的人普遍教育水平比哈佛毕业生低，生活方式也不如后者健康。但贫民区组的人受的教育越多，则越有可能戒烟、避免肥胖、谨慎饮酒。格兰特研究中没有读过研究生的人与硕士毕业的人预估死亡年龄相同——都是79岁，如果不包括在"二战"期间的死亡。

所以我们不禁要问：教育水平真的可以预测晚年的健康，不受社会阶级和智力水平的影响吗？贫民区组中大学毕业的人和没有读大学的同龄人相比，既不更聪明也不更有特权，所以智力和社会地位并不能解释两者之间9年的寿命差异。

贫民区的大学毕业生认真参加的IQ测试分数比哈佛毕业生平均低30分，而且他们上的大学还不如哈佛。他们身高相差整整一英寸，说明他们童年时期营养不良，他们也没有哈佛毕业生中三分之二的人所拥有的中上层乃至上层阶级的优势。到了中年时期，贫民区组的男性进入上层阶级的比例只有上过哈佛的男性的一半，他们的工资也是后者的一半。因此，智力、地位和财富都无法解释为何贫民区组的男性从大学毕业后寿命少了9年。仅仅是教育的平等就能解释身体健康的平等。

训练有素的医学社会学家肯定会对这种说法嗤之以鼻。英国教授迈克·马尔莫特的"白厅调查"不就显示了英国过早死亡的主要成因之一（如果不是唯一成因）是社会阶级吗？白厅公务员的健康状况难道没有随着工资水平增加而提高吗？答案是肯定的。但是马尔莫特早期的白厅调查没有控制教育水平和酗酒程度这两个变量。

我们对贫民区组的人的调查显示教育水平与收入和工作晋升紧密相关，而酗酒对这两者都极其有害。也就是说，工资水平越高，酗酒可能更低，教育水平可能更高。很可能是这些因素——而非职业或者工资水平——促进健康状况。这是另一个决定影响寿命长短的例子。

大多数社会科学研究——包括马尔莫特的早期调查——都只控制了研究对象自我报告的喝酒情况，与实际的滥用酒精关联甚少。这点我一直极力指出。但是，在我们的采样中，一旦我们控制了滥用酒精的因素，不同职业等级之间的健康结果差异便大幅缩小了，因为酒精过量常常导致职业等级下降。酗酒对于职业发展和健康都不利。

那么问题成了：如果教育水平对自我护理（和工作状态）的影响如此强大，那什么会影响人们是否继续念书呢？通常来说，凝聚力强的社区会为家庭和学校体系大力投资，创造一种包容性别和种族的氛围。在这样的社区里接受教育往往会成功。对未来不抱希望的人读书往往效果不好。给予那份希望正是一个社区的责任，而不是个人的责任。

尽管这么说，但对教育的追求也反映了一个人有毅力、有规划的品质，弗莱德曼和马丁已证明这些品质对长寿同样重要。在这些发现之后还有一个重要补充：大卫·贝伯和他的同事们近期发表文章，他们发现不光是教育水平高本身可以降低死亡率，同等重要的还有他们称之为"医疗阅读流畅度"的能力——能够阅读处方药瓶说明、理解预防性服务等等。

创伤后应激障碍是经历造成还是人格障碍?

回国的越战老兵中频频出现创伤后应激障碍，让很多人好奇：会不会其主要成因并非战争中的高度紧张，而是之前就存在的人格障碍？为了解答这个问题，格兰特研究发挥了其大部分成员都是"二战"老兵的优势。他们所有人不仅在战前被大量研究，还在战后就战争经历、战争中身体症状以及压力相关的长期症状做了大量述职报告。

对他们进行询问的是约翰·蒙克斯，他是一名对战争经历特别感兴趣的内科医生。40年后，社会学家格伦·埃尔德与我拜访了所有还健在的大学老兵（不包括早期退出研究的），请他们填写了有关持续性症状与创伤性紧张的表格。

（1946年时创伤后应激障碍尚未被"发明"，但蒙克斯很有先见之明地预测到了它的主要症状。）107人填写并提交了问卷。他们也填写了NEO，也就是我在第4章所描述的一种被广泛使用来检测神经过敏症的多选题。

我们尤为关心的问题是：出现创伤后精神紧张症状的人是否在战前就已经有脆弱迹象？战争行动真的是症状出现的主要因素吗？（请注意，由于所受教育和所获军衔对研究对象有保护作用，不会出现症状明显的创伤后应激障碍，所以我们仅仅研究创伤后精神紧张的"病症"，而非精神障碍本身。）

第一，经历过最严酷的战争的老兵似乎不是本性脆弱，事实上他们在青年时期和65岁时都展现出了过硬的心理素质。第二，只有长期经历战争的人才在40年后仍然报告出现类似创伤后应激障碍的症状。第三，我们发现1946年和1988年出现的创伤后精神紧张症状分别被两个因素预测：经历战争的时间，以及作战压力（不是作为公民的压力）下出现心理病症的次数。

我已经提到，严重的战场经历也会预示过早死亡的命运。值得注意的是，1946年报告的创伤后精神紧张症状并不能证明随后出现的抑郁症、酗酒或社会心理调整困难。只有暴露在战场的时间对创伤后精神紧张症状有数据上的联系，而且联系很显著。此外，惨淡的童年、咨询精神病医生、47岁时低落的心理社会地位，以及公民压力下的心理病症都与神经过敏症有关联，但它们与PTSD毫无联系。

16位经历了高强度作战的老兵在1946年没有汇报任何创伤后精神紧张症状，在1988年也回忆不起有过这种症状。我们把这16位意志坚强的人与18位经历高强度作战后出现症状的人做对比，结果发现他们的神经过敏症分数相同。但是，他们有不同的防御风格。在高强度作战的老兵中，年轻时防御方式不成熟的人出现的症状远远多于防御方式成熟的人。

同样重要的是，在作战强度高但防御不成熟的人当中，有7位在65岁前就去世了；而防御成熟的都活过了65岁。在格兰特研究中，高强度作战本身与战后酗酒的情况没有直接联系，但正如我之前所说，格兰特研究中的对象并没有出现症状完整的创伤后应激障碍。

总结就是：首先，战场经历可以预测创伤后精神紧张的症状，但已存在的精神疾病不可以预测症状。第二，发病前的情感脆弱可以预测随之而来的精神疾病，但不可以预测创伤后精神紧张的症状。如果没有这种前瞻性数据和长期跟进，格兰特研究便不会实现，这项发现也不会成为可能。

政治、精神健康与性

作为一名乐观主义者，一名心理分析师，一名民主党人，我在格兰特研究中带入了很多偏见。若这些偏见能被证实，对我是一大乐事。事实上它偶尔也会发生。比如，幸福的婚姻确实存在。还比如，我相信酗酒者不可能安全回到控制性饮酒，多年来遭到同事嘲笑，但耐心等待之后终于得以证明。

虽然如此，但纵向研究最大的价值在于击碎偏见与迷信。格兰特研究就把我的一些偏见击得粉碎。比如我曾深信，论爱心和利他主义，共和党人都比不上民主党人。但后来我发现，甘地是一个糟糕的父亲，而约翰·D. 洛克菲勒还算称职，于是觉得还是让实践检验真理好。

第一步是确定 1950 到 1999 年的政治偏好。每一份两年一次的问卷都有关于政治的问题，所以我们非常了解男性的政治观点。比如，我们知道 1954 年只有 16% 的人支持麦卡锡听证会。我们知道格兰特那帮人是"支持"平等权利的——至少在真相大白过后。他们为最高法院的决定和民权立法出台后鼓掌叫好，但只有很少的人为实现种族、性别平等而积极奔走。

1967 年，91% 的人支持逐步减少我们对越战的参与，但在他们的同学中只有 80%。如果格兰特研究对象的话，1968 年被提名的就是尤金·麦卡锡和纳尔逊·洛克菲勒，而不是汉弗莱跟尼克松了；戈尔肯定会在 2000 年轻取布什；美国肯定不会在没有进一步咨询或不经联合国允许的情况下入侵伊拉克了。

有了这些信息，独立选民给这些人在 1（非常自由）到 20（非常保守）的政治连续统一体上打分就容易多了。让我简单说明一下这些抽象概念。在政治保守度上伯特·胡佛的分数是 20 分（最高分）。1964 年他是戈德华特的拥护者，认为美国应该计划入侵古巴。1967 年，他支持"把林登和休伯特扔到河内"来解决越南问题。他认为学生抗议活动（还有嬉皮士和吸毒者）"证明我们身处一个病态的社会、一个过度成熟的文化，它亟待被更有活力的文化打败"。1972 年胡佛表示不赞成留长发、婚前性行为、反战游行和大麻，还说他会禁止他的孩子和黑人约会。1981 年，有人问他认为里根当选总统会有哪些福祉，他几乎嘶吼着说："这个国家还是有希望存活的。特别是等我们除掉了众议院的白痴自由派以后！"

过去 200 年里他最崇拜的公众人物就是赫伯特·胡佛，在 1985 年当有人请他勾选自己目前的政治立场——保守派还是自由派——他在里面写"只比成吉思汗左一点"。1988 年，就"学生抗议对南非解除武装和大学撤资"的问题，他圈起了"不支持"，并为了强调写下了"这帮愚蠢的混蛋"。1995 年，有人请他勾选"您对纽特·金里奇做何感想"，选项范围从"令人高兴"到"令人讨厌"。胡佛圈起了"令人高兴"，然后又为了强调即兴发挥一句："抱歉，令人讨厌（也就是比尔·克林顿）的还在白宫呢！"1999 年，胡佛提名了罗纳德·里根为《时代》杂志的"世纪之星"。

另一方面，奥斯卡·韦伊在政治连续统一体上得分为 3 分。关于他的有效问卷比胡佛的少得多，但作为研究中的黑马，韦伊是我的最爱之一。1964 年他在约翰逊和戈德华特中支持前者。1967 年他建议结束越南危机的办法是"停止一切进攻行动，开始和南越制定时间表让美军撤回（美国）"。

韦伊并没有全盘接受 20 世纪 60 年代的那一套。1972 年，当被问到对他的孩子留长发做何感想时，他很有见解地回答："我知道这无关紧要，但我就是没办法拍手叫好。"他补充道，"我知道这很傻，但我很难接受婚前性行为。"但是，他对自己女儿跟黑人约会并没有意见，关于反战游行他写道："对一般程度上的抗议活动，我非常激动。我认为现在是这个国家非常革命性的时代，未来出现真正的跨越式进步希望很大。"他在 1984 年支持沃尔特·蒙代尔竞选总统，在 1988 年支持迈克尔·杜卡基斯。在学生抗议对南非解除武装和大学撤资的问题上，他勾选了"支持"，并为强调写下了"我比以前更同情纯象征性的活动"。1992 年他"很荣幸地"为克林顿投了票，在 1996 又为克林顿投了票。

研究中大部分人聚集在政治连续体的这两端，并且 50 年来始终保持立场。他们的分数在自由派－保守派轴上的分布不是呈钟形曲线，看起来更像是一只大夏驼的两个驼峰。当我测试政治与爱情、崇高人格等等之间有什么关系，结果证明我一生信奉的自由派的美德其实毫无事实根据。论婚姻稳定、精神健康、利他主义或晚年生活，民主党人并不比共和党人优越。保守派和自由派在"生命繁荣'十项指标'"上得分不分伯仲，他们与子女的关系也无甚区别。

但这不意味着自由派和保守派之间没有真正的（和显著的）区别。自由派更有可能接受新思想，支持年轻一代的行为。他们的母亲受过高等教育可能性更大，他们读过研究生可能性更大，更有可能展现出创造力，更有可能用"升华"来捍卫自己。保守派更不愿接受新事物，但他们挣的钱更多，参加的运动更多，信教的可能性比自由派高一倍。

我很好奇哪些因素可以影响政治取向，于是回溯了这些人的大学记录。政见的两极在大学期间轻易可见，但是——至少在这个组别中——这些人在两极之间作何选择与他们的童年质量没有关系，与他们父母的社会阶级也关系甚微。要记住，按照埃里克森的理论，"身份"意味着让自己的价值观、忠诚和政治理念摆脱父母。

但令人惊讶的是，这些人在大学的"性格"却与他们80岁时的政治理念息息相关。据我的重新统计，1942年每个人在26个性格特征中被进行了评分。他们有两个人，一个"实事求是"一个"心灵手巧、井井有条"——都有脚踏实地的常识——与精神健康的很多面并没有显著联系，但与半个世纪以后的保守主义有显著关联。

相反的，5个与精神健康没什么联系，且不被早期研究人员看好的人（他们完美象征了许多人对哈佛学生刻板印象）——"擅于内省""创意和直觉突出""构思能力强""情感敏感"——极大地预示了他们5~70年后被归为自由派的命运。

我的外公——一名非常偏执、精神非常健康的共和党人，在85岁去世之前，曾经跟我开玩笑地讲一句古老的警句：如果你30岁之前不信大同世界，你就是没心没肺；如果你30岁后还信大同世界，你就是没头没脑。但作为一名优秀的发展主义者和可能性研究的拥护者，我能看出他是被过去的思想误导了，他还年轻时就已经是支持麦金利的共和党人。多年的格兰特研究调查问卷证实，政治信仰往往经得住考验，年轻的自由派和保守派顺利地带着政治信仰进入了晚年。威廉·詹姆斯的话也不全是错的。

归根结底，那些区别都不重要。就算"开放"能算作一种美德——这是我作为自由派的偏见——这种特质与成功的晚年也没有关联。有段时间我就断言，政治保守主义除了能预见一个人未来的政治理念，别无他用。但结果发现，这些人的政治档案里还隐藏了一个大惊喜。

我在第6章中提到，预见保守主义的两个特质同样能预示早期的性冷淡，与自由主义相关的五个特质能预示 50 年后持续活跃的性行为。最自由派的 7 个人（得分 0~5）平均到 80 岁之后才停止性行为，最保守派的 7 个人平均在 68 岁便停止性行为，区别显著。我曾咨询过泌尿学家这个问题，他们也不知道为何如此，但这仍然是个有趣的发现。

同样耐人寻味的是，那些我原以为可以防止早期性无能的变量——祖辈长寿、外表成熟、80 岁健康的身体、婚姻质量——都没有产生作用。而那些 85 岁仍然性活跃的人跟 75 岁之前就性冷淡的人相比，被评为"害羞""敏感""构思能力强""自觉内省"的可能性要高出 7 倍。

宗教对人生的影响不只是信仰本身

当今世界对待宗教似乎有两种态度。一方面，在过去 50 年里，英国主日学校的人数从 74% 锐降到了 4%；牛津大学的进化生物学家理查德·道金斯也说："信仰是这个世界上最强大的力量。"而另一方面，盖勒普民调显示有 85% 的美国人信仰上帝，越来越多的研究者报告也显示宗教信仰和健康之间有积极的联系。

虽然越来越多的证据表明健康、宗教信仰和参与宗教活动之间有联系，但是调查者仍不确定产生这些联系的原因。有些批评家认为这种联系是错觉，因为研究者没有完全控制那些干扰因素——会影响人们的身体健康或者宗教活动的因素。这些因素——比如说最突出的，喝酒和吸烟史，这些对照组的匹配度低，评估也不足，影响了之前的研究。一位到 50 岁还经常做礼拜的摩门教徒肯定是一辈子不喝酒的人，而这一点就不能算作他的宗教信仰和宗教活动，不能将此与他的身体健康状况联系起来。所以再次显示，前瞻性研究是必要的。

而学生群体非常适合这项研究。受试者都是得到了充分调研的、文化和社会经济背景相等的男性，他们的宗教信仰和健康习惯大相径庭，但是都接受过良好的教育和医疗保健。1967 年，我在这些学生的第 25 次同学会调查问卷里开始调查他们的信仰深度和参与度。我希望验证一个假设——年龄越大，宗教兴趣越浓。同样，我还猜想无论是从医学还是心理学角度来说，宗教对抗衰老都能产生积极的作用。

我使用了 5 类制来评估受试者 30 年的宗教参与度：1 类 = 零参与，3 类 =

部分参与，5 类＝深度参与。不同的调查问题会设计不同的问题、调查研究不同的方面，例如多久参加一次宗教服务，信仰上帝有多重要，宗教思考对实际生活有多实用，等等。90 人（2/5）为第 1 类（基本为无神论者），48 人（1/5）为第 5 类（虔诚信徒）。

　　我们还评估了"个人精神实践"及其他个人精神发展的兴趣标志，将这些作为独立于信条式信仰和制度之外的评估因素。在我们的试验中，这本是两个不同的宗教概念，但是在精神层面却有众多交叠处，所以他们的影响基本上没有什么差异。不到 3% 的人属于"宗教"前 3 类、"精神"后 3 类，反之亦然。总而言之，我们对于"宗教参与"的测量对测量"精神生活"也有很好的表面效度。

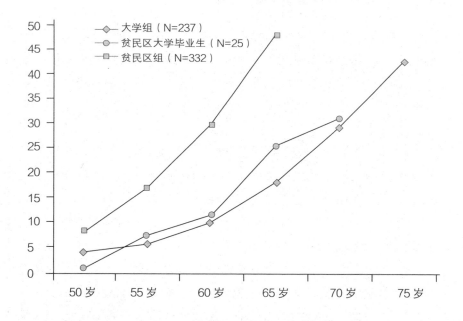

图 10.1　大学组、贫民区组和贫民区大学毕业生 50 岁后的去世情况

　　和我的第一个假设（年龄越大，宗教兴趣越浓）相反，58% 的受试者在 65 岁之后就基本上没有参与宗教活动了，而在学生时期这个数字只有 28%。在 35 岁组里，有 9 名（26%）受试者在 60 岁之后完全停止了宗教活动，而他们在年轻时会定期去教堂。不过，在 60 岁组里有 15 名（25%）受试者有完全相反的表现。

这是为什么呢?

　　一个可能的原因就是那 15 人表现出抑郁症症状的次数是另一组的 9 倍,他们在 80 岁之前失去行为能力或去世的时间是另一组的 3 倍。这并不是说宗教有害心理健康,只不过是就像生病的人比健康的人更有可能去医院一样,抑郁焦虑的人比心理坚强的人更有可能去寻求宗教安慰。

　　表 10.1 是宗教参与的联系和结构与心理健康的联系和结果对比图。联系包括父母的社会阶层、童年关怀、大学时期的社会心理健康、吸烟量(包/每年)和酗酒量。我希望能在身体健康和宗教参与之间发现积极的关系,但是表 10.1 并没有显示出这样的关系。我们有 224 名男性受试者一生宗教参与度的充分数据。

　　到 2012 年,在 90 名无宗教活动的受试者中有 63 人(70%)去世,而 48 名深度参与者中有 36 人(75%)去世。尤其值得注意地是,在不可知论者和虔诚信徒这两组高对照度的组别中,不仅死亡率差别不大,就连烟酒量也都差不多。

表 10.2　宗教参与和成年适应反应

	宗教参与, 45—75 岁 224 人	成年适应反应, 50—65 岁, 224 人
心理健康		
童年社会阶层	不显著	显著
童年关怀	不显著	显著
社会心理健康(21 岁)	不显著	非常显著
良好的关系(47 岁)	不显著	非常显著
良好的婚姻(50—70 岁)	不显著	非常显著
社会支持(55—75 岁)	不显著	非常显著
成年适应(50—65 岁)	不显著	—
神经过敏症(60 岁)	不显著	非常显著
吸烟(20—60 岁)	不显著	非常显著
酗酒(20—65 岁)	不显著	非常显著
身体健康		
客观健康(45 岁)	不显著	非常显著
客观健康(60 岁)	不显著	非常显著
客观健康(70 岁)	不显著	非常显著
残疾或死亡年数(80 岁之前)	不显著	非常显著

非常显著 =p<0.001;显著 =p<0.01。

摩门教徒、基督复临安息日会教徒和福音教派基督徒比他们那些无神论邻居活的更久，因为他们不怎么抽烟喝酒。但是这一点在虔诚的爱尔兰天主教徒和美国圣公会教徒身上并不适用。所以可能不抽烟不喝酒对延年益寿能发挥更大的作用。

一个人越压抑、生活压力越多，参与宗教活动和精神病咨询的次数就越多。但是精神病咨询和宗教活动之间并没有直接联系，除非人们同时采用这两种手段解决生活中的问题。如果从整体来说，宗教对于受试者的延年益寿不重要，但它对 49 名"痛苦系数"最高的受试者却非常有用，这其中有 18 名为重性抑郁症患者、25 名经历过意外的多重压力事件，还有 6 名出现过以上两种情况。

在 10 名"痛苦的"无神论者中，只有一人活到了 85 岁；而在 15 名"痛苦的"虔诚信徒中，9 人至今健在——这种差异可以算是重要差异（$p<0.2$）了。从心理学角度而非严格的医学角度来看，宗教虔诚仍是人类安慰的重要来源之一，而且在很多教派里取代了正常的抽烟喝酒（或过度抽烟喝酒）。

我的最后一个假设——宗教参与度越高，社会支持越多（因为对他人的关爱行为更多）——没有得到确认。表 10.2 里的项是从两份个人品质调查表中抽选出来的，一份调查是在受试者 40 岁左右进行的，另一份则是在 75 岁时进行的。前 4 个项是宗教信仰的共同表现，而后 3 个项则是真实生活中恋爱关系的表现。所有项均使用"是 =1，不是 =0"的格式。

表 10.2　精神活动和良好关系

	宗教参与， 45—75 岁 224 人	成年适应反应， 50—65 岁 224 人
信条式信仰		
我相信人人都有灵魂	非常显著	不显著
我相信人人生而为善	显著	不显著
我相信上帝	非常显著	不显著
在过去的 24 小时里，我用了 30 分钟进行祈祷、冥想或沉思	非常显著	不显著
实用信仰		
我相信我是某人生活中最重要的一个人	不显著	非常显著

| 我深深地关心某人至少 10 年 | 不显著 | 显著 |
| 我总是能在生活中感到爱 | 不显著 | 非常显著 |

非常显著 =p<0.001；显著 =p<0.01。

用来反映精神活动的项和宗教参与度表现出了很高的相关性，但是和 50 岁到 65 岁之间的成人适应反应没有很大的联系。相反，第二组的项和成人适应反应相关度高，和宗教参与相关度低。要达到后 3 个项所描述的状态，受试者需要有一个愉快的童年或者相爱的恋人。但前 4 个项就没有这种要求，无论一个人的生活环境和关系地位是怎样的，他都可以拥有这些抽象的信仰。

此外，对于那些没有环境或能力条件建立良好的恋爱关系的人来说，他们寄望于其他形式的联系。即使你黯淡的童年时光教你不要再相信别人，或者重性抑郁症让你和朋友疏远，上帝依然爱你。对于那些无法得到实际的爱的人来说，宗教能给他们带来安慰。贝多芬在信仰的激励下，写下了举世无双的名曲，将自己从狂躁的抑郁症中拯救了出来。他还配上了席勒的诗："亿万生民，互相拥抱吧！把这一吻送给全世界，弟兄们，在那繁星密布的上苍，定有位慈父居住在彼方"。

格兰特研究的调研结果和其他精心设计的研究有一些差异，而这些差异也应该得到研究解释。相当数量的研究显示参与宗教服务可以防止过早死。但是没有一项研究能够证明其中的直接因果联系，许多研究的证据来源是受试者自己提供的酗酒或身体健康报告，没有客观的资料来源。我在之前也说过，有些研究完全没有考虑烟酒的影响。

一项由领先社会科学家精心设计和分析的研究表明，"去教堂的人也很少抽烟喝酒，但是那些变量并没有对死亡率造成重要影响；所以研究者没有继续研究那些因素"。但实际上在所有的内科医生做的研究中，酗酒和吸烟都是过早死的重要诱因。

在格兰特和格鲁伊克的研究中，吸烟酗酒者的过早死的概率是非吸烟酗酒者的 4 倍。在贫困的内城样本中，如果受试者在 47 岁参与了宗教活动，那么他在 70 岁前失去行为能力的时间可能会短很多。但是如果将烟酒量和受教育年数都控制起来，这种效果就不那么明显了。

针对我们非常规的研究结果，另一个有力的解释是美国将宗教观察和身体健康相联系的研究都出自于所谓的"圣经地带"。在这些地区，至少从数据上来看无神论者同时也是社会上的局外人。

在美国东北部受教育程度高的样本中，高宗教参与度并非文化常态；更重要的是高宗教参与度与其他的社会支持资源也不是密切相关的。换言之，有些样本中，健康的社会适应反应通常包括最完美境地的宗教参与，在这样的地区，这些参与活动通常和良好的关系、社会支持和良好的身体健康状态互相关联。但是证据显示，这种相关性并不表示宗教参与和健康之间有直接的因果关系。

外祖父的重要性

学生受试者的祖父（1860年生）去世时他们的平均年龄是71岁，父亲（1890年生）去世时的平均年龄是76岁。根据历史标准，这样的遗传长寿是很罕见的，足以和欧洲现当代生人的预期寿命相比。在格兰特研究中，受试者的先辈因为落后的医疗保健、危险职业、营养不良和疾病感染而意外死亡的概率较小，反而因为社会经济地位低下而意外死亡的概率较大。因为这种环境致死率的下降，我们有了更多的机会来确认基因对于寿命的影响。

在检验遗传寿命对持续的身体和心理健康的影响时，我们注意到外祖父去世时受试者的年龄和他们的心理健康之间有很明显且意想不到的联系。而其他5位直系长辈（父母、外祖母、祖父母）去世时的年龄除了和受试者的寿命有一定联系，在其他方面没有任何联系。但是和外祖父去世的年龄在各方面都有很明显的联系。

例如，其他5位长辈的平均寿命对受试者在"十项指标"中的分数没有任何影响，而得分最高的受试者的外祖父活的时间比最低分者的外祖父要长9年——这是一项巨大的差异。有147名从未看过精神病医生的受试者，他们外祖父去世时的平均年龄为70岁；32名看精神病医生的次数超过100次（包括100次）的受试者，他们外祖父去世时的平均年龄为61岁，这同样是巨大的差异，但是其他5位长辈的去世年龄则对受试者看精神病的次数则没有影响。上层人士的外祖父只比蓝领阶层人士的外祖父多活3年。

1990年，两名符合医学专业委员会考试资格的内科医生无视其他的评级结果，拿到了61名受试者的完整测验记录。这61人均为50岁，表现出了持续的社会心理障碍症状（47 岁在精神科住院治疗期间的社会心理调节得分最低，或者使用镇静剂或抗抑郁剂的时间超过 1 个月）。这其中许多人都对酒精产生了依赖性。那时候重性抑郁症 DSM-III 标准还没有设立，研究通过和抑郁者相关的 8 个指标对他们进行了评定测试。

这 8 个相关指标为：（1）自我报告中有 2 周及以上的严重抑郁期；（2）在某阶段被非本研究的临床医生诊定为临床抑郁症；（3）使用抗抑郁剂治疗；（4）因酗酒以外的原因接受精神科住院治疗；（5）表现出持续的无变应性和快感缺乏；（6）表现出精神神经系统的抑郁症迹象（例如，抑郁期间早上醒得很早、体重减轻）；（7）有自杀倾向、企图和行为；（8）狂躁表现。

在这 61 人中，36 人被归类为酒精性障碍者或人格障碍者。剩下的 25 人中，12 人被一名评估者判定重性抑郁症患者，13 人被两名评估者判定为重性抑郁症患者。这 25 人符合至少 3 项——平均 5 项——重性抑郁症的标准。其余 36 人则只符合 1/10 项标准。

作为对比，我们找到了情况相反的 50 名受试者。他们没有酗酒报告，没有看过精神病医生，20 年中，平均使用精神药物的概率小于等于每年一天。（这项标准包含意外事项，比如在外科手术时必须使用利眠宁，或者在重要跨洋会议前使用安必恩倒时差。）此外，这些人在大学时的分类为人格完整者，格兰特研究也从未对他们进行过精神病诊断。他们是抑郁症组的相反面。

表 10.3 显示了 4 个诊断小组：非抑郁症者，酒精性障碍或人格障碍者，重性抑郁症者，以及"中间人"——不属于前 3 组任何一组的人。对于 20 名明显患有抑郁症的人，他们在外祖父去世时的平均年龄为 60 岁。58 名非抑郁症者则是 75 岁——巨大的差异。NEO 焦虑测试得分最高的 10 人是 57 岁，最低的 10 人是 83 岁，这里的差距就更大了。

这个出人意料的发现——6 位长辈中，只有外祖父的寿命和他们外孙的情感性障碍有关——和 X 染色体建立的某种联系是一致的。在外祖父为外孙提供唯一的 X 染色体的情况下，血友病、色盲和脱发等和 X 染色体相关的病症是由外祖父传给外孙的。这些疾病通常是隔代遗传，因为母亲通常有第二条未受感染的 X 染色体作为保护。

半个世纪以来，研究者一直都猜想，抑郁症的病原可能和 X 染色体有关。但是这一假设只在研究躁郁症的某一特定基因时从另一方面得到了确认。研究表明，导致躁郁症和重性抑郁症的基因似乎明显是异类的，也就是导致这两种精神障碍的基因是不同的。

表 10.3　4 个情感障碍分组中外祖父去世时受试者的平均年龄及其
他 5 位长辈去世时受试者的平均年龄

情感障碍分组	外祖父，平均年龄	其他 5 位长辈，平均年龄
重性抑郁症（23 人）	60，非常显著	71，不显著
酒精性障碍或人格障碍（35 人）	66，显著	72，不显著
中间人（114 人）	69，不显著	74，不显著
非抑郁症（58 人）	75，非常显著	73，不显著
总样本（230 人）	69	73

非常显著 =$p<0.001$；显著 =$p<0.01$。

要想找到和 X 染色体相关的情绪障碍遗传证据，需要对受到遗传影响的整个族系的所有家庭成员进行分析，不管是出现了情绪障碍还是没有出现，无论男性还是女性，三到四代以内的家庭成员都需要进行分析——这些资料我们都没有。不过，我们的研究结果的确显示，因为一些未知的——容我将其称为神秘的——原因，外祖父去世得早可能预示着他们的外孙更有可能产生情绪障碍。但令人兴奋的是外祖父的长寿也预示着他们外孙的有着异常稳定的心理——证据显示，良好的心理健康状态可能也有部分取决于基因因素。受试者在 NEO 测试中拿到低分，他们的外祖父也很长寿，这两者的联系尤其让人感兴趣。

我个人的猜想是，在不久之后的某天，一位出色的遗传学家凭借他更大型的研究、特点更明显的外祖父以及完整的 DNA 分析解释这个现象，赢得诺贝尔奖。现在这只能说是一个初步探究的结果，只有那些好奇的人才会对这个感兴趣。不过这个发现依旧是让人振奋不已的，只有 60 年的追踪调查才能有这样的发现。这也完美地表现了诱人的灵光是怎样在杂乱堆积的纵向数据中意外熄灭，却又最终历经时代的检验重现光芒的——它要么是黄铜，要么就是真金。

11　持续的总结总能带来惊喜

只要结局是好的，那么整件事情就是好的；胜者终
为王，无论过程如何，结果最受关注。

——威廉·莎士比亚

　　从终生研究中学习，直到生命的尽头——假使我们不这样做的话，尽管当初为我们慷慨解惑的人早已不在，具有预估作用的数据仍然会诱使我们去一次次地回溯和提出新问题。

　　每当成人发展研究无法继续时，如在 1946、1954、1971 和 1986 年，为这个研究提供资金支持的捐款人就会问道："这个研究还没有完成吗？"曾经有段时间我认为，大学毕业生在年满 65 岁退休之后，除了看着他们死去，别的我什么也做不了。然而，每次遭遇危机，这项研究都得以保留，给我们带来启发，并且继续给予我们惊喜。

　　的确，挑选补贴机构必须仔细，而且必须像挑选守林员那样细致。纵向研究是心理研究的红树林。掉落的树枝和被砍伐倒下的树木短期内是有用的。守林员认真地培育，小心地收获，树木越老，其价值就越高。但一旦被砍伐，它就一文不值。同样，研究一旦中断，也就失去价值和意义。

　　显然，长达 75 年的格兰特研究既不是为了满足一个自恋的 10 岁小孩想要世界上最好望远镜的愿望，也不是为了安慰幼年丧父的男孩。我也参与到了这个研究中，不过只是很小的一部分。所幸这项研究是值得的，研究人员有了许多新发现——而这些发现经由别的途径是无法达成的——有 95 位不同的学者对此进行了阐释。对于这样一个持续时间长达 70 多年、耗资高达 2000 万美元的追踪研究，我们应当对其效益成本比进行估算。有些方面的评估非常容易。

　　精于财务的我发现，补贴机构在每一家同行的评审上只花了 1 万美元作奖金——不时还受到杂志或者期刊文章的褒奖。这些事务的成本还不算过高。但是这项研究的三大贡献却难以用金钱来衡量。因为这些贡献证明了之前的花费是值得的，而那些因为兴趣而投身于这项研究的人，他们的行为、慷慨、耐心和坦率也变得更有意义。

　　第一项贡献：这项研究完全证明了成人发展研究不局限于青少年时期，人的性格不是一成不变的，它们会发生变化。即便一个人中年时生活非常苦闷，他仍有可能拥有非常快乐的晚年生活。如此巨大的转变仅仅通过纸上谈兵的研究无法体现，长达十年的成人发展研究也未必能发现。

第二项贡献：当今世界所有文献中，没有一项研究像这样长期并透彻地对酗酒进行了研究。

第三项贡献：这项研究发现的无意识适应机制，其验证方法和记录为我们提供了快速有效的研究指标、让我们学会面对起初不喜欢的人进行换位思考、为我们提供了预测未来的有力依据。要是没有这项对现实生活的长期研究，成人世界防御会被当作失败的心理性形而上学，其重要性也不会广为人知。本章中我将会简要回顾这三大贡献。

关于人生的研究必然要贯穿一生

成人发展贯穿人的一生。想对它进行恰当探讨，就必须进行终生研究——即使已经进行了 70 余年，事实是这项研究的时长还远远不够。参与成人发展研究项目的许多学生，西雅图纵向研究中一位非常有天分的学生，名叫华纳·沙耶，尝试通过研究不同年龄段的不同群体来缩短这个研究的时间跨度，他们设计的研究项目一般只需要 10 年到 20 年。

这种方法可以通过研究人口来进行，在沙耶的智力变化研究中是行之有效的。但是这种方法却无法用于性格的研究，因为性格是因人而异的。对老年群体的研究尤其需要耐心和换位思考，而不是像我在 1986 年的研究中那样，把一群年过半百的老人弄得敢怒不敢言。如果不持之以恒、忍耐并克制的话，我们不可能了解到漫长的人类发展进程中的细微变化，即使意识到生命在消逝也不行。

皮亚杰和斯伯克对儿童发展的描述则永远地改变了人们的育儿观。艾里克森认为成人发展是巨大的活力而不是像一些重大范式转换一般的陈年旧说。但如果没有经验作为理论支撑，我们能得到的不是知识，而是更多的理论和推测。格兰特研究改变了这一局面。

有四项主要的理论依据是以我的名义出版的——《适应人生》（1977）、《自我的智慧》（1993）、《康乐晚年》（2002）和本书的终版。本书将人的后半生以十年为一单位进行描述。随着我们的研究对象日益成长，我们进行了一次又一次的实验去反复验证各种假说，这些书更有现实的依据而非空谈理论。将来的研究和更为明智的学者会让我们在这条路上走得更远。

但是最优级的（这个概念借鉴自阿里·博克）终生研究往往需要近百年的时间、数代兢兢业业的研究者和有证可查的真实故事。因此我总提醒自己，人们的言语没有太多意义，他们的行为才能预测未来。事实上，是人们长期的亲密关系而非信仰，证明我们应该首先了解爱的能力，然后才是心理健康。

通过推测、传记（定义见前文）甚至通过日记（主观性强）也不能真正了解成人发展的情况。然而，成人发展领域的理论学家却要高度依赖于这类材料，因为几乎没有可以替代的材料。著名的特尔曼和伯克利纵向研究鲜少发布个案研究。在格兰特研究之前，很少有精确的成人发展研究单独记录。

不幸的是，《成人发展期刊》这一行业领跑者虽然在成人发展特定阶段拥有大量的理论和信息，但却很少关注实际生活对成人发展的影响，这是非常矛盾的。这一点我们从以下不切实际的事实中就可见一斑。

与此同时，格兰特研究不容置疑地指出成人发展是贯穿人类终生的。这为一些持相反观点的人提供了理论支撑，比如威廉·詹姆斯和我不曾重视的其他反对者。终生研究本来是我们应对挑衅者的利器，不想害人终害己。

我将阐明这个明显的矛盾，它是所有信仰体系的一个弱点。刚开始写这本书时，我相信只有随着时间推移发生的行为改变才能预测未来，其他发明、问卷调查或是任何的心理学手段都不能。保罗·科斯塔和罗伯特·麦克雷认为一个人的五大人格在30年中是不会发生变化的，因此性格也不会改变。

对这一看法的前半部分，我没有异议。我们的确发现这些大学生的五大人格在45年后几乎没什么变化（见第4章）。在进行统计时，我甚至发现五大人格中的神经质（负面的）和外向性（正面的）很好地预测了一些"十项指标"的结果。

但是我在第二部分遇到一些麻烦——五大人格缺乏变化意味着人的性格缺乏改变。五大人格的几个特点让人不那么舒服，因为它们与本书开端提及的人类学实验测量手段相似——都是静止的。它们不考虑任何发展过程，哪怕是会持续一生的形体塑造也不关注。尽管这可能帮助预测身体的主人会成长为什么样的官员。

　　五大人格主要是在多项选择面前所呈现出来的人格。我尝试过，但是我无法将它的任何一个特点与五个成熟的防御机制（利他主义、高尚行为、幽默、抑制和预测）联系起来。而这五个手段是会随着时间推移而变化的，并且这些变化会给现实生活造成重要影响。

　　虽说已经有科斯塔的前车之鉴——他忽视了静止的实验方法和动态过程之间存在的差异——我依然重蹈覆辙。我突然想到，既然外向性（正面的）和神经质（负面的）两个因素在一定范围里能预测"十项指标"的结果，那么以此为基础综合出一个理论可能会很有趣：外向性减去神经质。那就是说，如果我不考虑神经质对"十项指标"成功的负面影响的话，结果会怎么样呢？

　　结果是外向性影响值减去神经质影响值的结果至少和每次有数据记载的"十项指标"分数、对抗的适应机制和童年预测紧密相关。如表 11.1 所示，21岁时，外向性减去神经质的数据研究方法可以预测人们随后 50 年至 60 年的生活，它甚至还能预测 20 年后的适应体系！虽然我的理论触礁了，但是我了解了真相。

　　这个故事旨在说明他们和我都是正确的。我是正确的并不说明他们就是错误的，反之亦然。我的理论虽然是正确的，然而并不完善，他们的理论也是如此。总体大于部分的总和。想要到达山顶，路不止一条；每个人都能在人生中收获嘉奖：伍兹、舒尔兹、鲍尔比 / 瓦利恩特和科斯塔 / 麦克雷就是如此。但是要注意的是只有在终生研究的背景下，才能进行有关改变和适应的测试实验。背景至关重要，而终生研究正好能提供这样的背景。

表 11.1　替代型预测指标间关系强度统计

人生赢家的"十项指标"	20~47 岁间成熟的防御机制	温暖的童年环境	21 岁时的外向型－神经质	68 岁时的外向型－神经质
"十项指标"	非常显著	非常显著	非常显著	非常显著
入选《美国名人录》	非常显著	不显著	非常显著	不显著
收入最高	不显著	不显著	非常显著	显著
心理压力较小	非常显著	不显著	显著	非常显著
工作、情感和业余爱好方面获得的成功和幸福感（65~80 岁）	非常显著	非常显著	显著	非常显著
达到传承阶段	显著	显著	显著	非常显著
主观上的健康状态（75 岁）	非常显著	不显著	不显著	显著
健康的衰老（80 岁）	显著	不显著	不显著	非常显著
社会联系（除妻子和孩子之外）（60~75 岁）	非常显著	不显著	不显著	显著
良好的婚姻(60~85 岁)	显著	不显著	不显著	非常显著
与子女间关系亲密（60~75 岁）	不显著	显著	不显著	不显著

＊本表包括 168 名受研究对象。仅 1942 与 1944 届的学生接受了防御机制的评估，有些受研究对象不幸早逝。

非常显著 =p<0.001；显著 =p<0.01。

　　格拉姆和格鲁克研究发现了另一个重要的动态事实，而这是人格描述、甚至是回顾性和横向研究都无法做到的。那就是童年时期的创伤随着时间的推移会变得不那么重要（虽然可能需要很长的恢复期），不过童年时期的良好经历却会对人产生持续的作用。一类似的发现指出在为期 10 年的研究中，环境因素对实验的结果有重大的影响——而父母的社会阶层、失去父母中一方或是问题家庭中的归属感——这些因素在人的一生中却不那般重要。

　　当然，一些重要的环境因素并没有在格兰特实验中得到测试，比如种族主义和其他形式的社会歧视。然而，从市内样本中的 456 名男性白人来看，比起其他因素如智商、对父母的依靠或是家庭问题，温暖的童年环境能更好地预测他们将来的社会阶层和成年后的职业生涯。对于这些参与调查的人来说，工作时长（一个行为项目）是这个研究可以利用的最佳心理健康预测指标之一；就业与社会中的不利环境并无关联。有人格缺陷的孩子成年后比未受过教育的穷人更难找到稳定的工作。

还有一点非常重要：通过终生研究我们才找到可用于预测未来的工具。只有通过终生研究，才能发现最佳的寿命预测工具。伯克利和奥克兰发展研究综合起来，可以说是世界上规模最大的人类发展研究了，虽说还存在争议。知名社会学家约翰·克劳森发现，当他的研究对象年龄在 65~85 岁之间时，他们童年时期表现出来的计划能力和可靠性对于预测未来的身心健康非常有用。

通过分析特尔曼研究中人们的寿命长短，霍华德·弗里德曼也得出了相同的结论。在格兰特研究中，我根据研究对象的综合特征和自我驱动对他这一研究方法表示肯定。但是直到特尔曼、伯克利和格兰特研究都走向成熟，有关寿命的文献著作都不曾考虑霍华德·弗里德曼所说的责任心的重要性。

我在第 6 章的时候提到过这项研究在婚姻上也有一些重大发现：格兰特研究参与者中 57% 的人因为酗酒离婚；这样的离婚人士在后续的婚姻生活中比那些婚姻持续不久的人们要快乐得多；这样的婚姻在 70 岁之后会让人更加幸福。这些话题被婚恋著作忽视已久，不过时间会证明一切。我想说的是即使是在格兰特研究中，这些结果也是在实验进行了六七十年后才被发现。真正了解生命，需要一生的时间。

持续的预测研究是一份礼物

我们对于生活进行的绝大多数回顾，都不是真实的。任何事物都不如对酗酒的终生研究更具有说服力。或许这是成人发展研究最大的一项贡献了。早在 1980 年，这个研究业已成为对酗酒研究时间最长的实验，并且获得了国际耶利内克奖，一个酗酒研究的专项奖，每两年颁发一次。如果当时这个实验被停止，多年后发表的另外两项重大的成果根本不可能存在。

为了打破酗酒者还能回到正常的社交场合饮酒的幻想，我们对内城样本中的酗酒者进行了长达 13 年的跟踪研究，直到 1983 年他们都被认可能回到社交场合饮酒为止。麻烦出现不过是时间早晚，就像开车的时候总是不带备胎。时间问题当然需要花费时间。

同样，从许多传统心理因素作用于身体健康的研究中去发现酗酒是一个未被认可的混杂因子也花了很多年。酗酒往往是导致以下后果的罪魁祸首——破产、失业和离婚——但是人们却以为是身体不好导致的。直到这些研究对象 80 岁之后研究人员分析数据才发现酗酒这一因素（在此前主要的婚姻和离婚研究中从未提及）在格兰特对于离婚的研究中至关重要。持续的预测性研究是一份礼物，不断地让我们有新的发现和新的惊喜。

无意识适应

对于适应能力的描述是格兰特研究获取如此长久支持的第三大法宝。格兰特研究在其人类发展实验过程中所运用的延时摄影阐明并证实了弗洛伊德的一项发现，或许是弗洛伊德最为重大的发现——人们拥有天然的无意识适应机制，这些机制对成人生活造成了重要影响。弗洛伊德有关防御机制的发现与他同时代的人发现了冥王星一样重要。

19 世纪时，人们尚未发现防御机制和冥王星；他们只能通过一些已被他们自己的系统理论扭曲的可视行为来略窥一二。然而，20 世纪，望远镜的发明让人们能够观察冥王星；而格兰特纵向研究的望远镜也让研究者们看到了防御机制和它的变化。

然而，2010 年人类发展领域的一本优秀教材却对防御机制只字未提，尽管该书罗列了 2500 名不同的研究者和 1200 个研究课题。既然无意识适应机制被视为如此有力的预测工具，为何它在弹性文学中如此不受重视呢？一个很大的原因是这一领域中最新版的主要教材里，如卡尔和卡瓦诺的人类发展和威廉·克雷恩的发展理论，几乎不曾提及以经验为支撑的纵向终生研究。但更为具体的原因则是要精确地测量防御机制需要耗费大量的时间、精力和金钱；这一令人不快的事实可能会阻碍人们对于用防御体系来适应这已得到证实的方法的理解。书面的测试简单易行，即使是科学家有时候也倾向于在光线好而非弄丢钥匙的地方寻找他们的车钥匙。

当然，格兰特研究没能将弗洛伊德有关防御体系的诱导发现归到整个发展计划研究中。而直到功能性磁共振成像技术出现并开始提供相应的证据前，有关防御体系的研究依然不足以让人信服。人类的恢复能力可能会继续根据一个模式——一个不同于我所提出的无意识适应机制的模式——被日益概念化。

虽然我认为至少应给弗洛伊德在历史上正名，卡尔和卡瓦诺不曾提及心理分析，这并不奇怪。但是完全舍弃防御机制是另一回事。他们不仅真实可见，而且非常重要。将这三种判断记录下来的正是格兰特研究。

这一防御机制目前已经为美国精神病学协会《精神障碍诊断和统计手册》（第四版）接受；2009年，申克发表于《大西洋月刊》有关格兰特研究防御体系和成人发展调查的文章受到全国读者的称赞。

接下来的几十年中，科学史会判断出这个防御机制（即无意识适应）的概念框架（即这个实验范例）是否会为恢复能力和成人发展产生持续的推动作用。结果未见分晓。然而，由于无意识适应的研究于我而言相当重要，我会最后阐述一次它对于人类的恢复能力和成人发展的重要性。

欧内斯特·克洛维斯：真正的艺术家

艺术家是这样一群人——他们能通过成熟、经过升华的防御机制与别人分享他们最鲜为人知的梦。虽然学校里所有成功的院士都对这一升华技巧非常熟悉，比如第8章提到的狄伦·布莱特和第3章提到的难以捉摸的艺术家米勒，但是在无意识适应模式中，欧内斯特·克洛维斯教授才是真正的艺术家——不过时间很短。最让人惊讶的是克洛维斯的际遇，他的个人遭遇与参与实验的任何人相比都更悲惨。然而，在中年时他这样描述自己："可能人生的磨难没有我未曾经受过的了"。

理解防御机制让我们不会轻易失去这样的自愈力，但是要想明白并且欣赏它的话，就是应对技术的问题了。在克洛维斯的事例中，正是因为他将童年时期健康的应对策略（自我陶醉的幻想）转变成为成熟、经过升华的应对机制，他才能饱受打击还可以恢复。同样，他的事例帮助了许多学生，对此他们都感激不已。

克洛维斯出生在一个贫苦又虔诚的农户家里。他认为他与父母的关系都很好，但是他也觉得父母对情感非常克制。成长过程中，他很少与父母有亲密的举动。他的母亲告诉研究人员"克洛维斯很早就有自力更生的能力了"。他8岁时就被送往寄宿学校。

克洛维斯的卡尔文教徒式的家庭无法容忍"自私"，即使是因为分离和个性化而短暂出现的也不能容忍。克洛维斯那时只有四五岁，所以他就通过幻想来获取安慰。他想象出一个玩伴，这个玩伴最大的特点就是自我。从他的家人那里我们了解到，这个想象出来的玩伴在一段时期内于克洛维斯来说比他的玩具还真实，甚至超过他的兄弟姐妹。皮哈普斯（这个想象中玩伴的名字）不仅给了这个孤独的小男孩友谊，甚至还比克洛维斯一贯做主的父亲更受克洛维斯的喜爱。

当克洛维斯参与到这个研究中时，他的父亲回忆道："皮哈普斯是一个很棒的伙伴，几乎无所不能。不管我们做了什么，尤其是我们做了一件反常的事情之后，他总会做一件更叫人惊叹的事情。一次我们要去赶火车，在等候车开时，克洛维斯看见另外一列火车开动了，他告诉我们皮哈普斯在那边的大火车上，或者是皮哈普斯骑在引擎上或是其他。皮哈普斯能够攀上世上最高的建筑和山峰等等。皮哈普斯从来不为任何人退居次位。"

但是，克洛维斯长大后，真正的游戏取代了幻想。"我们有一次问他，"他的父亲接着道，"我们发现他很久不曾谈起他的'朋友'了，因为那已经成为他内在的一部分了。他的答案是'皮哈普斯已经死了'。"克洛维斯那时正寻找其他的办法来给清醒的生活带来一丝乐趣。他开始学习和他的父亲打网球，在这样一种变形的进攻中，他们父子的关系也拉近了。

大学里，许多像彼得·潘那样羞怯的学霸们认为他们很少有机会约会很正常，因为他们没钱。但是，同样囊中羞涩的克洛维斯却有着极好的异性缘。他会带他的同伴们去艺术博物馆参观，而这样的地方是免费的。升华取代了金钱，成为浪漫的序曲。

在大学时，克洛维斯极其稳定的情绪让研究人员印象深刻。而一些与他有相似童年经历的人成年后则成为比较刻板的人，比如第6章中提到的律师伊本·弗罗斯特。他们中的一部分会选择在自然科学领域工作，过着能够避免一切可视快乐的无趣生活。但是克洛维斯却并非如此。他不仅是一流的壁球手、杰出的中世纪史学家，他还是一位好父亲。婚后15年，他和他的第二任妻子仍然认为他们的性生活"令彼此非常满意"。

"二战"中，克洛维斯与巴顿军队一同在法国作战，此后，他感觉到他对法语以及法国文化产生了兴趣。他的不少同学因战时在海外参与了太多的破坏行为，必须参与到对日本和德国实际的（也是矛盾的）战后重建中。但是克洛维斯却在法国成了一名学者。他在中世纪的手稿间徜徉；他学习古代方言，重建了一个比皮哈普斯还要真实一些的幻想王国，但是他享受这样的过程。在这一过程中，他成功地将他的想象与真实世界联结了起来。

他的智慧火花引起了很大反响，在这点上克洛维斯阐述了一项对创造过程至关重要的技巧。没有人比作品无法向任何人诉说的艺术家更孤独，没有人的生命比像彼得潘这样的学者更难以受到赞赏，因为他无法让世界了解他的想法。

相反，克洛维斯的毕业作品因为优秀获得了奖学金、导师衷心地称赞以及多所知名大学的工作机会。他会说："我有这样一种使命感，我想让这个国家更好地去欣赏法国的社会观和政治观——而不仅仅是她的文学和历史成就。"作为一名教师、作家和学者，他的职业生涯无疑是成功的。

他的家庭生活不太美满。他的第一任妻子因为罹患脑炎，性格大变、卧床不起、神志不清。这段婚姻给他们双方带来越来越多的痛苦。不过克洛维斯的父母都没有流露出任何情绪，而克洛维斯也早早地学会了隐藏自己的情绪。他强忍痛苦，写信给格兰特研究的负责人："我妻子患了脑炎，为此我有一点受挫……如果和我的父母讨论这件事情只会让他们也难过……我有时会想和我妻子的女性朋友聊聊这些问题，但是却从来没这样做过，这会像是在抱怨。"然而，他还是与别的女性建立了近似的亲密关系。多年后他还是与第一任妻子离婚了，虽然他为此非常愧疚，但他还是快乐地再婚了。

1969 年，我第一次遇见克洛维斯，是在耶鲁大学施德林纪念图书馆的书库。他的隔间非常窄小，就跟僧侣的房间一样，里面全是旧书和有霉味的手稿。但是一旁的复印版资料让整个隔间有了生气。克洛维斯那时 47 岁，和蔼可亲、相貌堂堂。他的深灰色套装居然配了一条鲜艳的橘色领带。

当他同我交谈时，他常常看向别处。起初，我以为他是个冷淡的人。不过很快我就意识到那更多的意味着自律而非刻板无情。其实他是个非常低调寡言的人，他的激情虽不曾外显，却散发着光和热。他讲话的方式常常令我无比感动。我知道谈论人会让他感到沮丧，但是谈论他的工作——法国戏剧则让他高兴。

4 年前当克洛维斯告知我他父亲的死讯时，他的眼中蓄满泪水。他急忙向我解释："在我父亲逝世的那一刻，我必须压制自己的情感。"当谈到第一任妻子的疾病时，他变得疏远、非常紧张和痛苦。不过谈到第二段幸福的婚姻时，他又变得亲切了，还会与你进行眼神交流。

克洛维斯告诉我在第一任妻子生病之前，他们二人都非常喜欢当代英美戏剧。自从她卧病在床，他转而对早期神秘的法国剧作家产生了浓厚兴趣。第一次婚姻走到了离婚边缘，但是他的良知不允许他这样做。所以他开始翻译中世纪的法语："一场浪漫的悲剧——一位有妇之夫和一位妓女间无望的爱情，双方宁愿犯罪也不愿背叛自己的爱情。"

这位忘我的教授，白天从来不允许自己流泪，却发现自己在黑暗的法语剧院独自哭泣，剧院还上演着对绝大多数英语使用者只有历史意义的节目。"我同那些年老的女士一同哭泣，"他承认道，"还为这样的经历感到非常激动。"但是克洛维斯不是古怪的精神分裂症患者；他不曾将这种寻求慰藉的方法当作秘密。在耶鲁大学时，他将早先在法国剧院发生的那一幕生动地重现在了学生面前。

1972 年，克洛维斯的女儿被诊断患有红斑狼疮——一种非常罕见的疾病，这种疾病会导致关节炎、不可逆的肾功能损伤还有间歇的情绪不稳。他强烈地感受到他的女儿正身临险境，而他第一任妻子生病的情形又将重演。但是他继续专注于生活中可控的方面。他写他对未来"充满激情"，因为他计划要就法国戏剧进行学术创作。他还写道："你们阅读材料的语言不仅有情感上的慰藉，还有美学的满足。"

要是他无法与别人交流中世纪法语，他的秘密世界，他可能会非常沮丧。但是只要他还能将自己的感情升华为动力投入到学术交流中去，他就能够保有如动物般充沛的精力和生活乐趣。1996 年，当我再次见到克洛维斯时，他已经75 岁了。他和他的第二任妻子生活得很快乐，与 4 个孩子的关系也很亲密。并且从某种意义上来说，他已经成为一名守护者。但是如埃里克森所述，每一项发展成就都有其阴暗面。亲密的阴暗面是疏离；繁华的阴暗面是萧条；而守护的阴暗面，我称之为储藏，是为了保护自己才做出的行为。这就是克洛维斯的问题所在。

不是所有的传统价值都得以保留，很少有人不计代价地去保留这些价值。值得人们这样去做的，其自身的价值远远超过了传统本身。在《哈姆雷特》中波洛涅斯一幕中，莎士比亚为我们举了一个经典的例子，那就是年长之人的刻板是所有祖父母辈潜在的恶习。

克洛维斯仍然想要创作、研究和写作。但可叹的是，所剩的时间已经不多。那时，他已拥有数量惊人的图书馆藏；他正在编辑中世纪的法国历史；他正在修改妻子的论文；当然，他也在为将来守护着过去。但是在这些过程中，他已经将自己从中世纪世界中放逐了，而在那里他的想象才能来去自由。为了继续他的工作，他觉得他要"自私自利"才行。

当我问到他是否更愿意做一位图书馆长而非就早期的法国戏剧进行创作时，他非常放松且简要地回答了我的问题。皮哈普斯依然活在他心里。但是他控制住了自己，再次成了一位"负责的"荣誉教授和祖父。

他不像在本书中所提过的其他守护人，他搁置了自己丰富的内在生活，承担起他所认为接近老年时期应该承担的责任。我突然想到了80岁的罗伯特·西尔斯，他是"特尔曼白蚁"（因为那些参与到特尔曼研究中天赋异禀的孩子们就这样称呼自己）和一位充满智慧和创意的心理学教授。

我记得我曾在特尔曼研究的档案馆见过他，他为该项研究无偿工作，当时他正在整理国际商用机器公司生产的老旧穿孔卡片——如果说此前还有类似的工作的话，那也是吃力不讨好的——多亏了他的贡献，像我这样妄自尊大的人如今才能轻松找到排列整齐的资料，才能取得今天的成就。他在耕耘他的花园——就像我在退休很久后在格兰特研究中所做的一样，而且他这样做是出于兴趣而非责任。

升华让人们能够与超我进行沟通、消除愧疚并寻找快乐，即便不能去伊甸园找，至少也可以在邻居的花园里找。这种方法在相当长一段时间内对克洛维斯都很有用，但是最后他的卡尔文教徒式的良心还是打败了升华。

克洛维斯一直在为与第一任妻子离婚之事愧疚不已，并且他的肩上不停地在增加新的责任——图书馆、论文、编辑工作，它们不停地鼓动他的超我直到它足够强大，通往他充满激情的中世纪大门就被关闭了。就像纽曼，他一半是神秘主义者，一半是工程师；而克洛维斯则一半是禁欲主义者一半是游吟诗人。在他的事例中，禁欲主义最终胜出了，至少眼下如此。有的人会改变；有的人则不会。

克洛维斯和布莱特教授，无论他们多么擅长升华，都不足以作为理想的例子，而贝多芬可以。在这个研究中，这两位教授的结果并非最好。事实上，升华对"十项指标"的成功造成的影响只比神经质防御多一点点。升华并非能够包治百病。它的优势主要在于它不似神经质防御，它把痛苦转变成真正的快乐——但是也不像神经质防御，它的转变符合别人的需求。

贝多芬在音乐中创造奇迹的需求就如同他的血液凝块一样自然，但是这对于他的弹性生存也至关重要。想要置换能够并确实在改变的五大性格特质的多样化防御体制机制无疑是愚蠢的行为；就好比忽视闺蜜和大学好友而只去研究他们的体格——格兰特研究犯过类似的错误，不希望后来者重蹈覆辙。

这旨在说明与现代社会科学相关的、无形的应对方式证明格兰特研究的每一分钱都用在了刀刃上；这也说明这值得我为之投入的 5 年时间也值得我继续投入，就像西尔斯教授那样——不计回报。

如果愿望成真……

经常有人问我，如果我有机会从头设计这样一个终生研究，我会怎么做。而不是像我这样直接参与到格兰特研究中并见证它的进展。今天我就一次性回答这个问题。

第一，我会寻求捐款，要像养老保险那样能够持续 100 年之久。这是为了保证即便是在荒年研究也能继续下去。

第二，我不会同时寻求各种各样人群的支持。但是我会邀请来自不超过两个对比鲜明群体的孩子参与到我的研究中来。社会学研究需要大的代表性样本；而生物学研究需要小的均匀样本。历史变迁改变了社会学的研究规则；而生物学和行为学的研究规则更为稳定。如果要设计自己理想的研究，我会从一个生物学家和行为学家的角度去进行。并且我会关注工薪家庭的孩子，因为（不管早期规划者的推论）城内的实验参与者甚至比大学生参与者给我们带来了更多的惊喜。

第三，除了收集我所有支持者的 DNA 和社会安全号码，我同时还会收集一下信息：姓名、出生日期以及不与他们同住、年龄在 60 岁以下的 5 位亲戚的地址。研究主题的名称和地址总是在不停地变换，这会让我们在调研中花费大量资金，而且还不能满足研究需求。

第四，我会着力寻求并使用目前最佳的方法去评估积极情绪（欢乐、同情、信赖、希望和他们的喜好）和其附加物。

第五，比起我使用过的摘录片段，我更愿意通过观看时长两小时的视频来评估无意识适应机制。这些视频每 20 年录制一次，是对夫妇进行采访的视频。

这样一来实时评级就会更加可靠，很大程度上也消除了（由于摘录片段造成的）偏见。

第六，为了符合 X 光接触安全限制，我会每 5 年收集一次神经成像的数据。如格兰特研究的设立者一样，我也不太确定我会发现什么——从自恋的 20 岁进入同情的 70 岁这一发展过程中大脑的变化——但是野心勃勃的后来者在回顾 2050 年的数据时一定会有所发现。

最后，我会用简单明了的方法来收集数据，以便 50 年后，后来的研究者不会被弄得晕头转向。早在 1941 年，也就是研究刚刚进行 3 年时，格兰特研究就一直在就这个纵向研究的本质问题苦苦挣扎。因此我刻意使用简明的数据收集方法，并因此将成人发展研究的长期生存也考虑在内。

我会让研究的支持者人数保持在足够低的水平，这样才能保证人人都真正参与到研究中来，而不是沦为一组数字。所有成员都应该与研究人员保持一定的一致性，并且要及时发现研究数据中的错误。是的，我还会进行书面的问卷调查——信仰体系需要通过传统的经验方法来测试。

结语：简单看完人的一生

10 岁时，我希望我能拥有世上最好的望远镜。当我成为塔夫茨大学医学院的助理教授和格兰特研究和格鲁伊克推测研究负责人时，我相信我儿时的梦想已经实现了——通过这些研究，我只需要一眼就能看完人的一生。

1969 年，我同往常一样在向有关机构申请资金，我将阿基米德的话进行了改动，我对精神卫生专员说："给我一份助理研究员的薪水，我将撬动整个地球。"他非常和蔼地告诉我他不能那样做。但是格兰特基金会做到了，我的研究得以继续。

我已经花了 40 年在那架"望远镜"上了，它也向我展示了一个又一个我从未想到的奇妙世界。这些年来我已经形成了一些信念，并且（我为此为自己感到骄傲）我让这些信念去经受经验的审查。

如果说这些信念并不完美，至少三个主要的信念经受住了时间的考验。一是温暖的童年是一项极为重要的预测指标，而糟糕的童年不是。二是我在《大西洋月刊》上的声明——我认为在成年生活中，决定我们是否快乐和成功的是爱（或者用理论术语来表达叫作依恋）。三是我发现无意识适应这一"防御机制"是决定成年人是否成功和快乐的第二大因素。

40年的研究也已证实我是对的；成熟的防御机制依然是亲密关系的必要因素。然而，它们对于持续的健康和安度晚年并不能产生太大影响——然而随着我的研究参与者步入晚年，另外一个我很看重的假说被推翻了。

这架特别的望远镜为我的生活带来了极大的欢乐和意义。它让我能够去探索从童年起就困扰我的问题，无论是从个人还是从科学的角度。一路上我也遇到许多很棒的同伴——不仅包括多年来共事的许多同事，还包括这项实验的研究对象。我也越来越意识到这项研究和我们进行的工作鼓励人们对自身和别人的生活进行思考。或许，不是从统计学的角度，而是带着一丝好奇、一点兴趣和一些善意去进行。这又有什么害处呢？

附　录

附录一：采访安排

格兰特研究采访。下面两个例子是我用来引导采访的半结构式提问安排。下面列出的问题安排合理，均按照相同的顺序提出。采访期间由采访者进行速记。每当某个提问使得受访者回答出现问题时，采访者研究受访者特有的应对方式。

采访安排，45~55 岁

I. 工作

a. 你的工作是什么？你的工作职责近期有何变动？

b. 你未来十年的发展方向是什么？

c. 对于你的工作，你喜欢哪些方面，讨厌哪些方面？

d. 工作中的哪些方面最艰难？

e. 你喜欢什么工作？

f. 与上司和下属的关系，有哪些好的和不好的方面？

g. 你如何解决与上述两者间发生的问题？

h. 回首过去，你是如何融入如今的工作的？

i. 在工作上，你有认同的人吗？

j. 工作之外，你还做了什么事——责任心方面的？

k. 有什么退休计划？

l. 是否曾失业超过一个月？为什么？

m. 退休的第一周你会做些什么？感到期待吗？

II. 家庭

a. 父母和兄弟姐妹的信息。

b. 描述你的每个孩子，包括他们面临的问题和你担忧的缘由。

c. 你是如何以不同于你父母当年的方式来解决孩子们青春期问题的？

d. 面对任一家庭成员的去世：第一反应，第二反应，最终处理情绪的方式。

e. 这是最难回答的一个问题：你能描述一下你的妻子吗？

f. 人无完人，她有哪些令你担忧的问题？

g. 解决分歧的方式。

h. 曾考虑过离婚吗？理由。

i. 与父母联系的质量以及愉快程度。

j. 在你小时候，父母中哪一个照顾你穿裤子？

III. 医疗

a. 你总体的健康水平如何？

b. 平均一年请多少天的病假？

c. 感冒的时候，你怎么做的？

d. 有哪些应对残障人士的特定医疗条件和方法。

e. 你对这些医疗条件的观点及误解。

f. 从大学开始受伤及住院次数。

g. 吸烟的方式及对戒烟的印象。

h. 服药及喝酒的方式。

i. 是否曾因情绪紧张，疲劳或情感疾病出过工作纰漏？

j. 工作对健康的影响，以及健康对工作的影响。

k. 是否容易感到疲劳？

l. 健康对下半生的影响。

IV. 心理状况

a. 去年最大的担忧有哪些？

b. 过去 6 个月里主要的心情。

c. 有些人很难主动寻求帮助和建议：你怎么做？

d. 谈一谈交往时间最长的朋友。你们是怎么成为朋友的？

e. 你会随时向谁（家庭成员除外）寻求帮助？

f. 你参加了哪些社交俱乐部，你有什么娱乐方式？

g. 多久与朋友聚一次？

h. 人们批评你的哪些方面，或者你的哪些方面让他们感到恼怒？

i. 他们喜欢你的哪些方面，或认为你的哪些方面很讨人喜爱？

j. 你对自己有哪些满意和不满意之处？

k. 看过精神病医生吗？医生是谁？什么时候？多久了？你还记得哪些？你获得了什么？

l. 经常做白日梦，或常有担忧，但没有告诉他人？

m. 情绪压力对你的影响有哪些？

n. 面对困境时的信念？

o. 有哪些兴趣爱好，如何打发空余时间，体育运动呢？

p. 假期呢？怎么度假，和谁度假？

q. 我在记录审核中给你提了问题吗？

r. 关于本研究，你有什么问题？

采访安排，65~80 岁

I. 工作

1. 退休的原因及时间。

2. 过去两年里你的工作情况？你最怀念什么？举办过退休仪式吗？

3. 刚退休的 6 周里你做了什么？

4. 你做什么来代替工作？

5. 你现在最重要的活动是什么？

6. 退休最好的一点是什么？

7. 最坏的一点？

8. 最艰难的一点？

9. 退休后经济来源是什么？

10. 如果仍要赚钱维持生计，会换工作吗？

II. 社交

1. 在家吃午餐感觉如何？

2. 会如何与妻子共度退休后的闲暇时光？有哪些问题？

3. 你的婚姻是如何维持 25 年的？

4. 从孩子的身上获得了什么？

5. 从孙辈身上获得了什么？

6. 从交情最长的朋友身上获得了什么？

7. 参与哪些社交活动?

III. 心理状况

1. 过去 6 个月心情如何?

2. 去年有哪些担忧?

3. 是否改变了宗教信仰?

IV. 健康状况

1. 退休后的健康状况如何?

2. 身体衰老的哪一点最令你感到烦恼?

3. 放弃了哪些锻炼运动?

4. 感冒的时候，你怎么做?

5. 平均一年请病假的天数?

6. 1970 年后总共的住院天数?

7. 医疗状况?

附录二：波士顿贫民区男性研究对象与特曼女性研究对象

20世纪60年代末，哈佛成人发展研究小组进行了另一重要的纵向研究。这项研究对大学群体中地位高且高智商的白人男性进行均质抽样。该研究中，我们将大学群体中的这类白人男性与另一地位较低，低智商（至少智商测验结果表明）的白人男性进行比较。20世纪80年代进行了第二项研究，我们将上述享有特权且高智商的白人男性与另一组同样高智商但地位较低的女性进行比较。通过这两次比较，我们得出结论，即在一些实验结果中表现出生理和环境间的作用，更准确地说，是一些社会学层面的影响。整本书中，我在相应的上下文或在描述一些案例时提及这两次研究来阐释或拓展格兰特研究的结果。

波士顿贫民区研究群体（格鲁克青少年违法犯罪研究）

1969年，在谢尔顿与埃莉诺·格鲁克夫妇慷慨邀请下，我们参与了第二项群体研究。谢尔顿·格鲁克是哈佛大学法学院的教授，他的妻子埃莉诺在那里是一位具有开创性的社会工作者；两位都是享誉世界的犯罪学家。20世纪40年代，他们进行了一项密集并具有前瞻性的研究，研究对象是500名来自波士顿贫民区（内城区），曾被羁押在少年管教所的白人男性青少年——这就是格鲁克青少年违法犯罪研究。格鲁克夫妇仔细匹配了这500名青少年的智商（经过仔细的个人测验，他们韦氏智力测验的平均成绩为95），并通过种族匹配，确保这500名研究对象无重大犯罪前科，但居住在同一犯罪高发区，属于相同的少数族群，并来自同样贫困的内城区公立学校，都进过管教所。格鲁克夫妇排除了非裔美国人，女性，以及任何一个有重大犯罪前科的14岁少年。

格鲁克研究最初的数据收集阶段与格兰特研究相同，研究程序包括精神病学采访、人体测量法、体检、家族病史、社会经济评估，甚至还有完整的罗尔沙赫氏试验。但格鲁克夫妇在1962年停止了追踪研究，当时研究对象的年龄在32岁。由于美国国家酒精滥用与酗酒问题研究所的资助，我得以在1970年将这两项研究合并进行。上述针对贫民区男性研究群体的研究重命名为格鲁克研究；现在，这一研究是哈佛成人发展研究的一部分。哈佛成人发展研究通过对社会地位高且高智商的哈佛男性学生进行对比得到拓展。与格兰特研究中的研究对象相同，波士顿贫民区青少年研究对象同样对格鲁克研究十分忠诚，值得称道。

自两项研究合并以来，两项研究各自的研究对象——哈佛大学男性学生和波士顿贫民区青少年经历了相同的研究安排，除了在 1962 至 1974 年间，格鲁克夫妇中断了对研究对象的追踪。格鲁克研究的研究对象大多数出生于 1925 年至 1932 年，幼年记忆里全是歧视和贫穷。但他们同样都是美国士兵法案及美国战后经济繁荣时期的受益者。虽然他们的父母是曾饱受贬损的爱尔兰和意大利移民，但他们在 20 世纪 50 年代已经成为波士顿的多数投票群体及政坛领袖。

之前他们的标签是波士顿最受轻蔑的少数族群，之后这一标签转移到了那些从南方迁移过来的非裔身上。他们的父辈中只有十分之一属于中产阶级，但他们中有一半在 47 岁的时候便已获得了中产阶级的社会地位。这群波士顿贫民区的青少年研究对象取得了如此成就，从底层社会"前途渺茫"的青年成长为坚实的中产阶级，他们亦可作为这方面研究的子样品——他们的成长确实是对"成功"的另一种合理诠释。

特曼女性研究群体

1920 年，著名的斯坦福大学心理学家刘易斯·特曼开始对大约 1500 名小学生进行研究。他们大多上小学四年级，出生于 1906 年至 1911 年，分别代表奥克兰、旧金山以及洛杉矶智商 140 以上（经过详细检测）的儿童。自研究开始，他们每五年做一次调查问卷，直至今日除已离世的以外，几乎没有人中途退出。在特曼的研究对象中有 672 名女性，绝大部分都受过高等教育。

1987 年，在斯坦福教授罗伯特·西尔斯和阿尔伯特·哈斯托尔福的慷慨邀请下，卡洛琳·瓦力恩特和我花了整整一年时间回顾当中 78 岁~79 岁女性的记录，同时对一组 40 岁在世的代表性研究对象进行了采访。我们运用了格兰特研究中的采访方式，供对比研究。这组女性代表特曼研究中的女性研究群体，她们与格兰特研究中的男性对象智商等同（甚至比他们智商更高），这使得我们得以研究社会学对不同性别的一些影响。

20 世纪 20 年代，加利福尼亚州刚并入美国不久。一名研究成员还记得在金门大桥出现之前，自己曾亲眼看到最后一批船只驶过金门海峡。当时洛杉矶人口为五十万。特曼女性研究对象都是当年洛杉矶开拓者的后裔。其中一名女性的祖父为了救她用战斧砍死了一名入侵者。另一名女性的父亲是一名高中教师，当时他曾一直劝说学生在课前解除武器装备。还有一名女性的父亲在打扑克时赢得了坐马车去亚利桑那州的机会。

这群女性的父辈中，有 20% 是蓝领阶层；30% 有专门的"职业"；只有一名是非技术工人，他当时是加利福尼亚大学伯克利分校的一名门卫，这样他那四个聪明的孩子就能免费上大学。

这群女性研究对象儿时身心早熟。但她们的高智商（平均智商 151）并没有对心理状况造成负面影响。相反，她们明显比同班同学心理更加健康。

在持续追踪研究至她们 75 岁时，特曼和他的同事们发现这群女性比她们的同班同学明显更幽默，具备更多常识，更坚韧不拔，更具领导力，同时也更受欢迎。她们结婚的可能性与同班同学相同，但她们的身体健康状况更好。在八十岁时，这群女性的死亡率与哈佛男性研究群体相同，且只有她们同龄女性的一半。与哈佛大学男性研究对象情况相同，特曼女性研究群体中有半数活过了八十岁。

然而，这群高智商女性的职业生涯却矛盾重重。她们在母亲的陪伴下成长，那时她们的母亲还没有投票权。当时加利福尼亚州的大学学费很便宜（斯坦福大学和伯克利大学一学期学费为 23 至 50 美元），所以获得大学文凭是当时明智的女性切实的期望。随后在她们 20 岁时的经济大萧条，及 30 岁时爆发的第二次世界大战则让这些进入职场的女性备受压力。工作选择范围，薪资和工作机会都很有限。当问到"二战"产生了哪些工作机会时，一名伯克利大学毕业的女性平淡地回答道："我终于学会了打字。"

特曼女性研究对象中，几乎有一半的人大半辈子保持着全职工作。大部分接受了本科教育，还有许多读研深造。然而，她们的年均最多收入（1989 年 3 万美元）却与那群平均智商仅达 95，平均受教育仅 10 至 11 年的波士顿贫民区男性研究群体相同。但因"二战"需求产生的铆工露丝（译者注："二战"时对美国女工的统称）及类似的女性职业对高中辍学的女性而言是实惠的经济来源，而这种战时需求对富有聪明才智的她们而言却是经济重担。

值得一提的是，"二战"的确为特曼的男性研究对象带来了巨大的机遇。美国士兵法案完成了他们研究生学费的支付，其中一些人甚至有机会创立了洛斯阿拉莫斯和利弗莫尔实验室，最终创立了硅谷。他们中还有一些人在洛杉矶娱乐产业挥洒着聪明才智。刘易斯·特曼的一儿一女都很聪明，同样成了研究对象。二人都毕业于斯坦福大学，在大学里工作了大半辈子。儿子是大学的教务长，也是硅谷许多创立者的导师；女儿是大学里一处学生宿舍的管理秘书。

　　因此，在这三组研究样例中，这群受过高等教育，绝大部分亲属世代生活在美国的中等阶层女性，即特曼女性研究对象，她们的发展状况最为清晰地阐释了社会偏见对成人发展的负面影响。

附录三：童年评估量表

1. 童年性情量表（0~10 岁）

1= 非常害羞，顽固，恐惧症，8 岁后仍尿床，孤僻，严重的进食障碍，其他明显问题。

3= 普通。

5= 脾气好，社交正常，"容易相处型"。

2. 童年环境强度量表（5~18 岁）

I. 总体印象（评分者按整体直觉选择）

1= 不利于培养的负面环境。

3= 对研究对象的童年环境既无积极又无负面感受。

5= 积极且无缺憾的童年；与父母，兄弟姐妹及周围其他人都关系很好；成长环境有利于养成自尊自爱的心态。是评价者想要拥有的童年。

2. 与兄弟姐妹的关系

I = 竞争激烈，关系恶劣，兄弟姐妹的存在削弱了儿时的自尊心或没有兄弟姐妹。

3= 没有提及关系很好或很差。

5= 至少与其中一个兄弟姐妹关系亲密。

3. 家庭氛围

1 = 家庭氛围各种不愉快，家庭关系疏远，父母分居，幼年与母亲分离，许多中介都了解家庭氛围差，搬过很多次家，家庭经济困难，甚至极大影响到家庭生活。

3= 普通家庭：并非太好或太差；或信息缺失。

5= 温暖，家庭氛围亲密，父母同住，家庭集体活动，家庭成员分享，父母同在，很少搬家，家庭经济稳定或虽有经济困难但氛围特别和谐。

4. 母子关系

1= 疏远，敌对，指责其他人（比如父亲，老师）教育方法错误，惩罚过度，过分溺爱，期望过高，母亲缺失，并未鼓励孩子培养自我价值。

3= 主要因为信息缺失或对母亲没有特别印象。

5= 关爱，自主鼓励孩子，帮助孩子建立自尊自信，温暖。

5. 父子关系

I= 疏远，敌对，过度惩罚，不现实的期望或不是孩子本身想要的，父亲缺失，关系消极或恶劣。

3= 信息缺失，对父亲没有特别印象。

5= 温暖，自主鼓励孩子，帮助孩子建立自尊自信，和孩子一起活动，讨论问题，对孩子感兴趣。

附录四：成人发展量表

Ⅰ.客观心理健康量表：30~50 岁

1. 1967 年，年收入 2 万美元以上（按 1967 年美元价值计算）	1=2 万美元以上 2= 以下
2. 持续升职，1967 年	从 1946 年至 1967 年每 5 年回顾一次问卷调查，结果显示持续升职或职业发展状况 1= 是的 2= 没有持续升职
3. 运动，1967 年	检查 1951 年至 1967 年问卷调查，并审核其他数据，结果显示与非家庭成员的人进行运动（高尔夫、桥牌、网球等） 1= 是的 2= 没有
4. 假期，1967 年	1957 年、1964 年和 1967 年调查问卷结果证明研究对象一年假期时长超过两周，并愉快地度假，而非利用假期探望亲戚 1= 是的，确实如此 2= 没有，忽略假期
5. 工作喜爱程度	1946 年、1951 年、1954 年、1960 年，1964 年和 1967 年的调查问卷结果显示研究对象喜欢并热爱自己的工作。 1= 确实喜爱自己的工作 2= 不清楚 3= 明显对工作缺乏喜爱
6. 看精神病学医生次数，1967 年	1967 年的本科期间看精神病学医生次数 1= 少于 10 次 2= 等于或大于 10 次
7. 吃药或饮酒，1967 年	证据显示研究对象曾 (a) 在一年中每周都服用安眠药或曾在一个月内每天服用镇静剂和安非他命，或 (b) 曾至少在一年的时间里（或某两个时间段）每天喝酒超过 8 盎司或认为自己很难自控或他本人，家庭成员和朋友都认为他酗酒 1= (a), (b) 两种情况都存在 2=(a) 情况存在，并且（或）(b) 情况不存在

8. 请假天数，1967 年	根据 1944 年，1946 年和 1967 年调查问卷结果 1= 请假天数少于 5 天 2= 等于或大于 5 天
9. 婚姻满意程度，1967 年	对于 1954 年和 1967 年丈夫的婚姻报告与 1967 年妻子的婚姻报告 1= 满意（婚姻得分为 4 分或 5 分） 2= 一般（6 分或 7 分） 3= 正在离婚或考虑离婚（高于 8 分）

II. 客观心理健康量表：50~65 岁

1. 职业状况 （三份问卷）	1= 全职 2= 工作负担大大减少 3= 已退休
2. 职业成功程度 （三份问卷）	1= 现今（或临近退休）工作职责或成功程度大于 1970 年 2= 降职或工作效率降低（退休前）
3. 职业或退休愉悦程度 （两份问卷）	1= 很有意义，很享受 2= 不清楚 3= 只享受工作，因为他一定认为或觉得退休期间很无聊，没有意义
4. 假期 （两份问卷）	1= 三周以上的假期，并愉快地度假 2= 如果有工作或退休无趣的话，假期则少于 3 周
5. 看精神病学医生次数 （两份问卷）	1= 没看过 2=1~10 次 3= 住过精神病院或看医生在 10 次以上
6. 服用镇静剂 （两份问卷）	1= 没服用过 2= 一个月内服用一次 3= 一个月内服用一次以上
7. 请病假天数（绝症除外） （两份问卷）	1= 一年中少于 5 天 2=5 天以上

8. 1970 年至 1984 年 婚姻状况 （三份问卷）	1= 婚姻幸福 2= 一般 3= 不幸福或已离婚
9. 与非家庭成员进行的活动 （三份问卷）	1= 定期社交活动或体育运动 2= 极少或没有
总分（分数低说明情况良好）	9~14= 这个分数区间为心理健康 15~23= 这个分数区间为心理状况极差； 已被认定心理健康者除外

III. 客观心理健康量表：65~80 岁

1. 职业或退休愉悦程度	1= 仍然喜爱兼职并且（或）享受退休 2= 不清楚或一般 3= 不满意退休
2. 退休期间的成就，65~80 岁	1= 仍然喜爱兼职并且（或）享受退休 2= 不清楚或一般 3= 不满意退休
3. 与晚辈的联系状况，65~80 岁	1= 有意义且令人愉悦 2= 不清楚或不常联系 3= 避免联系或受到子辈、孙辈、侄子侄女 回避
4. 度过休闲时间的方式，65~80 岁	1= 休闲方式多样，充满想象且令人愉悦 2= 有一些休闲方式，愉悦度一般 3= 休闲方式无聊，被动且不愉悦
5. 与他人进行的活动，65~80 岁	1= 经常进行社交活动：桥牌，共进午餐， 打高尔夫球 2= 有一些社交活动，但参与度有限 3= 几乎没有
6. 看精神病学医生的次数，65~80 岁	1= 没有 2= 1~10 次 3= 住过精神病院或看医生次数为 10 次以 上
7. 精神药品服用，65~80 岁	1= 没有 2= 服用时间为 1~30 天 3= 一年中服用时间超过一个月

8. 婚姻状况，65~80 岁	1= 婚姻幸福（丈夫去世前） 2= 终身未婚，或一般或如果结过婚，婚姻状况一般 3= 婚姻不幸福，或已离婚并没有新的伴侣
9. 评分者主观感受，65~80 岁	回顾 6~7 份问卷以及文件中其他采访数据后评分者的主观感受 1= 很好地适应衰老 2= 较好地适应衰老或好于一般 3= 不清楚或一般 4= 适应较差 5= 比大部分人都差

附录五：显性大学人格特征

显性大学人格特征（N=251）

特征 *：（频率），定义	紧密关联
主要情感：（20%）。富有表现力，有魄力，自发的有活力，容光焕发	
社交方面，友好程度：（22%）。大方友好，善于交往，不拘束，易于结交朋友	
人格整合性良好：（60%）。沉着，坚定，可依赖，值得信任，能克服各种问题	成熟型防御——非常显著 寿命——非常显著 认知全能——非常显著 埃里克森理论式成熟——非常显著 童年的精神力量——非常显著 不抑郁——显著 稳定的婚姻——显著
实践，组织能力：（37%）实践派，而非理论派，做事有条理，但不善于分析，喜欢把事情做好	保守——非常显著 认知全能——非常显著 成熟型防御——非常显著 埃里克森理论式成熟——非常显著 不抑郁——非常显著 稳定的婚姻——显著
人文主义：（16%）。对人感兴趣，希望能与他人一同工作	
实用主义：（38%）。实践派，求证，接受时代的世俗观念	
政治倾向：（17%）。对政府，社会改革，公共政策感兴趣，但对人不感兴趣	
人格整合性过高：（13%）。整洁，一丝不苟，严格，遵守常规，计划性高	
情绪冷漠：（38%）。冷漠或负面情绪，并非重大影响	保守——非常显著 不抑郁——非常显著 成熟型防御——显著
自我驱力：（14%）。自我控制，意志力，坚持不懈，悠闲时感到不安	
文化素养：（22%）。向艺术家和文学家发展，或至少从事文化工作	

特征 *：（频率），定义	紧密关联
擅长言辞：（18%）。言语流畅，大脑清醒，言语规整，语言使用丰富	
口齿不清：（14%）。无法表达自己的想法	
害羞：（18%）。感到尴尬，说话吞吐，与人交往时不自在，但喜欢与人交往	自由主义者——非常显著
自然科学：（12%）。对机械擅长，有归纳能力，比起与人交往更喜欢实验工作	
敏感倾向：（17%）。害羞，敏感，有审美情趣，对现实生活适应力较差	
创造性和敏悟性：（16%）。独创性，文学素养，艺术素养，摒弃思想的具体表现形式	
情绪变动：（14%）。情绪变化明显，波动大	
拘谨：（19%）。过分受道德约束，无法下定决心依渴望行事	
观念主义：（21%）理论派，善于分析，不喜规矩惯例，学术派，文学和科学二者间更喜爱前者	自由主义者——非常显著 自由主义者——非常显著
自我意识，自省：（25%）。与其他相比，更注重主观感受	
缺乏目的性和价值观：（20%）。随波逐流，缺乏热情	自由主义者——非常显著
自主神经功能不稳定：（14%）。过度焦虑，胆战心惊，易脸红，出汗，心悸，功能性失禁或功能性肠胃病	自由主义者——非常显著
不合群：（10%）。其他人不重要，喜欢事物，喜欢独处。	
人格整合不完善：（15%）。偏执，不可依赖，不可靠，几乎没有毅力，组织力差精神错乱：（7%）。仅限于少数患精神疾病的人	认知全能——非常显著

　　* 量表中人格特征按照其对应的研究中 ABC 适应程度关系进行安排。"最健康"的波士顿贫民区青少年研究对象大部分都表现出主要情感中的特征，同时也善于交际。

附录六：事例人物介绍
（括号内为十项指标得分）

第 1 章

亚当·纽曼（2）：展现出压抑与不断成长的火箭科学家。

第 2 章

戈弗雷·卡米尔医生（5）：一个孤独的医生，整整一生都在寻求爱、人格发展和接受爱的能力。

第 3 章

阿特·米勒（0）：既是战斗经验丰富的老兵，又是戏剧学的教授，最终在澳大利亚找到了安宁。

第 4 章

奥利弗·福尔摩斯（6）：有着舒适的童年的法官，诠释了童年舒适对老年的影响。

萨姆·拉弗雷斯(0)：有着悲惨童年的建筑家，诠释了童年悲惨的持久诅咒。

第 5 章

查尔斯·博特赖特（6）：乐观的船厂主，同理心的典范。

彼得·佩恩教授（1）：大学教授，一个从未真正长大的人。

阿尔杰农·扬（0）：贵族家庭出身的蓝领工人，发展脱轨的例证。

乔治·班克罗夫特（7）：大学教授，展示了成熟前的各个阶段。

艾瑞克·凯里医生（TY*）：骨髓灰质炎患者，在英年早逝前达到了艾瑞克森的"完整"阶段。

卡尔顿·泰瑞顿医生（TY*）：一个未能达到"事业巩固"阶段的医生。

第 6 章

约翰·亚当斯（6）：一个离婚三次，但第四次婚姻长久又幸福的律师。

弗雷德里克·奇普（7）：有着温馨童年的教师，建立了一个终身幸福的家庭。

卡尔顿·泰瑞顿医生（TY*）：有过4次不幸婚姻的医生。

埃本·弗罗斯特（7）：精神健康的律师，但缺少亲密的能力和渴望。

第7章

阿尔弗雷德·潘恩（0）：不会接受爱的经理，展现出没有健康身体的老年是什么样的。

丹尼尔·加里克（3）："大器晚成"的演员，展示出（主观和客观上的）身体健康对老年的重要性。

第8章

狄伦·布赖特（TY*）：有着升华天赋的英语教授。

弗朗西斯·德米尔（2）：商人，展现出从压抑和分裂到成熟的人格发展过程。

第9章

詹姆斯·奥尼尔（TY*）：经济学教授，展现出拒不承认酗酒问题所造成的破坏力。

比尔·罗曼，即弗朗西斯·洛厄尔（2）：贵族律师，展现出酗酒既是自愿养成的习惯，也是衰竭性的疾病。

第10章

伯特·胡佛（TY*）：保守派的受研究对象。

奥斯卡·韦伊（TY*）：自由派的受研究对象。

第11章

欧内斯特·克洛维斯教授（3）：法语教授，展示出升华和守护者角色

*TY：在"十项指标"测试前去世

十项指标得分的含义：0~1为后三分之一，2~3为中三分之一，4~9为前三分之一。

致谢

本书的版权页仅注明单一作者，这一点会令人误解。实际上，本书代表着一场延续 75 年的宏伟的合作工程。这始于 20 世纪 30 年代末的两项单独研究：一项是哈佛大学法学院谢尔顿与埃莉诺·格鲁克夫妇进行的青少年犯罪研究，另一项则是哈佛大学健康服务中心克拉克·希斯与阿莉·博克主导的格兰特研究。1972 年，在哈佛大学服务中心的赞助下，这两项研究合并为成人发展研究。作为本书的作者，我是这个大型团队的一员。这项研究历经 75 年，我非常荣幸曾为它工作了 46 年。团队中的许多其他成员同样也是本书作者。

我非常感激本研究中的研究对象，即当年的上百名大二学生与波士顿贫民区的男性青少年。自 1940 年起，他们慷慨地提供自己的时间，分享自己的生活和经历。同样感激两组独立研究团队，他们在这项研究的前 30 年里，构想出了这个纵向调查方法，并努力维持着，用资金支持并指导着这个调查。

对于那 456 名波士顿贫民区青少年而言，对他们进行研究的是谢尔顿与埃莉诺·格鲁克夫妇和他们的哈佛大学法学院研究团队。对于格兰特研究中的 268 名大学生而言，对他们进行研究的则是威廉·T.格兰特，阿莉·博克，克拉克·希斯，乐维斯·戴维斯，查尔斯·麦克阿瑟，以及他们的哈佛大学健康中心研究团队。

在格兰特和格鲁克两项研究合并为成人发展研究后的 40 年间，许多个人都发挥了重要作用，相关研究书籍中也正式对他们表达了感谢，但其中漏了一位名为约翰·马丁·乔伊的研究同事。他几乎花费了 20 年时间获得了可靠的证据（但没有发表）表明 55 岁以后，正常男性的防御机制会在 75 岁之前继续发展成熟。

关于本书，我想感谢 5 位卓越的女性和一位杰出的男性，他们以各自不同的方式为圆满完成这项耗时 75 年的研究发挥了重要作用，为研究做出了非凡贡献。伊娃·米洛夫斯基曾在 10 年间担任研究成员中的主心骨，并几乎完成了格兰特研究对象中年采访任务的一半。马伦·巴塔尔登完成了许多研究对象退休后的采访任务，同时她撰写的文章是整本书中最优美的一篇。卡洛琳·瓦兰特在研究中任劳任怨 20 年，承担了数不清的职责，为研究建言献策，展现出寻找"失踪"研究对象的神奇本领。

研究的最后 20 年间，罗宾·韦斯顿一直在负责这个有 75 年，而非 55 年历史的研究。她以得体、优雅的姿态联系研究对象和他们的医生，将双方的消耗降至最低，她用清晰的头脑保持整个大型研究项目有序进行，使得研究总负责人管理有序，这都是难能可贵的。内科医生肯·穆卡莫尔在 50 多年间一直对研究对象的身体检查进行非常彻底的盲估。

最后，我想对伊娃·戈尔登的卓越贡献表示感谢，她的付出远远超出了作为编辑的职责范围，将我杂乱无序的学术论文修改地条理清晰。如果不是我的贪心，她完全可以成为本书的第二作者。那些曾帮助我著作本书的研究同事，他们的名字却没能出现在这上面，我希望他们能明白书本空间有限，但我对他们感激无限。同样，我还要感谢成百上千名提供了慷慨帮助的医生们，对本研究中研究对象进行的身体检查，他们分文未取。

过去的这些年里，鲍林·迈尔森，约翰·迈克，迈尔斯·肖尔以及乔纳森·博勒斯，这 4 位开明的系主任努力确保我有足够的时间完成这项研究。哈佛大学健康中心前后 3 位主任，即德纳·法恩斯沃斯，沃伦·瓦克尔以及近期就职的大卫·罗森塔尔作为研究的主持人及顾问，都发挥了不可替代的重要作用。

本书受到威廉·T. 格兰特基金会、约翰·T. 坦普尔顿基金会、哈佛大学神经发现中心、富达基金、美国国家酒精滥用与酗酒问题研究所、国家心理健康研究所、国家老龄化研究所提供的赞助。愿上帝保佑他们的慈善事业。

　　最后，写过学术论文的人都知道，高级编辑和评论家都比原作者更富有智慧。真诚感谢罗伯特·瓦尔丁格（研究主任），伊丽莎白·诺尔（哈佛大学出版社执行编辑），鲍勃·德雷克，丹·麦克亚当以及我的妻子——医学博士戴安·海厄姆。